EUL VERLAG

CONTROLLING

Herausgegeben von Prof. Dr. Volker Lingnau, Kaiserslautern, und Prof. Dr. Albrecht Becker, Innsbruck

Band 9
Martin Messner
Controlling und Kritik in Organisationen
Lohmar – Köln 2008 • 300 S. • € 49,- (D) • ISBN 978-3-89936-695-2

Band 10
Petra Paeßens
Einzelwirtschaftliche Wertschöpfungseffekte einer Standortverlagerung
Lohmar – Köln 2008 • 374 S. • € 67,- (D) • ISBN 978-3-89936-740-9

Band 11
Lisa Hubig
Die Universität – Leistungsmessung und -bewertung in einer komplexen Organisation
Lohmar – Köln 2009 • 288 S. • € 59,- (D) • ISBN 978-3-89936-764-5

Band 12
Volker Lingnau (Hrsg.)
Mittelstandscontrolling 2009
Lohmar – Köln 2009 • 376 S. • € 65,- (D) • ISBN 978-3-89936-860-4

Band 13
Anna Bassler
Die Visualisierung von Daten im Controlling
Lohmar – Köln 2010 • 244 S. • € 56,- (D) • ISBN 978-3-89936-939-7

Band 14
Tatiana Villalobos Baum
Organisationales Lernen und Anreizsysteme nach dem Börsengang – Ein verhaltensorientierter Ansatz
Lohmar – Köln 2010 • 248 S. • € 56,- (D) • ISBN 978-3-89936-971-7

Band 15
Jürgen Kantowski
Einsatz von Realoptionen im Investitionscontrolling am Beispiel Biotechnologie
Lohmar – Köln 2011 • 248 S. • € 56,- (D) • ISBN 978-3-8441-0022-8

JOSEF EUL VERLAG

Einsatz von Realoptionen im Investitionscontrolling am Beispiel Biotechnologie

Vom Fachbereich Wirtschaftswissenschaften der Technischen Universität Kaiserslautern zur Verleihung des akademischen Grades Doctor rerum politicarum (Dr. rer. pol.) genehmigte Dissertation

Vorgelegt von
Jürgen Kantowski

Dekan: Prof. Dr. Oliver Wendt
Vorsitzender des Promotionskommission: Prof. Dr. Michael von Hauff
Befürwortende Gutachter: Prof. Dr. Reinhold Hölscher
Befürwortende Gutachter: Prof. Dr. Volker Lingnau

Tag der mündlichen Prüfung: 28.06.2010

D 386 / 2010

Reihe: Controlling · Band 15

Herausgegeben von
Prof. Dr. Volker Lingnau, Kaiserslautern,
und Prof. Dr. Albrecht Becker, Innsbruck

Dr. Jürgen Kantowski

Einsatz von Realoptionen im Investitionscontrolling am Beispiel Biotechnologie

Mit einem Geleitwort von Prof. Dr. Volker Lingnau,
Technische Universität Kaiserslautern

EUL VERLAG

Bibliografische Information der Deutschen Nationalbibliothek

Die Deutsche Nationalbibliothek verzeichnet diese Publikation in der Deutschen Nationalbibliografie; detaillierte bibliografische Daten sind im Internet über <http://dnb.d-nb.de> abrufbar.

Dissertation, Technische Universität Kaiserslautern, 2010

D 386

ISBN 978-3-8441-0022-8
1. Auflage März 2011

JOSEF EUL VERLAG GmbH
Brandsberg 6
53797 Lohmar
Tel.: 0 22 05 / 90 10 6-6
Fax: 0 22 05 / 90 10 6-88
E-Mail: info@eul-verlag.de
http://www.eul-verlag.de

Bei der Herstellung unserer Bücher möchten wir die Umwelt schonen. Dieses Buch ist daher auf säurefreiem, 100% chlorfrei gebleichtem, alterungsbeständigem Papier nach DIN 6738 gedruckt.

Geleitwort

In Anbetracht von hoher Unsicherheit und Dynamik, die das Unternehmensumfeld charakterisieren, und der zumindest partiellen Irreversibilität der meisten Realinvestitionen kommt Handlungsspielräumen im Rahmen von Investitionsentscheidungen eine signifikante Bedeutung zu. Sie versinnbildlichen die Fähigkeit eines Unternehmens, auf wandelnde Umweltbedingungen zu reagieren und sich für den zukünftigen Wettbewerb zu positionieren. Damit leisten sie einen entscheidenden Beitrag zur Sicherung des Unternehmensbestands. Die Abbildung derartiger Handlungsspielräume ist Gegenstand des Realoptionsansatzes, dem sich Herr Dr. Kantowski in seiner Arbeit widmet, wobei er besondere Aufmerksamkeit auf die Berücksichtigung realer kognitiver Fähigkeiten der handelnden Akteure (Manager) legt (bounded rationality). Vor dem Hintergrund der geringen Anwendung des Realoptionsansatzes in der Praxis, sieht Herr Dr. Kantowski es als „wesentlichen Bestandteil" seiner Arbeit, „bei der Bewertung des Realoptionsansatzes Erkenntnisse der Sozialforschung zu berücksichtigen.".

Strukturiert und kenntnisreich stellt Herr Dr. Kantowski den Realoptionsansatz dar, stellt hierbei immer wieder Finanz- und Realoption gegenüber und erläutert Unterschiede und Gemeinsamkeiten. Interessant sind dabei gerade auch die Überlegungen in Bezug auf „Realoptionsheuristiken", da die Realoptionsverfahren mit einem hohen Aufwand der Datenerhebung und mit komplexen Berechnungsmethodiken verbunden sind, die ihren praktischen Einsatz einschränken. Zudem sind die aus der Kapitalmarkttheorie stammenden Modellannahmen für praktische Fälle nicht gegeben, so dass man sehr schnell an die Grenzen einer „ökonomisch sinnvollen" Anwendbarkeit von Realoptionen stößt.

Herr Dr. Kantowski hat mit seiner Arbeit eine hoch aktuelle und interessante Thematik behandelt, die bislang in der Literatur in dieser Form noch nicht behandelt wurde. Der Ansatz, Investitionen auch unter Aspekten der Handlungsflexibilität zu sehen, ist grundsätzlich voll zu unterstützen. Die Ergebnisse der vom Verfasser durchgeführten Berechnungen anhand historischer Daten sind hoch interessant und können die Diskussion um die Anwendbarkeit von Realoptionsmodellen befruchten.

Kaiserslautern, im Februar 2011

Prof. Dr. Volker Lingnau

Danksagung

Mit der Fertigstellung der Dissertationsschrift danke ich allen, die mich begleitet und unterstützt haben.

Besonders möchte ich mich bei meinem Doktorvater, Herrn Prof. Dr. Volker Lingnau, bedanken. Mit seiner Geduld und seinen wertvollen Ratschlägen hat er maßgeblich zum Gelingen dieser Arbeit beigetragen.

Nicht weniger zu danken gilt es meinen Eltern für die administrative Unterstützung. Auch geht mein Dank an meine Frau, die mir den Rücken freigehalten und mich stets bestärkt hat, wenn ich an mir gezweifelt habe.

Bamberg, im Februar 2011

Jürgen Kantowski

Inhalt

Abbildungsverzeichnis

Tabellen

Formeln

Abkürzungsverzeichnis

^NBI	*nasdaq biotechnology index*
APV	*adjusted present value*
BCG	*The Boston Consulting Group*
CAPM	*capital asset pricing model*
CFO	*chief financial officer*
DCF	*discounted cash flow*
DTA	*decision tree analysis*, Entscheidungsbaumverfahren
F&E	Forschung und Entwicklung
FDA	US-amerikanische Arzneimittelbehörde
i.d.H.	in der Höhe
IZM	interne Zinsfuß-Methode
Mio.	Millionen
MIT	*Massachusetts Institute of Technology*
Mrd.	Milliarden
NPV	*net present value*, Barwert
OPEC	*Organization of the Petroleum Exporting Countries*
PuK	Planung und Kontrolle
RO	Realoption
TCF	*total cash flow*
TSD	Tausend
wacc	*weighted average cost of capital*
ZfB	Zeitschrift für Betriebswirtschaft

1 Einleitung

Altes einzureißen, um Neues zu schaffen ist zum Sinnbild unserer Tage geworden. Sowohl Unternehmen als auch Produkte, die für die Ewigkeit gebaut schienen, werden übertroffen und verschwinden vom Markt. Überkommene Wertvorstellungen werden zum alten Eisen geworfen. Wandel wird für Menschen zur gefürchteten Strapaze, obwohl sie wissen, dass sich diese Welt immer verändert hat und verändern wird.

Der Philosoph Odo Marquard[1] hat aus dieser Spannung zwischen beschleunigter Veränderung und der Langsamkeit des Menschen gefolgert, dass Menschen nicht beliebig viele Innovationen vertragen. „Zukunft braucht Herkunft" lautet sein viel zitierter Gedanke. Wie man Herkunft sichert, indem man sich gezielt für Investitionen in wirtschaftlich vorteilhaft erscheinende Innovationen entscheidet und damit Zukunft ermöglicht, ist das Thema dieser Arbeit.

1.1 Problemstellung

In Anbetracht von hoher Unsicherheit und Dynamik, die das heutige Wirtschaftsleben charakterisieren, und der zumindest partiellen Irreversibilität der meisten Realinvestitionen kommt Handlungsspielräumen im Rahmen von Investitionsentscheidungen eine signifikante Bedeutung zu. Sie versinnbildlichen die Fähigkeit eines Unternehmens, auf wandelnde Umweltbedingungen zu reagieren und sich für den zukünftigen Wettbewerb zu positionieren. Damit leisten sie einen entscheidenden Beitrag zur Sicherung des Unternehmensbestands. Aus dieser überragenden Bedeutung unternehmerischer Investitionsentscheidungen erklärt sich das starke Interesse der Wissenschaft, ökonomisch sinnvolle Investitionsbewertungsverfahren zu entwickeln, die den Entscheidungsträgern brauchbare Hilfe bei der Allokation von Ressourcen bieten können.

[1] *Marquard, O. (2003),* Titel eines Jubiläumsbandes anlässlich seines 75. Geburtstags

Ausgehend von der Kritik an den in der Unternehmenspraxis weit verbreiteten dynamischen Verfahren der Investitionsbewertung[2] und deren Erweiterungen wird in dieser Arbeit mit dem Realoptionsverfahren ein Ansatz betrachtet, der über die Fiktion eines passiven Investors hinausgeht. Im Rahmen der Realoptionstheorie, einem Ansatz zur Bewertung realwirtschaftlicher Investitionen, wird durch eine Analogiebetrachtung zwischen Finanzoptionen und Realinvestitionen auf optionspreistheoretische Modelle zurückgegriffen. Die explizite Einbeziehung der Handlungsspielräume des Managements mittels des Realoptionsansatzes tritt der Praxis, teilweise willkürliche Korrekturen von berechneten Kapitalkosten zu „qualitative Aspekte umfassende“ Kalkulationszinssätzen vorzunehmen, entgegen[3] und schließt die oft beklagte Lücke zwischen strategischem Management und *Corporate Finance* zumindest ansatzweise.

Bei der Analyse erfährt die Frage, inwiefern ein analytisches Investitionsbewertungsverfahren im Zuge der Erkenntnisse der Verhaltensforschung („begrenzte Rationalität“) seine Berechtigung bei unternehmerischen Entscheidungen behält, besondere Aufmerksamkeit.

1.2 Forschungsdefizite und theoretische Erkenntnisziele

Auch über dreißig Jahre nach Ableitung der Black/Scholes-Formel und der sich wenige Jahre später anschließenden Definition des Begriffs „Realoption“ durch den MIT-Professor Stewart C. Myers[4] hat das Bewertungsinstrument noch immer keinen flächendeckenden Eingang in die Unternehmen gefunden. Gemäß einer von der Unternehmensberatung Bain & Company 2001 unter 451 Führungskräften aus über 30 Ländern durchgeführten Studie[5] nutzen nur 9 % der Befragten Realoptionen als Management-Instrument. 32 % der Anwender von Realoptionen gaben zudem an, diese Technik in Zukunft nicht mehr nutzen zu wollen. Folglich fanden Realoptionen auch keinen Eingang mehr in den Fragenkatalog der Studie von 2003. Die geringe Verbreitung der Realoptionen spiegelt sich ebenfalls in der unter 205 der Fortune 1000 CFOs von Patricia A. Ryan (Colorado State University) initiierten Studie zur Kapitalbudgetie-

[2] Vgl. u.a. *Ryan, P.A. (2002)*, S. 12
[3] *Meise, F. (1998)*,S. 2 führt Belege auf, dass *„oft bewusst Kalkulationszinssätze, die das Drei- bis Vierfache der Kapitalkosten des Unternehmens betragen“* als Grundlage einer Investitionsbewertung herangezogen werden.
[4] *Myers, S. (1977)*, S. 150.
[5] Die Ergebnisse der Studie, die sowohl 2001 als auch 2003 durchgeführt wurde, kann unter www.bain.com/management_tools eingesehen werden.

rung wider.[6] Nur 11,4 % der Befragten gaben an, Realoptionsverfahren als zusätzliches Instrument der Kapitalbudgetierung zu verwenden - verglichen mit den Werten für die Sensivitätsanalyse (85,1 %), der Szenarioanalyse (66,8 %) oder dem als Basisinstrument klassifizierten Barwert/NPV-Verfahren (96,0 %) ein sehr geringer Prozentsatz.

Im akademischen Diskurs hingegen zeigt sich eine wesentlich höhere Wertschätzung des Realoptionsansatzes.[7] Durch die im Vergleich zu herkömmlichen Bewertungsverfahren mögliche explizite Einbeziehung von strategischen Handlungsoptionen in das Entscheidungskalkül findet die Realoption starke Beachtung.[8] Realoptionen eröffnen die Möglichkeit, die Handlungsflexibilität des Managements besser abzubilden und beenden damit die systematische Unterbewertung von Investitionsprojekten durch eine rein statische Betrachtungsweise.[9]

Diese Arbeit soll - basierend auf der Erkenntnis, dass die Implementierung des theoretisch so bestechenden Instruments in der Industrie auf Ablehnung zu stoßen bzw. regelmäßig zu scheitern scheint[10] - zeigen, wann der Realoptionsansatz alternativen Willensbildungsverfahren überlegen ist und ob sich der Realoptionsansatz für die Belange der Praxis ausreichend operationalisieren lässt, einen Einblick in die Problematik liefern, indem er eine Investitionsbewertung auf der Basis von Realoptionen für 18 Beispiele aus der Biotechnologiebranche durchführt, Schwierigkeiten aufzeigt und Vergleiche zu herkömmlichen Bewertungsverfahren zieht.

Ein wesentlicher Bestandteil der Arbeit besteht darin, bei der Bewertung des Realoptionsansatzes Erkenntnisse der Sozialforschung zu berücksichtigen. Gibt es im englischen Sprachraum seit einigen Monaten erste Ansätze der gemeinsamen Betrachtung von Realoptionsansatz und dem Konzept der begrenzten Rationalität[11], so stellt dieser Aspekt im deutschen Sprachraum Neuland dar. Bisher gibt es in der wissenschaftlichen Literatur kaum Ansätze, die

---

[6] *Ryan, P.A. (2002).*

[7] Vgl. u.a. *Amram, M./Kulatilaka, N. (1999a), Copeland, T./Keenan, P.T. (1998a). Robert Merton* beispielsweise bezog in seiner Dankesrede bei der Entgegennahme des Nobelpreises 1997 in Stockholm eindeutig Stellung: *"The future is uncertain and in an uncertain environment, having flexibility to decide what to do after some of that uncertainty is resolved definitely has value. Option-pricing theory provides the means for assessing that value."*

[8] Vgl. u.a. *Trigeorgis, L. (2000), Hommel, U./Müller, J. (1999).*

[9] *Leslie, K.J./Michaels, M.P. (1997),* S. 19.

[10] Vgl. Kapitel 4.1.2.

[11] Vgl. u.a. *Tiwana, A./Wang, J./Keil, M./Ahluwalia, P. (2007).*

sich mit der Frage nach systematischen Vorurteilen in der Ermittlung von Realoptionswerten befassen.[12]

1.3 Abgrenzung und Aufbau der Arbeit

Der mit der Arbeit verfolgte Ansatz ist Teil kontinuierlich zunehmender Forschungsanstrengungen, die die Realoptionspreistheorie für das Management von Forschung und Entwicklung zugänglich machen wollen. Innerhalb dieses Forschungszweigs lässt sich das Profil der Arbeit wie folgt herausarbeiten:

- Darstellung Stand der Forschung in der Investitionsbewertung
  - Verfahrensdarstellung mit Stärken und Schwächen
  - Einordnung des Realoptionsbewertungsverfahren
- Verbreitung Realoptionen heute in der Unternehmenspraxis
  - Begrenzende und fördernde Faktoren der Verbreitung
- Konzept der begrenzten Rationalität als Erklärung der Anwendungsweise von Realoptionen in der Praxis
- Entwurf eines vereinfachten, auf dem Black/Scholes-Modell beruhenden, Realoptionsansatzes zur Überwindung der Hindernisse aus Theorie und Praxis und Vergleich mit traditionellen Investitionsbewertungsverfahren
  - Verlässlichkeit
  - Zusätzlicher Erkenntnisgewinn für die Bewertenden
  - Praktische Umsetzbarkeit mit Vergleich Aufwands-/Ertragsverhältnis
- Die Ausführungen werden am Beispiel der Unternehmenszahlen von 18 Biotechnologieunternehmen empirisch unterlegt

Dieser Ansatz liegt an der Schnittstelle von Empirie und Modelltheorie und unterscheidet sich signifikant von früheren Arbeiten, die – prinzipiell zwar auf die Nutzbarmachung der Realoptionspreistheorie abzielend – andere Schwerpunkte definieren.

[12] Vgl. *Tiwana, A./Wang, J./Keil, M./Ahluwalia, P. (2007)*, S. 158.

Die erste Gruppe der Vorgängerarbeiten, zeitlich um die Jahrtausendwende entstanden, beschreiben die grundsätzliche Vorteilhaftigkeit des Einsatzes der Realoptionspreistheorie in der Investitionsbewertung[13] und skizzieren Berechnungsmodelle.[14]

Die theoretischen Einsatzmöglichkeiten der Realoptionspreistheorie in der Forschung und Entwicklung allgemein[15], bzw. am Beispiel von F&E intensiven Branchen wie der Pharmazeutik oder der Biotechnologie, werden von einer zweiten, größeren Gruppe von Veröffentlichungen aufgegriffen.[16]

In der Mehrzahl der Fälle handelt es sich um reine Möglichkeitsanalysen, denen keine realwissenschaftlichen Daten zu Grunde liegen.

Eine dritte, kleinere Gruppe hat - vorwiegend in den letzten Monaten - mit der Aufarbeitung der Frage begonnen, inwieweit sich die Realoptionsmodelle in der Praxis durchsetzen konnten. [17]

Trotz der prinzipiell vorhandenen Unterschiede weist der eigene Forschungsansatz mit jeder dieser Gruppe Gemeinsamkeiten auf. Die Erkenntnisse der Arbeiten der ersten Gruppe bilden die Basis für den theoretischen Rahmen der Arbeit. Einsichten der zweiten Gruppe sind bei der Auswahl und Modellierung der Praxisbeispiele berücksichtigt worden und die Forschungsergebnisse der dritten Gruppe dienen als Basis für die Erklärungsansätze der Verbreitung und Anwendungsweise von Realoptionen mit dem Konzept der begrenzten Rationalität.

Neben dem Fokus auf praktische Anwendbarkeit steht die Einbringung von Erkenntnissen aus der Sozialwissenschaft für den originären Charakter dieser Arbeit.

Im folgenden Kapitel wird der Bezugsrahmen der Arbeit dargelegt und wichtige Begriffe werden definiert. Nach einer allgemeinen Einführung in die Methodik von klassischen Inves-

---

[13] Vgl. z.B. *Amram, M./Kulatilaka, N. (1999), Arnold, T./Shockley, R. (2002), Baecker, P.N./Hommel, U./Lehmann, H. (2003), Bonduelle, Y./Schmoldt, I./Scholich, M. (2003), Copeland, T./Keenan, P.T. (1998a), Copeland, T./Keenan, P.T. (1998b), Kogut, B./Kulatilaka, N. (2001a), Leslie, K.J./Michaels, M.P. (1997).*

[14] Vgl. z.B. *Arnold, T./Crack T.F. (2003), Hommel, U./Lehmann, H. (2001), Pritsch, G./Weber, J. (2004), Schulmerich, M. (2003).*

[15] Vgl. z.B. *Huchzermeier, A./Loch C.H. (2001), Lavoie, B. F. (2004), Perlitz, M./Peske, T./Schrank, R. (1999), Schultheiß, R. (2001).*

[16] Vgl. z.B. *Pritsch, G. (1999), Schäfer, H./Schässburger, B. (2001).*

[17] Vgl. z.B. *Hartmann, M. (2006), Hartmann, M. und Hassan, A. (2006).*

titionsbewertungsverfahren und ihre Grenzen wird im dritten Kapitel das Instrument der Realoption vorgestellt und auf Berechnungsweise und grundsätzliche Anwendungsvorteile und Anwendungshindernisse des Bewertungsinstruments eingegangen. Aufbauend auf dem dargestellten theoretischen Bezugsrahmen können die für diese Arbeit relevanten Forschungsdefizite abgeleitet werden. Darüber hinaus wird gezeigt, welchen Beitrag diese Arbeit zu deren Verminderung zu leisten versucht.

Im vierten Kapitel werden nach der Erläuterung der Kriterien zur Auswahl von Branche und untersuchten Unternehmen konkrete Realoptionswerte für Fallbeispiele berechnet und mit klassischen DCF-Verfahren verglichen.

Die Arbeit schließt mit einer Zusammenfassung der erzielten Ergebnisse.

2 Bezugsrahmen der Untersuchung und Stand der Forschung

Ziel des zweiten Kapitels ist die Entwicklung eines Denkrahmens, auf dessen Grundlage in den nachfolgenden Kapiteln der Beitrag des Realoptionsansatzes zur Unterstützung bei Investitionsentscheidungen und seine Eignung als Controlling-Instrument untersucht werden kann. Ausgangspunkt ist dabei ein grundsätzlicher Blick auf den betrieblichen Innovationsprozess unter Klärung der verwendeten Begrifflichkeiten. Der Schwerpunkt liegt auf der zielgerichteten Fokussierung der Forschungs- und Entwicklungstätigkeit und dem Beitrag, den dabei das Controlling mit der Bereitstellung von Investitionsberechnungsverfahren leisten kann.

2.1 Innovation, Forschung und Entwicklung

Die (betriebliche) Forschung und Entwicklung ist ein wesentlicher Baustein zur Sicherung des Fortbestands eines Unternehmens. Sie dient, insbesondere in Ländern mit vergleichsweise teuren anderen wettbewerbsrelevanten Rahmenbedingungen, wie Arbeit oder Steuern und Abgabenlast, der Erhaltung der Wettbewerbsfähigkeit.[18]

Bereits bestehende und erfolgreich am Markt platzierte Produkte und Dienstleistungen geraten in einem dynamischen Umfeld von mehreren Seiten unter Druck. Veränderungen der Preisstruktur der Produktionsfaktoren, sich verändernde Kundenbedürfnisse oder ein Wandel in den Anbieterstrukturen führen zu Diskontinuitäten auf den Märkten. Die bewährte Angebotspalette erreicht den Kunden nicht mehr oder nur noch eingeschränkt und muss zur Wahrung der Wettbewerbsfähigkeit angepasst werden. Aber auch staatliche Eingriffe, wie beispielsweise neue Rechtsnormen, erfordern neue Produktlösungen. Hinzu treten nicht zuletzt gesellschaftliche Veränderungen wie ein erhöhtes Umweltbewusstsein, die zusätzlich auf Produkte und Dienstleistungen einwirken.

[18] Zum Beitrag von Forschung und Entwicklung zur Wettbewerbsfähigkeit vgl. *Brockhoff, K. (1999),* S. 12 ff.

In der Literatur sind mehrere Ansätze einer begrifflichen Trennung von Forschung und Entwicklung vorgenommen worden. Dabei werden Merkmale wie Regelmäßigkeit, Zeitaufwand und innewohnendes Risiko herangezogen. Abbildung 1 zeigt beispielhaft ein auf einer solchen Aufgabentrennung basierendes Schema.

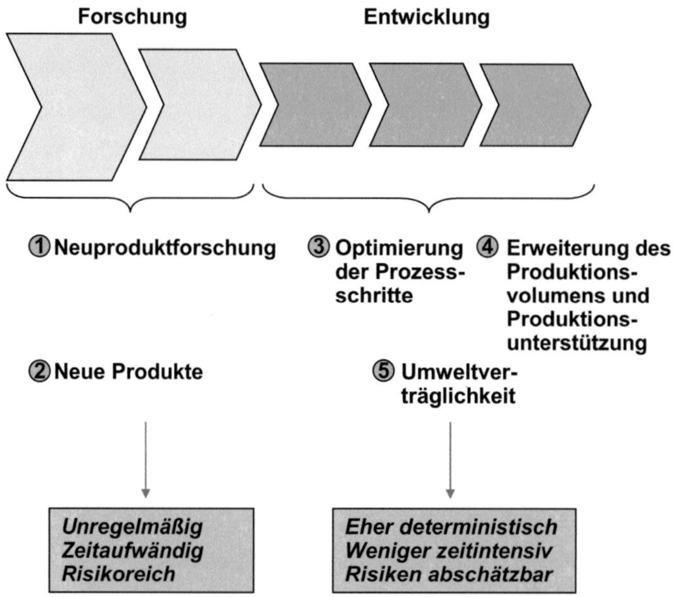

Abbildung 1: Definitionsversuch der Trennung von Forschung und Entwicklung[19]

Diese klar und eindeutig erscheinenden Ansätze der Trennung von Forschung und Entwicklung werden jedoch nicht immer von der Praxis bestätigt. Mehr und mehr Wissenschaftler vertreten daher die Ansicht, dass Forschung und Entwicklung in einem umfangreicheren Innovationsprozess eingebunden sind und sich nur schwer voneinander abgrenzen lassen.[20] Für diese Arbeit als sinnvoll erwiesen hat sich daher die Definition von *Brockhoff*:

„Forschung und Entwicklung ist eine Kombination von Produktionsfaktoren, die die Gewinnung neuen Wissens ermöglichen soll. "[21]

---

[19] Eigene Darstellung

[20] Vgl. *Brockhoff, K. (1999),* S. 48.

[21] *Brockhoff, K. (1999),* S. 48. In der Literatur finden sich alternative Begriffsklärungen ,die die F&E als „Suche nach neuen Erkenntnissen unter Anwendung wissenschaftlicher Methoden und in geplanter Form" beschreiben.

Das Problem der Abgrenzung der Begrifflichkeiten wird umgangen, obwohl weitere Fragen aufgeworfen werden. Erstens kann eine „Neuheit" beispielsweise als objektive Neuheit (=Weltneuheit), als relative Neuheit (neu in diesem Markt) oder subjektiv neu für das Unternehmen aufgefasst werden. Zweitens ist der Begriff „Wissen" sehr weit gefasst und wird in diesem Kontext nur als technisches Wissen verstanden. Drittens wird auch der bewusste, planmäßige Umgang mit Produktionsmitteln, der in dem Begriff der Kombination zum Ausdruck kommt, deutlich.

Grundlage der Forschung und Entwicklung ist eine lebendige Innovationskultur, die je nach Bedarf sowohl datengetriebene analytische, assoziative Kreativtechniken als auch hypothesengetriebene Experimente erlaubt. Die Ideengenerierung im Rahmen der Forschung und Entwicklung wird von einem Projekt-Management flankiert, das einen Ausgleich der Zeit-, Kosten- und Qualitätsziele mit den vorhandenen Ressourcen garantiert. Durch die Aufteilung beispielsweise eines Industrieprojekts in eine Konzept-, Lastenheft- und Pflichtenheftphase wird ein Entwicklungsprojekt strukturiert, die jeweiligen Anforderungsprofile verdeutlicht und vergleichbar gemacht. Das Projekt als *„organisatorischer Rahmen für die planmäßige, systematische und nach methodischen Regeln betriebene Wissensgewinnung"*[22] dient der betrieblichen Umsetzung hin zur angestrebten Innovationen. Die Gesamtheit aller dieser Aktivitäten zur Gewinnung einer Innovation wird im Folgenden als Innovationsprozess bezeichnet. Weitergehende Fragen der aufbauorganisatorischen Eingliederung von Forschungs- und Entwicklungstätigkeiten, wie z.B. nach dem Zentralisationsgrad der Forschungs- und Entwicklungsfunktion oder nach der Eingliederungshierarchiestufe, werden im Rahmen dieser Arbeit nicht thematisiert.[23]

Forschung und Entwicklung, also Aktivitäten durch die Änderungen in Technik, Technologien und Theorien beabsichtigt werden[24], können bei erfolgreichem Abschluss zu einer Erfindung führen. Erscheint eine Erfindung ökonomisch vorteilhaft und werden für Produktion und Marketing Investitionsmittel bereitgestellt, so spricht man im Erfolgsfalle von einer Innovati-

Forschung wird dabei als der generelle Erwerb neuer Kenntnisse, *Entwicklung* als deren erstmalige konkretisierende Anwendung und praktische Umsetzung beschrieben. Die neuen Kenntnisse können sich dabei sowohl auf Produkte als auch auf (Herstellungs-)Verfahren und Produkt- sowie Verfahrensanwendungen erstrecken.

[22] *Brockhoff, K. (1999),* S. 35.

[23] Vgl. z.B. *Warschkow, K. (1993),* S. 26 ff. oder *Kern, W./Schröder, H.-H. (1977)*, S. 354 f. für eine nähere, aufbauorganisatorische Untersuchung der betrieblichen Forschung und Entwicklung.

[24] Vgl. *Brockhoff, K. (1999),* S. 27 f.

on im engeren Sinne[25]. Die folgende Darstellung verdeutlicht dies in Anlehnung an *Brockhoff*[26] grafisch.

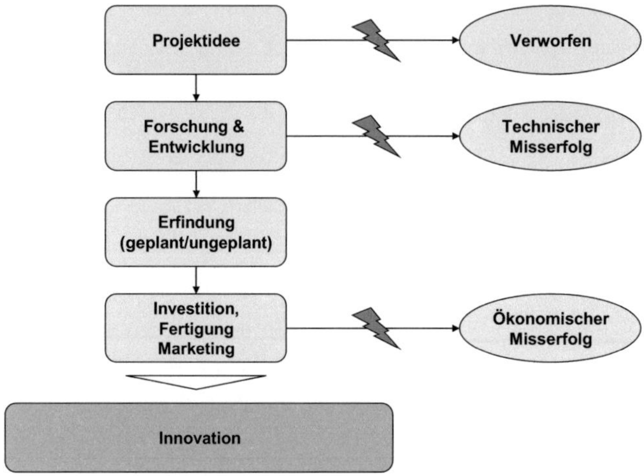

Abbildung 2: Von der Projektidee bis zur Innovation[27]

Eine Innovation beschränkt sich nicht nur auf Produkt- und Marktneuheiten. Gerade in reiferen Märkten spielen Funktions- und Qualitätsverbesserungen eine wichtige Rolle. Beispielsweise hat es in der Automobilindustrie am generellen Fahrzeugkonzept in den letzten Dekaden, abgesehen von zaghaften Versuchen mit neuen Antriebskonzepten (Gas, Elektro), kaum Neuheiten gegeben. Im Bereich der Qualitätsverbesserung wurden jedoch, etwa mit der Verbesserung der Fahrzeugsicherheit oder des Fahrzeugkomforts, wesentliche Fortschritte dank Innovationen erzielt, die eine Differenzierung der Wettbewerber untereinander ermöglichten. Anhand von Rationalisierungsinnovationen wird hingegen versucht, die Kostenstruktur des Leistungserstellungsprozesses zu beeinflussen. Bei technisch ausgereiften Fertigungs- oder

[25] Innovationen im weiteren Sinne wird von einer Mehrheit der Autoren als wissenschaftlich-technische, kulturelle oder soziale Elemente sowie deren Einführung oder Verbreitung, die als Neuerungen die soziale Struktur einer Gesellschaft verändern verstanden. Der folgenden Arbeit liegt die engere Definition des Begriffs zugrunde.

[26] Vgl. *Brockhoff, K. (1999)*, S. 36.

[27] In Anlehnung an *Brockhoff, K. (1999)*.

Leistungserstellungsprozessen lässt sich häufig über Kostenvorteile eine überlegene Wettbewerbsposition erzielen.
Werden diese Überlegungen zusammengeführt, so lassen sich mindestens drei Zielrichtungen einer Innovation identifizieren, die in Abbildung 3 grafisch dargestellt werden.

Trotz der dargestellten Wirkungen der Stärkung der Wettbewerbsfähigkeit durch Innovationen, die aus Forschungs- und Entwicklungsarbeiten hervorgehen, darf nicht übersehen werden, dass dieser Prozess nicht linear abläuft. Bereits in der Definition der Forschung und Entwicklung von *Brockhoff* wird deutlich, dass der Faktoreinsatz nicht mit Gewissheit zu dem gewünschten Ergebnis führt. Projektideen werden verworfen, Forschungsergebnisse können technisch nicht außerhalb der Laborbedingungen reproduziert werden oder Erfindungen scheitern am Markt. *Brockhoff* verweist daher deutlich auf den nicht deterministischen und zeitlich verzögerten Charakter des Innovationsprozesses.[28] Gerade in dieser Unsicherheit über Erfolg oder Misserfolg eines Projekts besteht nun die eigentliche Herausforderung des Managements: Der zielgerichtete Einsatz der naturgemäß begrenzten Ressourcen eines Unternehmens in Form eines Innovationsmanagements. Mit der Bereitstellung von Instrumenten und Verfahrenshinweisen versucht das Controlling hierbei Entscheidungsunterstützung zu leisten und den effizienten Einsatz von Geld und zeitlichen Ressourcen zu ermöglichen.

2.2 Investition

Der Investitionsbegriff kann aus verschiedenen Blickwinkeln betrachtet werden. Allein in der betriebswirtschaftlichen Literatur werden mit dem zahlungs-, vermögens-, kombinations- und dispositionsbestimmten Investitionsbegriff verschiedene Spielarten unterschieden.[29]

1. Der **leistungswirtschaftlich** orientierte Investitionsbegriff zielt auf die Gestaltung des Produktionsprozesses durch Kombination der hierzu notwendigen Anlagegüter ab (kombinationsorientiert). Eine Investition liegt demnach bei Beschaffung und Kombination von Anlagegütern zur Erstellung eines neuen Leistungspotentials oder bei Beschaffungsmaßnahmen zur Leistungsoptimierung eines bereits existierenden Anlagenbestandes vor.

[28] Vgl. *Brockhoff, K. (1999)*, S. 22.
[29] Vgl. *Götze, U./Bloech, J. (2002)*, S. 5ff. oder *Lücke, W. [Hrsg.] (1993)*, S. 151 f.

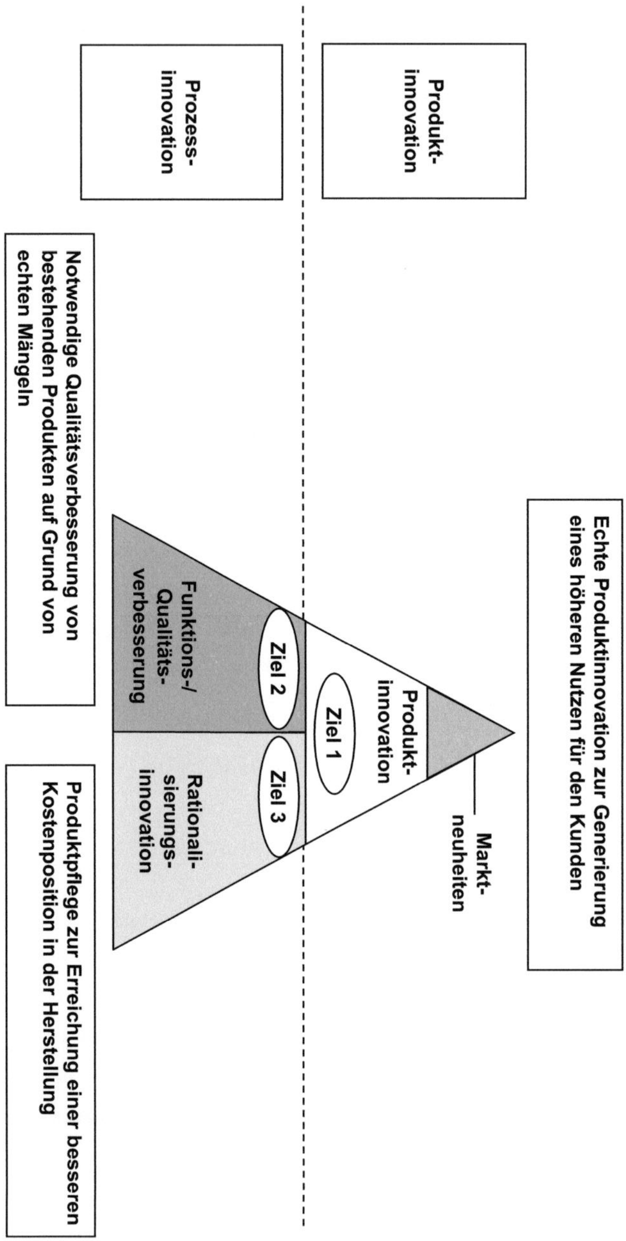

Abbildung 3: Zielrichtungen einer Innovation

2. Der **vermögensorientierte** Investitionsbegriff geht von Transaktionen in der Bilanz aus. Das auf der Passivseite ausgewiesene Kapital ist in Vermögenswerten gebunden (Überführung abstrakten Kapitals in reale Vermögenswerte). Die Vertreter dieses Begriffs unterscheiden sich einerseits darin, dass sie Investition als (Transaktions-)Prozess oder/und Zustand verstehen. Andererseits werden von ihnen unterschiedliche Vermögenskategorien in das Investitionsvermögen einbezogen (nur Anlagevermögen; Anlage- und Umlaufvermögen; Anlage-, Umlauf- plus Finanzvermögen einschließlich der liquiden Mittel).
3. Der **zahlungsstromorientierte** Investitionsbegriff versteht Investition vor dem Hintergrund, daß mit ihrer Durchführung Aus- und Einzahlungen (Kapitalbindung und -freisetzung) verbunden sind. [30]

Hinzu kommen noch Ansätze, die eine Investition anhand ihrer Merkmale beschreiben:

- langfristige Kapital- und Entscheidungsbindung;
- Datenunsicherheit wegen des Zukunftsbezuges;
- hoher Realisierungsaufwand und hohe Korrekturkosten.[31]

Die Kapitalbindung kann sich dabei nach dem herrschenden Verständnis sowohl auf materielle als auch auf immaterielle Objekte, wie z. B. Forschung und Entwicklung, beziehen. Das bedeutet, dass der Begriff Investition auch für aufgewandtes Kapital für nicht in der Bilanz stehende immaterielle Güter zulässig ist. Unterschiedliche Auffassung besteht jedoch darüber, ob die Verwendung von Kapital zur Beschaffung oder Herstellung von Vermögensgegenständen immer als Investition anzusehen ist.[32] Schließt man sich dieser sehr weit gefassten Interpretation an, so zählen auch Gegenstände des Umlaufvermögens zu den Investitionsgütern.

Im Folgenden soll lediglich auf den zahlungsbestimmten Investitionsbegriff eingegangen werden, da sich dieser für den weiteren Verlauf der Arbeit als besonders passend erwiesen hat.[33] Eine Definition des Investitionsbegriffs könnte nach *Schneider*[34] demnach lauten:

---

[30] *Perridon, L./Steiner, M. /Rathgeber, A. (2009),* S. 29f.

[31] Vgl. z.B. *Hölscher, R./Rücker, U.C. (1996),* S. 369.

[32] Vgl. *Götze, U./Bloech, J. (2002)*, S. 6

[33] In der betriebswirtschaftlichen Literatur hat sich neben der zahlungsbestimmten Interpretation des Investitionsbegriffs die vermögensorientierte Sichtweise durchgesetzt. Dieser ist beispielsweise die folgende Definition von *Kern, W.* (1974), S. 8 zuzuordnen: *„Eine Investition ist eine für eine längere Frist beabsichtigte Bindung finanzieller Mittel in materiellen oder immateriellen Objekten, mit der Absicht, diese Objekte in Verfolgung einer individuellen Zielsetzung zu nutzen."*

[34] *Schneider, D. (1992),* S. 20.

„Eine Investition ist durch einen Zahlungsstrom gekennzeichnet, der mit Auszahlungen beginnt und in späteren Zahlungszeitpunkten Einzahlungen bzw. Einzahlungen und Auszahlungen erwarten lässt."[35]

Um die Vielfalt der im Unternehmen vorkommenden Investitionen abzudecken und zu konkretisieren, wird in der Literatur eine Beschreibung der Investition anhand folgender vier Kriterien vorgeschlagen. Dieser Einteilung wird in der Arbeit gefolgt, da unterschiedliche Investitionsarten zum Teil spezielle Anforderungen an die Investitionsrechnung stellen:[36]

Kriterium 1: Nach dem Investitionsobjekt (Real- oder Finanzinvestition)

Finanzinvestitionen liegen bei einer Kapitalbindung in finanziellen Anlageformen vor, wie es beispielsweise Einlagen bei Banken, Obligationen, Investmentzertifikate, Immobilienfondsanteile oder Beteiligungen sein können. Sie haben entweder spekulativen oder anlageorientierten Charakter. Realinvestitionen umfassen güterwirtschaftliche Investitionen und Potentialinvestitionen.

Im Zentrum dieser Arbeit stehen Realinvestitionen, die sowohl materieller als auch immaterieller Art sein können.

Kriterium 2: Investitionsbereich

Im Kapitel 4 wird das später vorgestellte Realoptionsmodell für den Bereich F&E Biotechnologie exemplarisch erläutert. Der Anwendungsbereich des Verfahrens beschränkt sich jedoch nicht nur auf die Biotechnologie.

Kriterium 3: Investitionsanlass (Ersatz-, Ergänzungs-, Errichtungsinvestition)[37]

Die im Projektbeispiel betrachteten Investitionen im Biotechnologiebereich lassen sich der Neuproduktentwicklung, also der Errichtungsinvestition zurechnen.

Kriterium 4: Nutzungsdauer (kurz-, mittel-, langfristig)

Diese Einteilung zwischen kurz-, mittel- oder langfristiger Nutzungsdauer ist sowohl branchenabhängig als auch subjektiv. Sie divergiert von Investor zu Investor. Im Biotech-

---

[35] Zu beachten ist, dass nach dieser Definition beispielsweise bei einer langfristigen Kreditierung einer gelieferten Maschine durch einen Lieferanten eine Investition erst nach Bezahlung und nicht nach der Übernahme der Maschine vorliegt.

[36] Vgl. *Götze, U./Bloech, J. (2002)*, S. 8 f.

[37] Hier finden sich in der Literatur unterschiedliche Gliederungen, beispielsweise trennen *Krumnow, J./ Gramlich, L. [Hrsg.] (1999)* in Ersatz-, Rationalisierungs- und Erweiterungsinvestition. Die vorgenommene Gliederung lehnt sich an *Kern, W.* (1974), S. 14 f. an.

nologiebereich sind für die Erforschung eines neuen Wirkstoffs oder einer neuen Dienstleistung in der Regel mehrere Jahre erforderlich.

2.3 Investition und Controlling

Das Controlling als Teil des Führungssystems eines Unternehmens hat die Funktion, Entscheidungsunterstützung zu leisten. Diese besteht in der Formulierung von methodischen Inhalten für Bereiche, in denen das Management kein primäres Wissen aufweist. Dies gilt insbesondere auch für den Investitionsbereich.

Investitionen haben eine erhebliche Bedeutung für den Erfolg von Unternehmen. Ihre Gestaltung fällt in den Aufgabenbereich des Managements.[38] Dem Management, sofern man es nicht aus institutioneller sondern aus funktionaler Sichtweise betrachtet, können sachaufgabenbezogene sowie personenbezogene Aufgaben zugeordnet werden.[39] Die personenbezogenen Funktionen umfassen Betreuung, Förderung und Motivation der unterstellten Mitarbeiter und können mit dem Begriff „Menschenführung" umschrieben werden.[40] Diese stehen nicht im Zentrum der weiteren Betrachtung. Als sachaufgabenbezogene Funktionen werden Planung, Kontrolle und Realisation gesehen.

2.3.1 Investitionsplanung und -kontrolle

Unter Investitionsplanung wird in der Folge ein systematischer Prozess verstanden, in dem *„auf die Zukunft bezogene Investitionsziele, -maßnahmen und -mittel als Rahmen von Entscheiden und Handlungen im Investitionsbereich festgelegt werden"*[41].

Im Zuge einer Investition werden insbesondere in der Anregungs- und Entscheidungsphase zahlreiche Planungsschritte u. U. mehrfach durchlaufen und können Korrekturen bzw. Revi-

---

[38] Für den Begriff „Management" wird häufig auch „Unternehmensleitung" oder „Unternehmensführung" verwendet.
[39] Vgl. *Götze, U./Bloech, J. (2002)*, S. 15 f.
[40] Vgl. *Götze, U./Bloech, J. (2002)*, S. 16.
[41] *Grünig, R./Hecker, F. (1996)*, Kapitel I, S. 8.

sionen beinhalten. Trotz der vielfältigen Funktionen, die eine Planung im Investitionsbereich erfüllen kann[42], bleibt die eigentliche Aufgabe der Planung, die möglichst vollständige Zielerreichung mit hoher Wahrscheinlichkeit sicher zu stellen. Dazu sind sowohl ein systematischer Entscheidungsvorbereitungsprozess als auch eine Vielzahl von Informationen[43] erforderlich.

In der Literatur werden klassischerweise fünf Planungsphasen unterschieden:[44] Zielbildung, Problemerkenntnis und -analyse, Alternativensuche, Prognose sowie Bewertung und Entscheidung. Das daraus hervorgehende Ergebnis ist ein Investitionsplan, welcher „*…die Resultate eines klar abgegrenzten Teilbereichs der Investitionsplanung wiedergibt*“[45].

Während in der Zielbildung Handlungsnormen für die Investitionstätigkeit aufgestellt werden, steht bei der Problemerkenntnis und -analyse eine Bestandsaufnahme (Ist-Zustand) inklusive einer Problemstrukturierung im Vordergrund. Bei der Alternativensuche werden die verschiedenen Investitionsmöglichkeiten so definiert, dass diese exakt beschrieben sind und sich gegenseitig ausschließen. Typischerweise werden in dieser Phase Fragen

- nach der absoluten Vorteilhaftigkeit der Investition
- nach der relativen Vorteilhaftigkeit der Investition
- nach dem optimalen Investitionszeitpunkt
- nach der optimalen Nutzungsdauer

gestellt. Aufgabe der Investitionsbewertung ist es, anhand geeigneter (Prognose-)Verfahren zur Beantwortung dieser Fragen beizutragen und die letzte Planungsphase, die Bewertung und Entscheidung, zu erleichtern. Die Investitionsentscheidung baut auf den vorangegangenen Phasen auf und kann als ein abschließender, bewusst vollzogener Wahlakt zwischen mindestens zwei Alternativen verstanden werden. Sie löst eine konkrete Vollzugsaktivität, wie z.B. den Kauf eines Vermögensgegenstands aus.[46]

Die effiziente Ausrichtung von Investitionsentscheidungen an Zielen kann durch eine ausgewogene Berücksichtigung von *prozessualen* (Aufteilung eines Problems in eine Folge von einzelnen Schritten zu dessen systematischer Bearbeitung), *institutionellen* (Regelung der

---

42 Beispielhaft seien hier die Offenlegung von Chancen und Risiken, die Problemidentifikation, die Frühwarnung, die Reduktion von Komplexität oder die Ermöglichung von Synergien genannt.

43 Informationen werden verstanden als zweckorientiertes Wissen. Vgl. *Wittmann, W. (1993)*, S. 894 - 904.

44 Vgl. beispielsweise *Wild, J. (1982)*, S. 39, S. 52 ff.

45 *Grünig, R./Hecker, F. (1996),* Kapitel I, S. 8.

46 Vgl. *Stuber, R. (2001)*, S. 63.

organisatorischen Zuständigkeiten) und *instrumentellen* Aspekten (anzuwendenden Methoden je Schritt) erzielt werden.[47]

Der Planungsprozess in einem Industrieunternehmen lässt sich auch sequentiell darstellen. Das Schaubild 4 gibt einen beispielhaften Einblick in einen systematischen Investitionsplanungsprozess im Industriegüterbereich.

Verdeutlicht in dieser Darstellung der Planungsphasen ist der zeitliche Ablauf der einzelnen inhaltlichen Arbeitsschritte. Informationen werden strukturiert und in vorgegebener Form an die nächste Planungsinstanz weiter gereicht. Nichtsdestoweniger kommt auch ein solches System nicht ohne Rückkopplungen aus. Die erarbeiteten Alternativen werden gemäß dem Planungsstand anhand vorher festgelegter Kriterien kontrolliert und ggf. an die vorherige Instanz zurückgegeben oder aus dem System genommen.

Die Investitionskontrolle hat als ständiger systematischer Prozess des Vergleichs zweier Kontrollgrößen, der Plan- und der Vergleichsgröße, eine nicht zu unterschätzende Stellung. Durch die Investitionskontrolle werden gleich mehrere Ziele verfolgt:

- die Verbesserung zukünftiger Schätzungen und Entscheidungen;
- die Verminderung von Fehlern;
- die Identifikation notwendiger Korrektur- und Anpassungsmaßnahmen.[48]

Eine Differenzierung der Kontrollarten lässt sich analog zu den Planungsarten nach Aufgabenbereich, Kontrollzeitraum sowie der Ebene der Führungshierarchie vornehmen. Eine weitere Abgrenzung lässt sich anhand der verwendeten Vergleichsgrößen erreichen.[49] Jede Kontrollart kann nun wie im Schaubild noch dem jeweiligen Planungsschritt zugeordnet werden.

Bei der Auswahl des geeigneten Instruments für die Investitionsbewertung hat neben der erst ex post stattfindenden Ergebniskontrolle auch die Prämissenkontrolle einen wichtigen Stellenwert. Bei der Darstellung der Investitionsbewertungsverfahren in Kapitel 3 wird daher auf eine explizite Beschreibung geachtet.

---

[47] Vgl. *Stuber, R. (2001)*, S. 64.

[48] Vgl. *Lüder, K. (1993)*, S. 54 ff.

[49] Für eine ausführlichere Darstellung der Arten der Kontrolle im Investitionsprozess siehe *Götze, U./Bloech, J. (2002)*, S. 29.

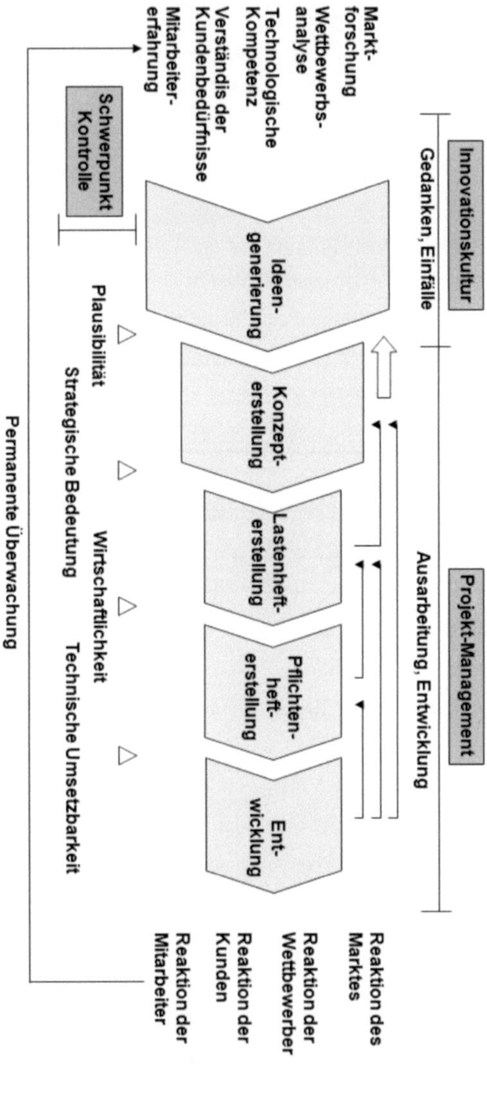

Abbildung 4: Investitionsplanungsprozess im Investitionsgüterbereich[50]

[50] Eigene Darstellung.

2.3.2 Grundlagen der Controlling-Theorie

Obwohl die (Investitions-)Kontrolle für das Controlling eine hohe praktische Relevanz aufweist, wird der Begriff „Kontrolle" im Zusammenhang mit Controlling in der Praxis eher vermieden.[51] *Küpper*[52] verweist in diesem Zusammenhang gar auf zwei Extrempositionen von Gegnern und Befürwortern eines starken Controllings, nachdem Controlling entweder in Wirklichkeit Kontrolle sei oder nachdem Controlling nichts mit Kontrolle zu tun habe. Befürworter des Controllings beabsichtigen durch die Zurückdrängung von (erlebbaren) Kontrollaspekten[53] mehr Akzeptanz des Controllings in den Unternehmen zu erzielen. Für die in den Unternehmen stattfindenden Soll-Ist-Vergleiche, die den eigentlichen Kern der Kontrolle ausmachen[54], werden häufig andere Begrifflichkeiten wie Feedback, Abweichungsanalyse oder Steuerung verwendet.

So ungeklärt das Verhältnis von Kontrolle und Controlling bisher in der Literatur erscheint, so heterogen sind auch die Definitionsversuche für das Controlling selbst. Weder für die Funktion (Controlling bzw. *controllership* im angelsächsischen Sprachgebrauch) noch den Funktionsträger (Controller) konnte bislang im deutschen Sprachraum eine geeignete Bezeichnung gefunden werden.[55]

In den vergangenen Jahren wurden mehrere Ansätze einer typologischen Abgrenzung des Controllings unternommen.[56] Ausgehend sowohl von einer empirischen (*Stoffel*[57], *Niedermayr*[58]) als auch einer funktionalen Sichtweise (*Horváth*[59], *Küpper*[60], *Weber*[61]) befasste sich die deutschsprachige Controlling-Forschung mit einer Begriffsdefinition. Im Folgenden wer-

---

[51] *Kieser* betrachtet das nicht ganz ohne Ironie in *Kieser, A. (1997)*, S. 547: *„Ich weiß, ich weiß, Controlling ist nicht Controlling, aber das doch auch!"*

[52] *Küpper, H.-U. (2005)*, S. 198.

[53] *Weber* bezeichnet in *Weber, J. (2004)*, S. 312 die Kontrolle als die am stärksten überwiegend negativ belegte Führungsfunktion.

[54] *Niedermayr* zeigte bei 292 untersuchten österreichischen Unternehmen auf der Basis von Fragebögen, *„[...] dass klassische Controllingaufgaben, voran Durchführung von Soll-Ist Vergleichen, den Controllingalltag dominieren...", Niedermayr, R. (1994)*, S. 214.

[55] Vgl. *Lingnau, V. (2000)*, S. 43.

[56] *Lingnau* gibt in *Lingnau, V. (1999)* einen historischen Überblick über die Entwicklungsgeschichte des Controllings. Auf S. 84 stellt er Kategorien von Erklärungsansätzen der letzten Jahrzehnte grafisch dar.

[57] *Stoffel, K. (1995).*

[58] *Niedermayr, R. (1994).*

[59] *Horváth, P. (2006).*

[60] *Küpper, H.-U. (2005).*

[61] *Weber, J. (2004).*

den die vorherrschenden informations- und koordinationsorientierten Controlling-Ansätze sowie der rationalitätsorientierte und der kognitiv-entscheidungsorientierte Ansatz vorgestellt.

2.3.2.1 Informationsorientierte Controlling-Ansätze

Einige ältere Definitionsansätze verstehen Controlling im Kern als *Informationsversorgungsfunktion.*[62] Das Controlling hat die Aufgabe, die Unternehmensführung mit relevanten Informationen für den Führungsprozess zu versorgen. Sie lassen sich in drei Kategorien unterteilen,[63] wobei der Anknüpfungspunkt in der Regel das Rechnungswesen ist.

1. Im *rein informationsorientierten* Ansatz hat der Controller nach *Reichmann „die Aufgabe, die für notwendig erachteten Informationen von allen Entscheidungsebenen einer Unternehmung abzurufen, zentral zu verarbeiten, sowie an die anderen Entscheidungsebenen in der Unternehmenshierarchie abzugeben".*[64] Neben der Analyse des Informationsbedarfs baut nach diesem Verständnis der Controller geeignete Informationssysteme auf, um den Bedarf an entscheidungsspezifischen Informationen zu decken.[65]

2. Wird das Tätigkeitsfeld des Controllings um den Bereich der Planung und Kontrolle erweitert, so wird in der Literatur von einer *planungsorientierten Konzeption* gesprochen.[66] *Hahn*, der Hauptvertreter dieses Ansatzes, beschreibt die Aufgabe des Controllings demnach als *„das gesamte Entscheiden und Handeln in der Unternehmung durch eine entsprechende Aufbereitung von Führungsinformationen ergebnisorientiert auszurichten"*[67]. Zielvorgaben werden vom Controlling in Maßnahmen umgesetzt und Abweichungen identifiziert und entsprechend reagiert.[68] Dieser Erklärungsansatz deutet auf ein stark managementorientiertes Verständnis hin, das die Grenzen zwischen Management und Controlling verschwimmen lässt.

[62] Vgl. *Hoffmann, F. (1972)*, S. 85.
[63] Vgl. *Henseler, J./Jonen, A./Lingnau V. (2004),* S. 3 bzw. Ossadnik, W./Barklage, D./Lengrich, E.v. (2003), S. 11 ff.
[64] *Reichmann, T. (2002)*, S. 104.
[65] Vgl. *Reichmann, T. (1996),* S. 564.
[66] Vgl. *Henseler, J./Jonen, A./Lingnau V. (2004),* S. 3 ff. bzw. Ossadnik, W./Barklage, D./Lengrich, E.v. (2003), S. 13 ff.
[67] *Hahn, D./Hungenberg, H. (2001)*, S. 265.
[68] Vgl. *Hahn, D. (1996),* S. 186.

3. *Coenenberg, Baum und Günther* vertreten ein *regelungsorientiertes Verständnis* des Controllings. Über die reine Informationsversorgung der Unternehmensleitung hinausgehend ist demnach das Controlling für die Koordination der Planungs- und Steuerungseinheiten zuständig. Ein durch das Controlling installiertes Planungs- und Kontrollsystem ermöglicht dabei die Koordination zwischen den dezentralen Einheiten.[69]

In der Literatur wird darauf hingewiesen, dass der Aufgabenbereich des Controllings in der Praxis über die in den obigen informationsorientierten Ansätzen beschriebenen Tätigkeitsfelder hinausreicht.[70] Beispielsweise zählt die Ausübung von Kontrolle in diesem Verständnis der informationsorientierten Ansätze nicht zu den Aufgaben des Controllings. Vielmehr erscheint das Controlling als eine Form des Informationssystems.[71] Eine reine Informationsversorgungsfunktion stellt jedoch keine ausreichende Basis des Controllings dar. *Lingnau* verdeutlicht dies, wenn er konstatiert, dass es keine entscheidungsfreie Informationsversorgung geben kann und dass die vollständige Versorgung einer Entscheidung mit allen Informationen einer Entscheidung selbst gleich kommt.[72]

2.3.2.2 Koordinationsorientierte Controlling-Ansätze

Trotz einiger Defizite[73] bildete sich im deutschsprachigen Raum eine Dominanz des *koordinationsorientierten* Controlling-Verständnisses [74] heraus. In der Investitionsplanung und -kontrolle werden demnach durch das Management Informationen der Führungsteilsysteme verarbeitet. Diese werden von speziellen Systemen der Informationsversorgung, wie etwa dem internen Rechnungswesen, generiert. Die Funktion des Controllings liegt in der Sicherstellung der Rationalität durch die Koordination von Informationsversorgung und Informationsnutzung. Basis dieser Konzeption ist eine gedankliche, systemtheoretisch-fundierte Trennung des Unternehmens in ein Leistungs- bzw. Ausführungssystem[75] und ein Führungssystem, das in unterschiedliche Führungsteile gegliedert werden kann. Das Controlling nimmt hierbei als Führungssubsystem eine Management-Servicefunktion ein.

---

[69] Vgl. *Baum, H./Coenenberg, A.G./Günther, T. (2004)*, S. 3 f.
[70] Vgl. *Weber, J. (2004)*, S. 24.
[71] Vgl. *Henseler, J./Jonen, A./Lingnau V. (2004)*, S. 4.
[72] Vgl. *Lingnau, V. (2000)*, S. 224 f.
[73] *Lingnau, V. (2000)* verweist auf Konsistenzdefizite, Präzisionsdefizite, Legitimationsdefizite und Relevanzdefizite des koordinationsorientierten Controlling-Ansatzes.
[74] Der Begriff wird allgemein auf *Horváth* zurückgeführt.
[75] Das Ausführungssystem umfasst hierbei die Aktivitäten der Leistungserstellung und -verwertung, sowie die finanziellen Prozesse im Unternehmen. Das Führungssystem beinhaltet demgegenüber Aufgaben, Träger und Instrumente der Einflussnahme auf die Ausführungstätigkeiten.

1. *Horváth* als Vertreter des *planungs- und kontrollsystemorientierten* Ansatzes definiert Controlling als das unterstützende *„Subsystem der Führung, das Planung und Kontrolle sowie Informationsversorgung [...] koordiniert“*[76]. Im Vordergrund des Ansatzes steht die ergebniszielorientierte Koordination des Planungs- und Kontrollsystems sowie des Informationsversorgungssystems. Das Controlling ermöglicht folglich eine Abstimmung einzelner Entscheidungen auf ein gemeinsames Ziel hin[77] und sichert die Koordinations-, Reaktions-, und Adaptionsfähigkeit der Führung. Im Gegensatz zu den informationsorientierten Ansätzen werden Aufgaben der Informationsgewinnung und -aufbereitung nicht durch das Controlling wahrgenommen.[78]

2. Die *führungssystemorientierte* Controllingkonzeption geht auf *Küpper* zurück. Sie weist große Ähnlichkeit mit dem *planungs- und kontrollsystemorientierten* Ansatz auf, bezieht aber die Teilsysteme Personal und Organisation in die durch das Controlling zu koordinierenden Teilsysteme mit ein.[79] Hinsichtlich der zu berücksichtigenden Unternehmenszielkategorien wird zudem die Beschränkung auf Ergebnisziele aufgehoben.[80] Das Ziel des Controllings besteht in diesem Ansatz darin, durch die Koordination des Führungsgesamtsystems eine zielgerichtete Lenkung durch die Unternehmensführung sicherzustellen.[81]

3. Nach *Weber*, auf den die *metaführungsorientierte* Controlling-Konzeption zurückgeführt wird[82], ist das Ziel des Controllings die Erhöhung der Effizienz und Effektivität der Unternehmensleitung sowie deren Anpassungsfähigkeit an Umweltveränderungen zu verbessern.[83] Ermöglicht wird dies durch die Koordination zwischen und innerhalb der Führungsteilsysteme, in die neben Planung, Kontrolle, Information, Organisation und Personal auch das Wertesystem mit einbezogen wird.[84]

---

[76] *Horváth, P. (2006)*, S. 134.
[77] Vgl. *Horváth, P. (2006)*, S. 112ff., S. 132.
[78] Vgl. *Friedl, B. (2003a)*, S. 170.
[79] Vgl. *Küpper, H.-U. (2005)*, S. 242 ff.
[80] *Küpper, H.-U. (2005)*, S. 17.
[81] Vgl. *Küpper, H.-U. (2005)*, S. 14. .
[82] Weber unterstützt inzwischen den rationalitätsorientierten Controlling-Ansatz und kritisiert koordinationsorientierte Ansätze. Vgl. *Weber, J. (2004)*, S. 30.
[83] Vgl. *Henseler, J./Jonen, A./Lingnau V. (2004)*, S. 6.
[84] Vgl. *Weber, J. (1995)*, S. 33.

Im Vergleich der koordinationsorientierten Ansätze wird deutlich, dass es über die Anzahl der koordinierten Informationssysteme in der Literatur unterschiedliche Ansichten gibt. Während *Küpper* und *Weber* weitere Führungsteilsysteme mit einbeziehen, beschränkte *Horváth* das Controlling in seinem ursprünglichen Ansatz auf die Koordination von Planung, Kontrolle und Informationsversorgung.

Kritik wird an dieser funktional orientierten Sichtweise vor allem wegen der sich zwangsläufig ergebenden separaten Betrachtung von Funktion und Institution des Controllings erhoben, obwohl *Horváth* explizit eine integrierte Betrachtung beider Aspekte fordert.[85] Da zur Wahrnehmung der Koordinationsfunktion, wie *Lingnau*[86] nachweist, durch das Controlling Entscheidungs- und Weisungsbefugnisse auch gegenüber dem Management erforderlich sind, werden der Funktion Controlling Managementaufgaben zugeordnet, über die das Controlling als Institution nicht verfügt. Die Controllingfunktion im Sinne des koordinationsorientierten Ansatzes kann institutional nur in Form eines „Meta-Managements“ umgesetzt werden, die im Widerspruch zum Selbstverständnis als Management Servicefunktion steht. *Lingnau* folgert daraus: *„Controlling (Funktion) ist nicht Aufgabe des Controllings (Institution).“*[87]

2.3.2.3 Rationalitätsorientierter Controlling-Ansatz

Zielsetzung des rationalitätsorientierten Controlling-Ansatzes ist die Integration der verschiedenen Controllingansätze auf eine gemeinsame Basis.[88]
Der auf *Weber/Schäffer* zurückgehende rationalitätsorientierte Ansatz sieht die Aufgabe des Controllings in der Sicherstellung der Rationalität der Führung.[89] Rationalität wird hierbei als die herrschende Meinung von Fachleuten hinsichtlich einer bestimmten effizienten Verwendung von Mitteln bei gegebenem Zweck verstanden.[90] Sie lässt sich weiter operationalisieren als Sicherstellung von Effizienz und Effektivität der Führung.[91] Dem Controlling werden folgende Teilaufgaben zugeschrieben:[92]

[85] Vgl. *Horváth, P. (2006)*, S. 234.
[86] Vgl. *Lingnau, V. (2000)*, S. 68 ff.
[87] *Lingnau, V. (2000)*, S. 70.
[88] Vgl. *Weber, J./Schäffer, U. (1999)*, S. 731.
[89] Vgl. *Schäffer, U./Weber, J. (2003)*, S. 1.
[90] Vgl. *Weber, J.(2002)*, S. 53.
[91] Vgl. *Schäffer, U./Weber, J. (2003)*, S. 1.
[92] *Schäffer, U./Weber, J. (2003)*, S. 3 f.

- *„Sicherstellung einer angemessenen Transparenz als notwendige, aber nicht hinreichende Voraussetzung für eine rationale Unternehmensführung*
- *Sicherstellung der effizienten und effektiven Realisierung von Willensbildung, Durchsetzung und Kontrolle bei gegebener handlungsleitender Ordnung*
- *Sicherstellung einer angemessenen handlungsleitenden Ordnung als Kontext von Willensbildung, Durchsetzung und Kontrolle"*

Schäffer/Weber schränken jedoch ein, dass sich nicht alle in der Praxis vorfindbaren Controlleraufgaben als Rationalitätssicherung charakterisieren lassen.[93] Sie erklären dies aus Synergieeffekten bzw. komparativen Kostenvorteilen und Pfadabhängigkeiten.

Der rationalitätsorientierte Controlling-Ansatz beinhaltet bereits eine verhaltens- und kognitionswissenschaftliche Perspektive. Entscheidungen werden dabei durch eigene Ziele verfolgende ökonomische Akteure getroffen, die hierfür bestimmte kognitive Fähigkeiten besitzen, die jedoch individuell und kontextbezogen beschränkt sind. Die Akteure nehmen dabei aufgrund von zeitlichen, räumlichen oder Könnensbeschränkungen bestimmte Aufgaben nicht wahr und werden daher durch Controller entlastet, ergänzt oder begrenzt.[94]

Trotz der Einschränkung, dass Controller nicht als einzige Akteure zur Sicherstellung einer rationalen Unternehmensführung beitragen[95], stellt sich zwangsläufig auch hier die Frage, wie die Institution Controlling als ein hierarchisches Subsystem der Führung die Funktion eines unternehmensweiten Rationalitätsstifters einnehmen kann.

Irrek weist zudem darauf hin, dass das diesem Ansatz zugrunde liegende Rationalitätsverständnis nur Einzug in Unternehmen mit einem partizipativen bzw. demokratischen Führungsstil finden kann.[96] Damit ergibt sich eine Abhängigkeit des Controllingbegriffs vom spezifischen Unternehmenskontext.[97]

Winter bemerkt, dass die Kohärenz von Aufgaben, Instrumenten und Institutionen nicht im ausreichenden Maße gegeben ist, da die Rationalität als gewählter Ausgangspunkt zu weit

[93] Vgl. *Schäffer, U./Weber, J. (2003),* S. 6.
[94] *Schäffer, U. (2004),* S. 4.
[95] Beispielhaft werden von *Schäffer/Weber* als weitere Akteure die interne Revision oder interne Berater angeführt. Die Verantwortung für die Sicherstellung der rationalen Unternehmensführung obliegt Managern, Controllern und anderen Dienstleistern gleichermaßen. Vgl. *Schäffer, U./Weber, J. (2003),* S. 5.
[96] Vgl. Irrek, W. (2002), S. 48.
[97] Vgl. *Henseler, J./Jonen, A./Lingnau V. (2004),* S. 7.

gefasst und zu wenig spezifisch erscheint. Folgerichtig lässt sich aufgrund der breiten Auffassung zur Controlling-Funktion kaum eine präzise empirische Bestätigung erhalten.[98]

2.3.2.4 Kognitionsorientierter Controlling-Ansatz

Einen Ausweg bietet *Lingnau* mit seinem kognitiv-entscheidungsorientierten Ansatz an, der die Funktion des Controlling als „[...] *Gestaltung des Umfeldes von Managemententscheidungen durch Bereitstellung von sekundären faktisch-methodischen Entscheidungsprämissen mit dem Ziel einer Erhöhung der prozeduralen Rationalität der Managemententscheidungen*“[99] definiert. Demnach wird das Controlling in einer Querschnittsfunktion gesehen, indem es vom Management sekundäre, derivative Aufgaben übernimmt. Im Rahmen eines Problemlösungsprozesses kommt es zu einer Interaktion von Manager und Controller, die in einem (kollektiven) Entscheidungsprozess miteinander agieren.[100] Dabei gewinnt die Art der Zusammenarbeit, die strukturierte Einbindung und Aktivierung des Wissens aller Akteure und die systematische Vorgehensweise an Bedeutung.[101] Diese Aufgabe sieht *von Briel* beim Controller angesiedelt. Der Controller bringt demnach neben seinem erlös- und kostenspezifischen Fachwissen auch Prozesskompetenz als neutraler Moderator ein.

Der auf *Lingnau* zurückgehende Controlling-Ansatz fußt auf der kognitiven Beschränkung der Entscheidungsträger.[102] Als konzeptionelle Basis dient die von *Simon*[103] geprägte *„managerial and organzational cognition theory“*, in der mit dem homo organisans auf ein Modell eines kognitiv beschränkten Menschen zurückgegriffen wird.[104] Im Gegensatz zum Modell des homo oeconomicus, das den meisten betriebswirtschaftlichen Ansätzen zugrunde liegt, wird hierbei gerade nicht davon ausgegangen, dass vollständige Informationen über alle Entscheidungsalternativen und deren mögliche Konsequenzen vorliegen.[105] Menschliche Entscheidungen beruhen demnach auf einem vereinfachten, eingeschränkten Bild der Realität

[98] Vgl.. *Winter, P. (2008)*, S. 19.
[99] *Lingnau, V. (2000)*, S. 78.
[100] *Lingnau* spricht von einer „Manager-Controller Dyade“, wenn primäres Wissen des Managers und sekundäres Wissen des Controllers zusammenspielen. Vollzieht sich das Zusammenspiel in einer domänenübergreifenden Arena, die mehrere Managementebenen umfasst, bilden sich „Manager-Controller Polyaden“. Vgl. *Briel, K. von (2005)*, S. 8f.
[101] *Von Briel* bezeichnet dieses allgemeine Methodenwissen als „tertiäres Wissen“, das vom Controller in den Problemlösungsprozess eingebracht wird, Vgl. *Briel, K. von (2005)*, S. 9.
[102] Vgl. *Lingnau, V. (2004)*, S. 1 f.
[103] Vgl. *Simon, H.A. (1980)*.
[104] Vgl. *Lingnau, V. (2001)*, S. 421.
[105] Vgl. *Lingnau, V. (2000)*, S. 83.

und damit der Entscheidungssituation.[106] Daraus ergibt sich, dass beispielsweise die selbe Situation bei verschiedenen Personen potenziell zu unterschiedlichen Analysen und Situationsdeutungen führt. Der dem kognitiv-entscheidungsorientierten Controlling-Ansatz als Grundlage dienende Bezugsrahmen berücksichtigt dies explizit.

Die Abgrenzung von Management und Controlling wird im kognitiv-entscheidungsorientierten Controlling-Ansatz mit der Unterscheidung nach primärem[107] und sekundärem Wissen, also nach dem Wissenskriterium vorgenommen. Diese Unterscheidung geht auf kognitionswissenschaftliche Erkenntnisse zurück, die zeigen, dass Experten und Nicht-Experten signifikante Unterschiede in Bezug auf den Prozess der Problemlösung aufweisen. Der Controller übernimmt im Entscheidungsprozess sowohl die Rolle des Fach- als auch des Prozesspromotors.[108] Das Problem der Überschneidung der „Managementaufgaben" der Funktion Controlling mit denen der Institutionen Controlling bzw. Management wird somit umgangen und eine gemeinsame Betrachtung von Funktion und Institution ermöglicht.

Das Controlling wird durch die Trennung in primäre und sekundäre Aufgaben nicht auf bestimmte Managementfunktionen beschränkt. Es kann durch die Bereitstellung sekundärer faktisch-methodischer Entscheidungsprämissen [109] prinzipiell alle Managementfunktionen unterstützen.[110] Die Beschränkung auf die Bereitstellung von Entscheidungsprämissen erwirkt gleichermaßen eine managementresiduale Abgrenzung. Dies hat zur Folge, dass die kognitiv-entscheidungsorientierte Controllingfunktion auch von einer Institution Controlling wahrgenommen werden kann.[111]

Durch die Heilung der Divergenz von Funktion und Institution wird im kognitionsorientierten Ansatz eine Zuordnung von Instrumenten zum Controlling ermöglicht. Verbliebe man im koordinationsorientierten Controlling-Ansatz, so könnte man der Funktion Controlling keine

[106] Vgl. *March, J.G./Simon, H.A. (1993)*. S. 160.

[107] Das primäre Wissen reflektiert das Expertenwissen des Managers, das er in seinem Hauptbeschäftigungsfeld erworben hat. *Lingnau, V. (2004)* weist darauf hin, dass Manager dank ihrer Expertise in bestimmten, eng umgrenzten Bereichen über überlegene Problemlösungsfähigkeiten verfügen. Diese ermöglichen trotz kognitiver Begrenzungen bei komplexen Sachverhalten das Treffen von *„souveränen Entscheidungen"* in ihrem Fachgebiet.

[108] Vgl. *Briel, K. von (2005)*, S. 12.

[109] Als Entscheidungsprämissen werden aus Sicht der Entscheidungstheorie sämtliche Informationen, die zur Formulierung des Entscheidungsproblems beitragen, gesehen.

[110] Vgl. *Lingnau, V. (2000)*, S. 224 f.

[111] Vgl. *Lingnau, V. (2000)*, S. 226.

bzw. der Institution jedoch grundsätzlich alle betriebswirtschaftlichen Instrumente zuordnen.[112]

Tabelle 1 fasst die vorgestellten Ansätze noch einmal stichpunktartig zusammen und verdeutlicht den unterschiedlichen Aufgabenbereich des Controllings nach den unterschiedlichen Konzepten:

Controllingkonzeption		**Aufgaben**
Informations-orientiert	Rein informationsorientiert	Gewinnung und Bereitstellung von Informationen
	Planungsorientiert	Informationsbeschaffung, Planung und Kontrolle, insbesondere durch Budgetierung
	Regelungsorientiert	Informationsversorgung, Koordination der dezentralen Abteilungen
Koordinations-orientiert	Planungs- und kontrollsystemorientiert	Koordination von Planung, Kontrolle und Informationsverarbeitung
	Führungssystemorientiert	Koordination des Informationssystems aller Teilsysteme durch Ermittlung des Informationsbedarfs der Systeme, Gestaltung der Informationserzeugung und Bereitstellung eines Berichtswesens
	Metaführungsorientiert	Koordination innerhalb und zwischen Führungsteilsystemen durch Pläne
Rationalitätsorientiert		Verhindern von Rationalitätsdefiziten bei der Führung
Kognitionsorientiert		Unterstützung von Managemententscheidungen durch die Bereitstellung von sekundärem Wissen

Tabelle 1: Zusammenfassende Darstellung der unterschiedlichen Controlling-Ansätze nach *Henseler/Jonen/ Lingnau*[113]

2.3.2.5 Positionierung dieser Arbeit

Die Darstellung der obigen Ansätze samt ihren divergierenden Facetten zeigt, dass das „*Controlling seinen Platz in der Betriebswirtschaftslehre und damit als akademische Disziplin noch nicht gefunden*“ hat. [114]

---

[112] Vgl. *Lingnau, V. (2000)*, S. 71.
[113] *Henseler, J./Jonen, A./Lingnau V. (2004)*, S. 13.
[114] *Lingnau, V. (2008), S. 2.*

Bewusst wird in der Arbeit daher von „Controlling-Ansätzen" gesprochen, da für eine konzeptionelle Fundierung des Controllings in einer „Controllingtheorie" zunächst eine – derzeit noch nicht gegebene – Einigkeit über den Theoriebegriff gefunden werden muss. Sowohl Positivismus, kritischer Realismus, Konstruktivismus oder hermeneutisch-dialektische Richtungen haben jeweils ein unterschiedliches Verständnis des Theoriebegriffs.[115] Wie *Scherm* und *Pietsch* darlegen, begegnet man gerade in der Bereichswissenschaft der Betriebswirtschaftslehre einem sehr unscharfen Theoriebegriff.[116]

Noch einen Schritt weiter geht *Lingnau,* der mit Bezug auf Kant etwas provokant die Frage stellt, worin das Eigentümliche und Besondere des Controllings läge, denn ohne dieses hätte es kein Anrecht als wissenschaftliche Disziplin.[117]

Diese Arbeit wird das beschrieben Spannungsfeld[118] nicht auflösen können. Im Vergleich der verschiedenen Ansätze erscheint der kognitionsorientierte Ansatz von *Lingnau* am ehesten in der Lage, ein konsistentes Bild von aufeinander abgestimmten funktionalen, instrumentellen und institutionalen Aspekten zu erzeugen. Durch die Abstützung auf die *behavioral decision theory* und die *managerial cognition theory* basiert sie auf einem soliden theoretischen Fundament, ohne jedoch eine eigene „Controlling-Theorie" als Grundlage anführen zu können. Basis der folgenden Ausführungen ist daher im Wesentlichen der kognitionsorientierte Controlling-Ansatz.

Folglich wird auch die These des den meisten anderen Controlling-Ansätzen zu Grunde liegenden *homo oeconomicus* verworfen. Die Begründung liegt in der Erkenntnis, dass eine Organisation, bestehend aus perfekt rational handelnden Individuen, kein Controlling erfordert. Eine Begrenzung der Rationalität der handelnden Akteure wird daher bejaht.[119]

Das controllingspezifische Ziel einer Erhöhung der prozedualen Rationalität des kognitionsorientierten Ansatzes[120] wird allerdings nicht kritiklos geteilt, legt es doch den Schwerpunkt stark auf die problemlöserabhängigen Eigenschaften eines Problems. Im Vordergrund dieser

---

[115] Vgl. *Scherm, E./Pietsch, G. (2004)*, S. 6.
[116] *Scherm, E./Pietsch, G. (2004)*, S. 6.
[117] Vgl. *Lingnau, V. (2008), S. 2.*
[118] *Winter, P.* verweist auf die lange Historie des „Selbstfindungs- und Begründungsprozesses" und bemerkt „Verwundung und Unverständnis" über diese Diskussion bei angrenzenden Teilgebieten. Vgl.. *Winter, P. (2008),* S. 3 ff.
[119] Vgl. Kapitel 2.4.3 Begrenzte Rationalität in der Investitionsbewertung
[120] Vgl. *Lingnau, V. (2000)*, S. 78.

Arbeit stehen mehr die Struktur der Umwelt und des Problems selbst. Dies legt, gerade vor dem Hintergrund vieler neoklassisch fundierter Controlling-Instrumente, ein bestimmtes Verständnis der begrenzten Rationalität als Optimierung unter Nebenbedingungen nahe.[121] Unterstützt wird diese Ansicht durch das Argument, dass die prozeduale Rationalität nicht notwendigerweise ein Controllingziel sein muss. So ist beispielsweise bei einfachen Problemen kein Rückbezug auf die Theorie der prozedualen Rationalität erforderlich.[122]

2.3.3 Controlling-Instrumente im Investitionsbereich

Der Erfolg eines F&E-Projekts wird maßgeblich davon beeinflusst, ob es gelingt, unterschiedliche Aktivitäten zielgerichtet zu koordinieren und die prozeduale Rationalität sicherzustellen. Hierbei kommt standardisierten Verfahrensweisen bei der Gestaltung des Entscheidungsumfelds besondere Bedeutung zu.[123] Generelle Regelungen befreien das Management von dem Aufwand einer jedes Mal erneut erarbeiteten Problemlösung und stellen die Nutzung von sich als besonders vorteilhaft erweisenden Lösungen sicher.[124] Das Controlling kann durch die Einbringung sekundären Wissens in Form von technischen oder organisatorischen Instrumenten zu dem Problemlösungsprozess beitragen. Kern dieser Arbeit stellen die technischen Instrumente mit einer objektivierten Folge von Ablaufschritten dar.

2.3.3.1 Begriff Controlling-Instrument

Zunächst soll eine Klärung des Begriffs „Instrument" erfolgen. Das Wort „Instrument" ist dem lateinischen Wort „instrumentum" entlehnt und bedeutet Mittel, Gerät oder Werkzeug. Das Instrumentarium bezeichnet dann die *„Gesamtheit der für eine Arbeit notwendigen Unterlagen, Hilfsmittel, Geräte"*[125]. In der betriebswirtschaftlichen Literatur existiert eine Reihe von Definitionsversuchen für den Begriff des Controlling-Instruments, die sich ebenfalls auf diese etymologische Herleitung berufen. Eine allgemeine Definition, die sich auch bei zahl-

---

[121] Vgl. Kapitel 2.4.3 Begrenzte Rationalität in der Investitionsbewertung
[122] Vgl. *Simon, H.A. (1980)*, S. 5.
[123] Vgl. *Simon, H.A. (1997)*, 103 ff.
[124] Zu den kognitiven Grenzen der Verbesserung individueller Entscheidungsprozesse durch organisatorische Programmierung vgl. *Lingnau, V. (2004)*, S. 11 ff.
[125] *Pfeiffer, W. (1989)*, S. 745.

reichen anderen Autoren wiederfindet[126], liefert *Welge*: *„Unter dem Sammelbegriff Instrument wollen wir alle Methoden, Verfahren und Techniken zusammenfassen, die zur Lösung von Controllingproblemen herangezogen werden können.“* [127] Dieses funktionsorientierte Verständnis reflektiert eine gemeinsame Basis vieler Autoren. Erweiterungsansätze beziehen sich zumeist auf die zugrunde liegende Controlling-Sichtweise des Autors.[128]

Die Instrumente des Controllings können demnach mehrere Ziele verfolgen. Zum einen kann eine Erhöhung der Perzeptionsfähigkeit beabsichtigt werden, in dem relevante Aspekte der Umwelt in die Wahrnehmung des Managements / der Entscheider gerufen werden.[129] Zum anderen kann die Fähigkeit des Managements gestärkt werden, sich über künftige Ereignisse eine mit hoher Wahrscheinlichkeit zutreffende Erwartung bilden zu können.[130] Des Weiteren kann das Management in die Lage versetzt werden, verschiedene Handlungsalternativen miteinander zu vergleichen, um darauf basierend eine Bewertung treffen zu können.

Prinzipiell kann die residuale Unterstützungsfunktion des Controllings in allen bislang beschriebenen Bereichen des Investitionsplanungs- und Investitionskontrollprozesses ausgeübt werden. Der Investitionscharakter von Innovationen im F&E-Bereich bedingt allerdings zumeist projektbezogene Abrechnungen[131], die die zum Projekterfolg notwendigen relevanten Einnahmen und Ausgaben berücksichtigen. Dabei kann sich ein Instrument sowohl auf einzelne Investitionsobjekte als auch auf das Gesamtunternehmen beziehen. Diese Arbeit konzentriert sich auf das Feld der Controlling-Instrumente im Investitionsbereich, insbesondere der projektbezogenen Investitionsbewertungsverfahren.

2.3.3.2 Controlling-Instrumente im Spannungsfeld des Controlling-Ansatzes

Im Rahmen der bereits kritisch betrachteten informations- und koordinationsorientierten Controlling-Ansätze lässt sich das Spezifische eines Controlling-Instruments, das nicht auch

---

126 Vgl. z.B. *Dellmann, K. (1992)*, S. 132: *„Instrument des Controlling sind alle Methoden, Verfahren, Techniken und Modelle zur Lösung von Controlling-Problemen“.*

127 *Welge, M.K. (1988)*, S. 338.

128 *Hahn* beispielsweise geht von einer aktionsorientierten „Navigator-Rolle“ des Controllers aus, der in einem Regelkreis von Planung und Kontrolle eingebunden ist. Dementsprechend belegt er auch den Begriff des Controllinginstruments (Vgl. *Hahn, D. (1996)*, S. 192). Anhänger des koordinationsorientierten Ansatzes tendieren dazu, den Umfang der Controlling-Instrumente auf Instrumente der Koordination zu beschränken (Vgl. *Küpper, H.-U.(2005)*, S. 41).

129 Vgl. *Pritsch, G./Weber, J. (2003)*, S. 19.

130 *Pritsch, G./Weber, J. (2003)* bezeichnen diese Fähigkeit als Prognosefähigkeit.

131 Vgl. *Littkemann, J. (1997)*, S. 1310.

unter den Begriffen wie Planung, Kontrolle, Informationsversorgung oder Unternehmensführung subsumiert werden könnte, nicht herausarbeiten. [132] Traditionell wird - wie ebenfalls im rationalitätsorientierten Ansatz[133] - definiert, dass ein Instrument genau dann einem Controlling-Instrument entspricht, wenn es die Controlling-Aufgabe lösen kann.

Die mit der Funktion Controlling nicht notwendigerweise deckungsgleiche Institution Controlling kann mit dieser funktional ausgerichteten Definitionen nur schwerlich abgegrenzt werden. Trotzdem findet sich gerade dieser Ansatz vielfach in der deutschsprachigen Literatur. So zählen z. B. *Schweitzer/Friedl „zum Controlling-Instrumentarium [...] alle Methoden und Modelle, die der Erreichung der Controlling-Ziele beziehungsweise der Controlling-Aufgaben dienen“*[134]. Die nutzungszweckbasierte Abgrenzung findet sich auch im Controllingverständnis der englischsprachigen Literatur wieder.[135] So definieren *Wilson/Chua*: *„Managerial accounting encompasses techniques and processes that are intended to provide financial and non-financial information to people within an organization to make better decisions and thereby achieve organizational control and enhance organizational effectiveness.”*[136] Durch die Definition des Controllings als „Informationsversorgung”, „Koordination” oder „Rationalitätssicherung“ wird jeweils ein dominanter Zweck unterstellt, dem die Instrumente dieser Konzeption dienen.[137] *Reichmann* beispielsweise stellt als Vertreter des informationsorientierten Controllingansatzes einen direkten Bezug zum Instrumentarium des Controllings her: *„Durch die Controllingkonzeption wird die Gesamtheit aller verfügbaren Methoden und Techniken, d.h. Applikationen, für einen bestimmten Controllingbereich zusammengefasst.“*[138]

Eine Abgrenzung in Instrumente der Funktion und Institution des Controllings bzw. in Führungs- und Controlling-Instrumente[139] kann - neben der bereits beschriebenen am Nutzungs-

---

[132] Vgl. *Pritsch, G. (2000)*, S. 11.

[133] *„Controlling-Instrumente sind solche betriebswirtschaftlichen Methoden und Verfahren, die zur Bewältigung von Controlling-Aufgaben eingesetzt werden. Damit ist ein Instrument nicht qua status nascendi ein Controlling-Instrument, sondern wird zu einem solchen durch die Nutzung mit dem Ziel der Sicherstellung rationaler Führung“*, *Schäffer, U./Weber, J. (2003)*, S. 6.

[134] *Schweitzer, M/Friedl, B. (1992)*, S. 158.

[135] In der englischsprachigen Literatur werden controllingrelevante Themen unter den Begriffen „Management Accounting“ und „Management Control“ diskutiert.

[136] *Wilson, R.M./Chua, W.F. (1993)*, S. 16.

[137] Vgl. *Schäffer, U./Weber, J. (2003)*, S. 15.

[138] *Reichmann, T. (2005)*, S. 13.

[139] Als Führungsinstrumente werden an dieser Stelle zweckgerichtete Hilfsmittel verstanden, die die Generierung von Führungsinformationen durch generelle Regelungen zur Transformation von Daten (Input) in Führungs-

zweck orientierten Zuordnung - allerdings auch durch eine willkürliche oder kriteriengestützte Zuordnung erfolgen.[140]

Küpper z.B. schlägt eine Begrenzung der Controlling-Instrumente auf Koordinationsinstrumente vor und unterscheidet diese nach isolierten und übergreifenden Instrumenten.[141] Zu den isolierten Controlling-Instrumenten zählen Instrumente der Organisation (wie Aufgaben- und Kompetenzverteilung), der Personalführung (wie Zielvorgaben), der Planung (wie simultane Planungsmodelle), der Kontrolle (wie Abweichungsanalysen) und der Information (wie Kosten- und Erlösrechnungen). Als übergreifende Koordinationsinstrumente betrachtet *Küpper* zentralistische Führungssysteme, Budgetierungssysteme, Kennzahlen- und Zielsysteme oder Verrechnungspreissysteme.

Einen Schritt weiter geht *Wall*, eine Vertreterin des koordinationsorientierten Controlling-Begriffs, die nicht dem Controlling ein spezifisches Instrumentarium zuordnet, sondern das Controlling selbst anhand der verwandten Instrumente definieren möchte: *„Das Controlling unterscheidet sich von anderen Disziplinen der Betriebswirtschaftslehre [...] durch die hierfür eingesetzten Instrumente. [...] Für eine schärfere Abgrenzung des Controllings könnte daher zusätzlich an den verwendeten Instrumenten angesetzt werden.“*[142] Dieses Vorgehen lässt Zweifel an der Trennschärfe der Abgrenzung des koordinationsorientierten Controlling-Begriffs aufkommen. Bedenklich ist außerdem, dass die Definition eines Fachs von seinen Instrumenten her, den Charakter eines Instruments negiert.[143]

Die Kongruenz von Funktion und Institution des Controllings im kognitiv-entscheidungsorientierten Ansatz entbindet von der oft zweideutigen Entscheidung, ob Instrumente entweder zur Erfüllung der Controllingfunktion oder der Aufgaben der Institution Controlling erforderlich sind.

Mit dem im kognitiv-entscheidungsorientierten Ansatz definierten Ziel des Controllings, der Bereitstellung von sekundären faktisch-methodischen Entscheidungsprämissen, kommen ebenfalls eine Vielzahl von nicht bereichspezifischen betriebswirtschaftlichen Instrumenten in Frage, die aus kognitionswissenschaftlicher Sicht Methodenwissen darstellen. Diese umfassen

informationen (Output) unterstützen und sich als externe Modelle kennzeichnen lassen. Vgl. *Schäffer, U./Steiners, D. (2003)*, S. 9.

[140] Vgl. *Schäffer, U./Steiners, D. (2003)*, S. 10.

[141] Vgl. *Küpper, H.U. (2005)*, S. 41 ff.

[142] *Wall, F. (2002)*, S. 67.

[143] Vgl. *Schäffer, U./Steiners, D. (2003)*, S. 13.

Methoden, die zur systematischen Lösung von Entscheidungsproblemen beitragen. Dabei kann der komplette, innerhalb des kognitiven Systems des Bearbeiters ablaufende Prozess der Problemlösung durch geeignete Controllinginstrumente unterstützt werden. *Henseler/Jonen/Lingnau* ordnen z.B. den einzelnen Phasen des Problemlösungsprozesses (Problemwahrnehmung, Zielbildung, Zustandsbeschreibung, Problem-Analyse, Alternativensuche, Alternativenbewertung, Umsetzung, Lösungsüberprüfung) betriebswirtschaftliche Instrumente zu. [144] Die Wahl des/der entsprechenden Controlling-Instrumente ist hierbei neben der Phase im Problemlösungsprozess ebenfalls von der Vernetzung und der Dynamik des Problems abhängig.[145]

Auch bei der Implementierung von Controlling-Instrumenten erweist sich der kognitionsorientierte Ansatz als hilfreich. In den Arbeiten von *Parvis-Trevisany/Schäffer*[146], die sich mit den Erfolgsfaktoren und Barrieren bei der Einführung von Controllinginstrumenten auseinandersetzen, wird der Einnahme einer kognitionsorientierten Perspektive ein hohes Erklärungspotenzial zugesprochen, da Individuen auf Grund von individuell und/oder kollektiv erzeugten, sozial konstruierten Realitäten handeln.[147]

Fasst man den Stand der betriebswirtschaftlichen Diskussion in Bezug auf die Controlling-Instrumente zusammen, so besteht weitgehende Einigkeit, dass das Controlling den Entscheidungsträgern bei Bedarf Instrumente liefert, die eine Strukturierung der Entscheidung ermöglichen. Welche Instrumente dies im Einzelnen sind, hängt von dem in der jeweilig vertretenen Controllingsicht postulierten Zweck bzw. den Aufgaben ab. Es lässt sich folglich nach derzeitigem Stand der Forschung keine allgemein gültige Aussage treffen, ob Controlling-Instrumente entweder beliebige Instrumente sind, die für eine Sichtweise entsprechende Aufgaben eingesetzt werden, oder ob sie über einen genuinen Charakter verfügen.[148]

2.3.3.3 Controlling-Instrumente im Investitionsbereich

Wie bereits ausgeführt, soll im Falle einer Investitionsentscheidung ein Controlling-Instrument der exakten Analyse der Vorteilhaftigkeit eines potentiellen Investitionsvorhabens,

[144] Vgl. *Henseler, J./Jonen, A./Lingnau V. (2004),* S. 12.
[145] Vgl. *Lingnau, V. (2004),* S. 18.
[146] Vgl. *Kron, R.G./Parvis-Trevisany, N./Schäffer, U. (2004)* und *Parvis-Trevisany, N./Schäffer, U. (2005).*
[147] Vgl. *Parvis-Trevisany, N./Schäffer, U. (2005),* S. 24 f.
[148] Vgl. *Pritsch, G. (2000),* S. 12.

der Verdeutlichung der Unsicherheitsfaktoren sowie deren potentiellen Auswirkungen auf die zu erwartenden Investitionserlöse dienen.

Ein umfassender Überblick über das Controlling-Instrumentarium speziell im Investitionsbereich findet sich beispielsweise bei *Horváth*, *Brockhoff* oder *Göpfert/Hoppenheit.*[149] Alle Arbeiten führen eine Vielzahl von Methoden auf, ohne allerdings ihre Konsistenz mit einem bestimmten Controlling-Ansatz zu überprüfen. Es wird in diesen Darstellungen deutlich, dass im Regelfall keine grundlegend neuen F&E spezifischen Instrumente entwickelt werden.[150] Vielmehr werden klassische Instrumente der Planung und Kontrolle wie Meilensteinplanung oder Abweichungsanalyse übernommen. Die z. T. unzureichende Anpassung an die Besonderheiten der F&E führen sogar so weit, dass manche Autoren auch von einer „instrumentellen Lücke“ sprechen.[151]

Basierend auf dieser Literaturanalyse wird sich die weitere Untersuchung des Beitrags des Realoptionsansatzes als Controlling-Instrument vorwiegend[152] an dem zuvor thematisierten Kriterium der Angemessenheit des Controlling-Instruments für die im nächsten Kapitel beschriebene Aufgabenstellung im Investitionsbereich ausrichten.

2.4 Investitionsbewertung

Die optimale Ausnutzung der nur begrenzt zur Verfügung stehenden Finanzmittel ist ein wesentlicher Bestandteil des Managements eines Unternehmens. Durch die Identifikation und Durchführung vorteilhafter Investitionsgelegenheiten verbessert sich einerseits mittelfristig die Gewinnsituation, andererseits wird auch langfristig die Existenz der Unternehmung gesichert. Um die knappen Investitionsressourcen optimal einzusetzen, werden quantitative Ren-

[149] Vgl. *Horváth, P. (1994), Brockhoff, K. (1999)* bzw. bei *Göpfert, I./Hoppenheit, C. (1991)*, S. 157 ff.

[150] *Horváth, P. (1994)* beschreibt z.B. weitgehend allgemeine Methoden der Projektplanung oder der Unternehmensführung, z.B. die Balanced Scorecard.

[151] Vgl. *Schröder, H. (1995).*

[152] In der Literatur findet sich bei *Pritsch* mit der Forderung nach Effizienz eines Controlling-Instruments ein weiteres Kriterium, das jedoch eng mit dem rationalitätsorientierten Controlling-Ansatz verhaftet bleibt. Effizienz kann laut *Pritsch* aus einer Betrachtung des Kosten-Nutzen-Verhältnisses heraus beurteilt werden. Den Nutzen definiert er anhand von drei Kriterien: der Ausrichtung an Engpässen der Führung, dem Beitrag zur strukturbildenden Rationalität und dem Beitrag zur strukturnutzungsbezogenen Rationalität. Demgegenüber stellt er die Kosten der Strukturbildung und die Kosten der Strukturnutzung. Vgl. *Pritsch, G. (2000)*, S. 85.

tabilitätsmaßstäbe zur Bewertung eingesetzt. Diese werden in Kapitel 3 einer ausführlichen Würdigung unterzogen. In diesem einführenden Abschnitt liegt der Schwerpunkt auf den Rahmenbedingungen einer vorzunehmenden Bewertung.

2.4.1 Grundsätze der Bewertung

Die Beachtung von grundsätzlichen Erwägungen über das Wesen einer Bewertung tragen zu einer adäquaten Bewertung und Einordnung von Investitionsvorhaben bei. Beispielsweise müssen unvermeidbare Komplexitätsreduktionen möglichst wertneutral vorgenommen werden. *Moxter*[153] hat diesbezüglich Prinzipien dargelegt, die als Richtlinien der Bewertung angesehen werden können. Da sie auch für das Controlling-Instrument Investitionsbewertungsverfahren von hoher Relevanz sind, finden sie in Thesenform Eingang in diese Arbeit. Die Stichworte in Klammern nennen die in diesem Zusammenhang von *Moxter*[154] verwandten Bezeichnungen.

1. Eine Bewertung basiert auf Arbitrage-Überlegungen. Der Wert einer Investition wird durch den Marktpreis von alternativen, vergleichbaren Anlagemöglichkeiten bestimmt. Anlagemöglichkeiten sind genau dann vergleichbar, wenn sie ähnliche Zahlungsströme und Risiken aufweisen (Relativitätsprinzip). Bewerten heißt in diesem Zusammenhang vergleichen. Als Vergleichsobjekt dient immer die beste verdrängte Investitionsalternative. In quantitativen Bewertungsverfahren wird dieser Aspekt durch die entsprechenden Diskontierungssätze zum Ausdruck gebracht.

2. Eine Bewertung ist zukunftsgerichtet. Investitionen richten sich nach dem zukünftigen Potenzial aus, nicht danach, was in der Vergangenheit dafür investiert wurde (Zukunftsbezogenheitsprinzip). Durch die Berücksichtigung zu erwartender Zahlungsströme findet dieser Gedanke Eingang in die Investitionsbewertungsverfahren.

3. Eine Bewertung ist zeitabhängig. Der Marktwert einer Investition ändert sich im Zeitablauf.

---

[153] Vgl. *Moxter, A. (1980)*.
[154] Vgl. *Moxter, A. (1983)*.

4. Zahlungsströme und Kapitalkosten bestimmen die Bewertung. Zahlungsströme werden investiert und fließen anschließend an die Investoren zurück. Dabei sind **alle** Wertbeiträge zu beachten (Gesamtbewertungsprinzip). Die Kapitalkosten sind dabei die Opportunitätskosten, nicht in eine andere Anlagemöglichkeit investiert zu haben.

5. Es gibt nicht nur einen Investitionswert. Eine Bewertungsmethode berechnet immer nur einen subjektiven Grenzpreis, der vom individuellen Zielsystem des Bewerters und von dessen alternativen Mittelverwendungsmöglichkeiten abhängt (Subjektivitätsprinzip).

6. Der Bewertungsanlass determiniert den Unternehmenswert (Zweckadäquanzprinzip). Diese Unterscheidung in dominierte und nicht dominierte Konfliktsituationen[155], die zu Grenz- bzw. Schiedspreisen führen, spielt bei Investitionsbewertungen eher eine untergeordnete Rolle, da Investitionsentscheidungen in der Regel auf freiwilliger Basis erfolgen.

2.4.2 Unsicherheit und Handlungsspielräume

Investitionen, insbesondere jene mit langfristigem Charakter, zeichnen sich durch eine hohe Unsicherheit durch unvollkommene Informationen aus. Bei Entscheidungen über Realinvestitionen kommt erschwerend hinzu, dass die meisten Investitionsausgaben partiell irreversibel sind, d.h. dass sie nicht oder nur teilweise durch Verkauf des angeschafften Investitionsobjekts rückgewandelt werden können. Angesichts der eingeschränkten Korrigierbarkeit solcher wirtschaftlicher Entscheidungen und der Tatsache, dass Forschungs- und Entwicklungsinvestitionen typischerweise in Tranchen budgetiert werden[156], gewinnen Entscheidungs- bzw. Handlungsflexibilitäten, die im Laufe der Investition ausgeübt werden können, vermehrt an Bedeutung. Sie stellen die Möglichkeit dar, flexibel auf veränderte Umweltsituationen zu reagieren oder neue Erfolgspotenziale wahrzunehmen. Ein Bewertungsverfahren für eine Investition sollte daher diese Potenziale adäquat erfassen.

[155] Ein dominierter Konflikt ist eine Situation, in der zwangsweise eine Bewertung bzw. eine Einigung über eine Bewertung erzielt werden muss, etwa bei einer Abfindung.

[156] Vgl. *Hommel, U./Pritsch, G. (1999b),* S. 4.

Die These der bisherigen Überlegungen ist, dass Investitionsentscheidungen in einem Umfeld hoher Unsicherheit und Irreversibilität getroffen werden müssen. Die Unternehmensführung kann dieser Herausforderung durch passive und aktive Strategien begegnen.[157]

Die *Risikomeidung* stellt die passivste Strategie dar. So könnten beispielsweise nur Geschäftsfelder betrieben werden, die mit einem relativ stabilen Umfeld umschrieben werden können und durch langfristige Liefer- und Absatzverträge abgesichert werden. Diese Strategie beinhaltet jedoch einen weitgehenden Verzicht auf die der Unsicherheit innewohnenden Erfolgspotentiale.

Eine weitere passive Strategie besteht in der *Verringerung kritischer Abhängigkeiten*, beispielsweise durch die Streuung der Geschäftsfelder oder des Produktportfolios. Folgt man der modernen Finanztheorie, nach der Investoren mit Hilfe des Kapitalmarktes besser diversifizieren können, wird die Sinnhaftigkeit einer solchen Strategie für den Unternehmenswert und das Unternehmen in Frage gestellt.

Eine aktive Strategie stellt die *Kontrolle* der Unsicherheit dar. Die Rolle der OPEC zeigt sowohl die grundsätzlichen Chancen als auch die Problematik dieser Handlungsalternative auf. Auf Unternehmensebene kann eine solche Strategie eine horizontale Integration entlang der Wertschöpfungskette bedeuten.

Die aktive Annahme der Herausforderung der Unsicherheit stellt eine weitere mögliche Antwort dar. Künftige Entwicklungen werden mittels eines betrieblichen Informationssystems (Frühwarnsystem) versucht zu antizipieren und *Handlungsspielräume* bewusst geschaffen. Diese Strategie verbindet die Vorzüge passiver und aktiver Antworten auf Unsicherheit. In der Literatur wird diese Strategie des Aufbaus von Handlungsspielräumen unter dem Stichwort Flexibilität diskutiert.

Um den Wert unternehmerischer Handlungsflexibilität nicht nur intuitiv, sondern näherungsweise auch quantitativ zu erfassen, ist eine Klärung des vielfältig verwendeten, aber definitionsbedürftigen Begriffs der Flexibilität hilfreich:

[157] Vgl. *Meise, F. (1998)*, S. 14 ff.

„Flexibilität bezeichnet die Fähigkeit eines dynamischen Systems, durch bewusste Handlungen das Verhältnis zu seiner durch Unsicherheit gekennzeichneten Systemumwelt, insbesondere im Hinblick auf die verfolgten Systemziele, reaktiv, aktiv und proaktiv selbständig zu gestalten. Insofern beschreibt Flexibilität ein Potential, das durch die zur Verfügung stehenden Handlungsspielräume und erreichbare Handlungsgeschwindigkeit charakterisiert ist."[158]

Flexibilitäten führen zu einer fundamentalen Veränderung des Risikoprofils von Investitionen aus Sicht des Unternehmens. Aus symmetrischen Verlust-Gewinn-Relationen werden asymmetrische Strukturen.[159]

Handlungsspielräume haben aber auch Konsequenzen für die Bewertung von Investitionen. Es erweist sich grundsätzlich bei der Betrachtung von Handlungsspielräumen im Zusammenhang mit Investitionen als problematisch, dass

- Handlungsspielräume das Risikoprofil der Investitionsprojekte, mit denen sie verbunden sind, verändern,
- Handlungsspielräume zum Teil auf Interdependenzen zwischen Projekten zu verschiedenen Zeitpunkten zurückzuführen sind.[160]

2.4.3 Begrenzte Rationalität in der Investitionsbewertung

Lange Zeit basierte die herrschende Meinung in der Ökonomik auf der These, dass Menschen rational entscheiden und handeln („homo oeconomicus") würden, d.h. auf Basis ihrer wohldefinierten Präferenzen ihren Nutzen maximieren. Ökonomen gehen zumeist von *„revealed preferences*" aus, d.h. aufgedeckten Präferenzen.[161] Dabei wird in der neoklassischen Theorie davon ausgegangen, dass Entscheidungen an der Maximierung des eigenen Nutzens ausgerichtet sind.

Mit der Etablierung der Experimentellen Ökonomik und deren Instrumenten wurde das Konzept des „homo oeconomicus" in den vergangen Jahren experimentell hinterfragt.

---

[158] *Damisch, P.N./Locarek-Junge, H. (2003),* S. 3.
[159] Vgl. *Meise, F. (1998)*, S. 18.
[160] Vgl. *Bockemühl, M. (2001),* S. 15.
[161] *Samuelson, Paul A. (1938).*

Durch die Experimente der Verhaltensökonomik und der kognitiven Psychologie, die seit etwa fünfundzwanzig Jahren in Kollaboration von Ökonomen und Psychologen erfolgen, konnte nachgewiesen werden, dass der Entscheidungsprozess bei Menschen nicht perfekt rational abläuft.[162] In vielen Lebensbereichen fehlen klare und wohlgeordnete Präferenzen. Entscheidungen werden u.a. vom Darstellungsrahmen, den Wahrnehmungsmöglichkeiten und dem Fluss der Informationsgenerierung abhängig.[163] Menschen prognostizieren nicht gemäß statistischer Regeln, sie verwenden Heuristiken, sie zeigen Präferenzumkehr auf, sie haben keine transitive Präferenzordnung[164], leiden an Problemen von Selbstkontrolle und entscheiden anders, je nach Darstellung eines Entscheidungsproblems. Anomalien werden dabei nicht fest vorgegeben, sondern hängen vielmehr von spezifischen Gegebenheiten (Situationen und Restriktionen) ab.[165]

Simon prägte in diesem Zusammenhang den Begriff der „begrenzten Rationalität" („*bounded rationality*").[166] Der Begriff „begrenzt" kann sich dabei auf Beschränkungen der Umwelt beziehen, wie beispielsweise eine mangelnde Verfügbarkeit von Informationen auf Grund von Erhebungskosten, oder auf mentale Beschränkungen, wie etwa ein begrenztes Erinnerungsvermögen.[167]

Inzwischen wird der Begriff „begrenzte Rationalität" mit drei unterschiedlichen Ansätzen in Verbindung gebracht:[168]

1. Optimierung unter Randbedingungen („*optimization under constraints*")
   Wenn sich Entscheidungsträger rational unter Abwägung aller Informationen verhalten wollen, jedoch ihrer Rationalität durch Informationsbeschaffungskosten, Unsicherheit und Ungewissheit Grenzen gesetzt sind, liegt Optimierung unter Nebenbedin-

[162] Vgl. z.B. *Gigerenzer, G. (2004).*
[163] Vgl. z.B. *Simon, H.A. (1980).*
[164] Alternative A wird Alternative B vorgezogen und Alternative B der Alternative C, allerdings wird C über A präferiert, Vgl. z.B. *Varian, Hal R. (2006).*
[165] Dieser Standpunkt ist in der Wissenschaft nicht unumstritten. *Kreps, D.M. (1997)* beispielsweise äussert sich wie folgt: *„The assertion that economists ought to come to grips with boundedly rational behavior, better to model important economic phenomena, is thus far from proven. There is no logical proof that we need to do this – no empirical phenomenon can be quoted that cannot somehow be rationalized within the realm of hyper-rationality – and substantial costs will be incurred if we try."*
[166] Vgl. z.B. *Simon, H. (1979), Selten, R. (1999).*
[167] Vgl. *Todd, P. (2001).*
[168] Vgl. *Gigerenzer, G. (2004).*

gungen, also rationales Verhalten vor.[169] Dabei werden (ausgewählte) Restriktionen, die in formale Entscheidungsmodelle einbezogen werden können, berücksichtigt. Kritiker wenden ein, dass die selektive Hinzuziehung bestimmter Einschränkungen die Optimierung der Zielfunktion komplexer[170] und damit gleichzeitig mathematisch aufwändiger und zeitintensiver in der Erstellung machen.

2. Irrationales Verhalten („*anomalies*") oder kognitive Täuschungen („*cognitive illusions*")

   Als *irrational* können zunächst prinzipiell alle Abweichungen von einem normativen Optimierungsmodell bezeichnet werden.[171] Darin eingeschlossen wäre damit ebenfalls, wenn eine Person, ohne darüber nachzudenken und ohne jede vernünftige Entscheidungsgrundlage zu kennen und zu bewerten, dennoch mit Sicherheit das Optimum zu kennen meint.[172] Diese, einerseits mit *Max Webers*[173] „zweckrationalem Handeln", entfernter aber auch mit *Tversky* und *Kahnemann*[174] verbundene Interpretation der begrenzten Rationalität begreift sich ausdrücklich als Gegenbewegung zur obigen Optimierung unter Randbedingungen.

   Laut *Weber* ist dabei ein zweckrationales Verhalten ein solches, *„welches ausschließlich orientiert ist an (subjektiv) als adäquat vorgestellten Mitteln für (subjektiv) eindeutig erfasste Zwecke."*[175]

   Mit Skepsis ist der Ausschließlichkeit einer solchen Erklärung zu begegnen. Folgt man beispielsweise dem Ansatz, stellt sich die grundlegende Frage, wieso Menschen in der evolutionären Entwicklung, trotz ihres „irrationalen Verhaltens", so erfolgreich sein konnten.

[169] Vgl. *Gigerenzer, G. (2004).*

[170] Vgl. *Selten, R. (2001)*, S. 15: *"Subjective expected utility maximization modified by some isolated cognitive constraints does not lead to a realistic description of boundedly rational decision making in a complex environment."*

[171] Vgl. *Hubig, L./Lingnau, V. (2008)*, S. 393.

[172] Vgl. *Gigerenzer, G. (2004).*

[173] Vgl. *Weber, M./Winckelmann, J. (1980)*, S. 13: *„Zweckrational handelt, wer sein Handeln nach Zweck, Mittel und Nebenfolgen orientiert und dabei sowohl die Mittel gegen die Zwecke, wie die Zwecke gegen die Nebenfolgen, wie endlich auch die verschiedenen möglichen Zwecke gegeneinander rational abwägt: also jedenfalls weder affektuell (und insbesondere nicht emotional), noch traditional handelt."*
Weber unterscheidet neben dem zweckrationalen Handeln noch drei weitere Typen des Handelns (traditional – ein Handeln, dass sich an Gewohnheiten orientiert, affektuell – ein emotionales Handeln, das durch Affekte und Gefühlslagen bestimmt wird, wertrational – die Handlung hat dabei einen Eigenwert für die handelnde Person und orientiert sich durch einen Glauben an (ethische/religiöse/politische) Werte.

[174] Vgl. *Tversky, A./Kahneman, D. (1974).*

[175] *Weber, M. (1968), S. 87.*

3. Ökologische Rationalität (Heuristiken bzw. *satisficing*)

   Als beschränkte Rationalität gilt auch die Verwendung von einfachen und schnellen Heuristiken, die nicht alle Informationen verwenden, die zur Verfügung stehen. Beschränkt rationales Verhalten kann dadurch charakterisiert werden, dass es nicht das Ziel ist, ein Optimum zu erreichen. Vielmehr ist eine Optimierung eine Nebenbedingung, die zu einem gewissen Grad erreicht werden muss. Wenn dieses Niveau erreicht wird, wird auf weitere Rationalität verzichtet, und andere Ziele werden verfolgt.[176] Dabei wird im Gegensatz zum vorhergehenden Ansatz das Zusammenspiel zwischen Umwelt und kognitiven Prozessen explizit berücksichtigt.

   Simon und *Gigerenzer*[177] als Vertreter dieser Denkweise beschreiben ein Verhalten als beschränkt rational, wenn die Suche nach Alternativen genau dann beendet wird, wenn eine gefunden worden ist, mit der der Entscheider zufrieden ist (*satisficing*), ungeachtet dessen, dass es noch eine bessere geben könnte. Der wesentliche Unterschied dieses Ansatzes, im Folgenden als „Ökologische Rationalität" bezeichnet, zu einem Optimierungsansatz besteht darin, dass die Suche nach einem Optimum vorzeitig gestoppt wird.[178]

Die folgende Übersicht stellt die verschiedenen Konzepte der begrenzten Rationalität dar.

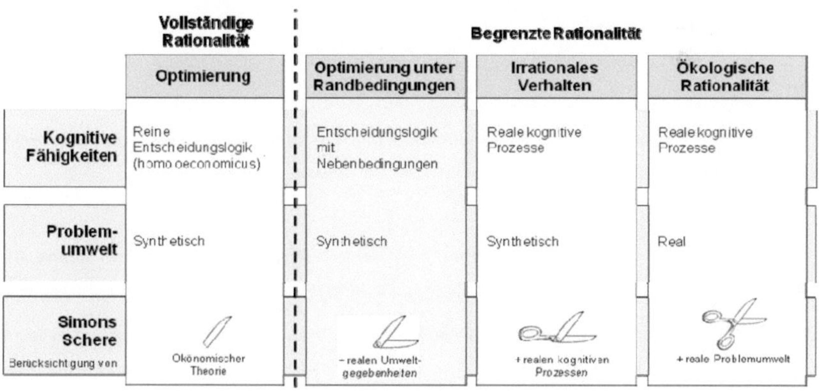

Abbildung 5: Übersicht begrenzte Rationalität nach *Hubig, L./Lingnau, V. (2008)*, S. 395 [179]

[176] Vgl. *Gigerenzer, G./Selten, R. (2001).*

[177] Vgl. *Gigerenzer, G. (2004).*

[178] Vgl. *Gigerenzer, G. (2004).*

[179] In Anlehnung an Herbert Simons *(Simon (1990), S. 7)* These: "*Human rational behavior is shaped by a scissors whose two blades are the structure of task environments and the computational capabilities of the actor*".

Wichtig für das Verständnis des Konzepts ist, dass es vor allem für deskriptive Modelle gedacht ist. Normative Ansätze, die uns beschreiben, welche Entscheidungskriterien bei einem definierten Satz von Axiomen zu verwenden sind, bleiben davon unberührt.[180] Vor dem Hintergrund dieser Überlegungen und des Schwerpunkts dieser Arbeit auf die praktische Anwendung werden die Einschränkungen der Rationalität bei Investitionsverfahren besondere Beachtung finden.

Dabei wird der Tatsache Rechnung getragen, dass sich die Bewertenden i.d.R. nicht auf alle erforderlichen Informationen, sondern nur auf eine Teilmenge stützen.
Die Gründe hierfür können vielfältig sein. Bereits bei der Abbildung des Investitionsvorhabens in ein geeignetes Bewertungsverfahren ist häufig durch die Vernetzung und Dynamik[181] der realen Umwelt eine Vereinfachung geboten. Durch kognitive Beschränkungen, beispielsweise der Aufnahmefähigkeit des menschlichen Geistes, ist es dem Bewertenden teilweise gar nicht möglich, die Realität in allen Facetten „richtig“ zu erfassen. Selbst wenn dies gelingen sollte, bleibt ein Scheitern an den Grenzen der Verarbeitungsfähigkeit von geeigneten analytischen (mathematischen) Algorithmen zur Abbildung der Realität im Bewertungsverfahren nicht aus.
Weitere Ursachen könnten in einem zu teuren oder zeitaufwändigen Erwerb von (theoretisch) verfügbarem Wissen liegen.

Die Aufgabenstellung dieser Arbeit verlangt, die Theoriebausteine Forschung und Entwicklung, Investition und Bewertung unter dem Dach des Controllings zu Investitionsbewertungsverfahren zu integrieren.

Die folgende Arbeit steht dabei im Geiste der neoklassischen Theorie, wobei einzelne Annahmen der Theorie bewusst kritisch hinterfragt und durch neuere Forschungsergebnisse ergänzt werden.[182] Sie verwirft dabei den Ansatz der vollkommenen Rationalität (*homo oeconomicus*) und folgt dem Konzept der Optimierung unter Nebenbedingungen. Dies ermöglicht einerseits die (teilweise) Berücksichtigung experimenteller Forschungsergebnisse, erlaubt

[180] Vgl. *Munier, B./Selten, R. et al (1999)*, S. 235.
[181] Im folgenden zusammenfassend als „Komplexität“ bezeichnet.
[182] Beispielsweise verweist *Lingnau (Lingnau, V.* (2004), S. 744 f.) darauf, dass in einer reinen „homo-oeconomicus-Organisation“ gar kein Bedarf für eine Problemlösungsunterstützung in Form der Institution Controlling vorhanden sei, also das real existierende Phänomen Controlling gemeinhin nicht beobachtbar sein dürfte.

aber andererseits im Vergleich zu den anderen beiden beschriebenen Konzepten den Verbleib in der neoklassischen Welt der Nutzenoptimierung.

Weitere Ergänzungen der neoklassischen Theorie werden rund um die Annahme eines effizienten Marktes insbesondere in den Kapiteln 3.3 (theoretisch) und 4.1 (empirische Kapitalmarktforschung) diskutiert. Zudem werden Aspekte der Prinzipal Agent Theorie Berücksichtigung finden.

In Kapitel 3 werden nun einzelne Investitionsbewertungsverfahren vorgestellt und insbesondere auf die Vereinbarkeit mit Handlungsspielräumen und den im vorangegangenen Kapitel dargestellten Bewertungsgrundsätzen überprüft.

3 Methoden der Investitionsbewertung

Die Investitionsbewertungsverfahren[183] sind ein zentraler Bestandteil des Instrumentariums zur Entscheidungsvorbereitung. Sie bestimmen den Erfolgsbeitrag von Investitionen während ihres gesamten Lebenszyklus und erlauben die Aufstellung von Finanzplänen anhand von Zahlungsströmen. Eine Definition des Begriffs der Investitionsbewertungsverfahren, indem auf die angestrebte wirtschaftliche Vorteilhaftigkeit verwiesen wird, findet sich beispielsweise bei *Hölscher/Rücker*[184]. Gewürdigt wird die wirtschaftliche Vorteilhaftigkeit anhand einer Betrachtung von mehreren Unterzielen:

- Kostenminimierung
- Gewinnmaximierung
- Maximierung der Rentabilität
- Optimierung der Rückflussdauer (Amortisationsdauer)
- Maximierung des Endvermögens bzw. des Barwerts

Anhand jeweiliger, auf die Unterziele abgestimmter Berechnungsverfahren, wird ein Maßstab zur Bewertung einer Investition für das Unternehmen bestimmt.

3.1 Gliederung der Investitionsbewertungsverfahren

Investitionsbewertungsverfahren, die auf Kostenminimierung, Gewinnmaximierung bzw. Maximierung der Rentabilität abstellen, zählen zu den so genannten statischen Investitionsrechnungsverfahren. Kennzeichen ist die Nichtberücksichtigung von zeitlichen Unterschieden zwischen Ausgaben und Einnahmen. Auf Grund der Anwendungsrestriktionen dieser einperiodischen Betrachtungsweise finden sie in den weiteren Verlauf dieser Arbeit keinen Eingang.[185] Eine explizite Einbeziehung des Zeitfaktors findet hingegen bei den dynamischen Verfahren statt, zu denen die Verfahren mit dem Unterziel der Maximierung des Endvermögens bzw. Barwerts zählen.

---

[183] In der Literatur wird auch der Begriff Investitionsrechnung anstelle von Investitionsbewertung verwandt.

[184] Der Begriff Investitionsrechnung „[...] *bezeichnet ermittelnde oder optimierende Rechenverfahren, die im Rahmen des Entscheidungsprozesses anhand quantitativer Maßstäbe die wirtschaftliche Vorteilhaftigkeit von Investitionen bewerten*". *Hölscher, R./Rücker, U.-C. (1996)*, S. 368 ff.

[185] Für eine Darstellung der statischen Verfahren s. beispielsweise *Däumler, K.-D. (1991)* oder *Götze, U. (2005)*, S. 50 ff.

Im Rahmen der dynamischen Verfahren lässt sich anhand der methodischen Vorgehensweise eine weitere Differenzierung nach ertragsorientierten und marktorientierten Verfahren vornehmen.

Ertragsorientierte Verfahren diskontieren zukünftige Zahlungsströme auf den Gegenwartswert und betrachten die entstehende Einkommensänderung bei Auswahl einer Investitionsalternative.[186] Bekanntester Vertreter der ertragsorientierten Verfahren ist die *net present value* (NPV) Methode, die auch unter dem Namen *discounted cash flow* (DCF) Methode bekannt ist.[187] Spielarten dieser Vorgehensweise sind die *weighted average cost of capital* (WACC), die *total cash flow* (TCF) und die *adjusted present value* (APV) Methode.[188] Als Erweiterung des klassischen NPV-Ansatzes lassen sich zudem die Szenario-Analyse, die Monte-Carlo Simulation, das Entscheidungsbaumverfahren (*decision tree analysis*, DTA) die Sicherheitsäquivalenzmethode und die Risiko-adjustierte Zinssatzmethode bezeichnen.

Marktorientierte Verfahren bewerten durch einen Vergleich (nicht börsennotierter) (Investitions-)Objekte mit auf dem Markt vorhandenen Objekten. Damit der Marktwert eines Vergleichsobjekts auf das Bewertungsobjekt übertragbar ist, müssen i. d. R. verschiedene quantitative und qualitative Kriterien erfüllt sein. Bei dieser, auf den Finanzmärkten bei Unternehmensbewertungen sehr beliebten Methode, werden drei Ansätze unterschieden. Beim *similar public company* Ansatz werden vergleichbare Unternehmen gesucht und der entsprechende Marktwert nach einer Einordnung und multiplikativen Korrektur bei abweichenden Performance-Indikatoren wie *cash flow* oder Gewinn als Bewertungsbasis angesetzt. Der *recent acquisition* Ansatz fußt auf einer ähnlichen Überlegung, allerdings dienen als Vergleichsobjekte nicht Börsenwerte, sondern nur die Bewertung von tatsächlich in der Vergangenheit durchgeführten Transaktionen mit den Vergleichsobjekten. Beim *initial public offering* Ansatz werden als Vergleichsobjekte die Emissionspreise für Anteile vergleichbarer Investitionsobjekte oder Unternehmen zugrunde gelegt.

[186] Vgl. *Bernecker, J. (2006),* S.74.
[187] Die Verbreitung des DCF-Verfahrens geht im Wesentlichen auf Alfred Rappaport zurück. Vgl. *Rappaport, A. (1998).*
[188] Vgl. beispielsweise *Drukarczyk, J. (2001),* S. 127.

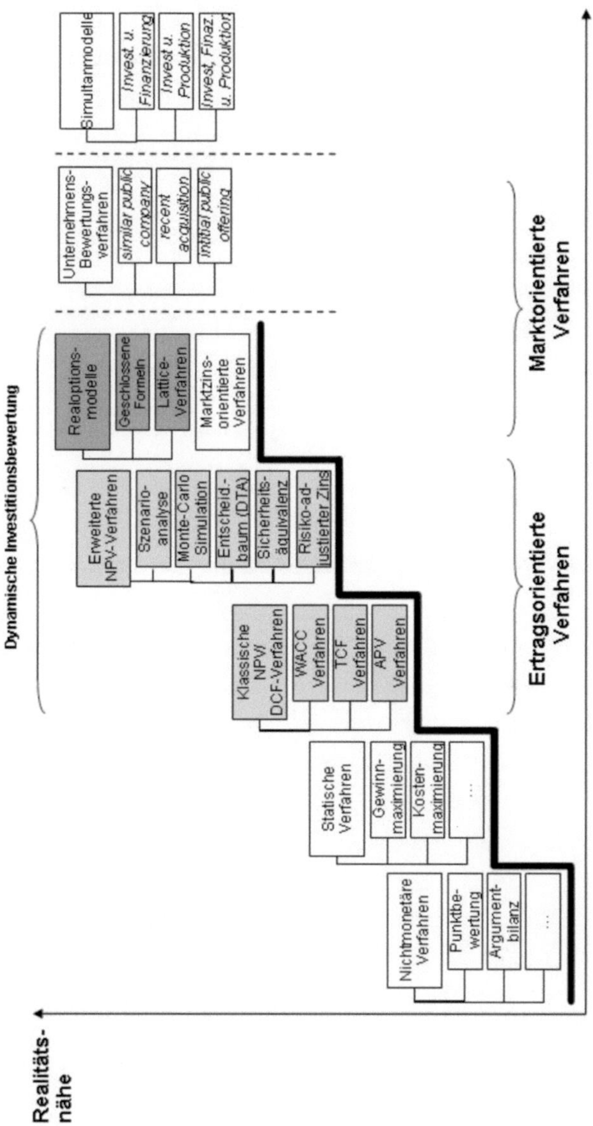

Abbildung 6: Überblick über die in Kapitel 3 vorzustellenden Bewertungsmethoden[189]

[189] Eigene Darstellung.

Vorteile der marktorientierten Verfahren liegen in der Nähe zum Kapitalmarkt und der dadurch „objektiver“ erscheinenden Bewertung durch mehrere Marktteilnehmer. Das Hauptanwendungshindernis dieser Verfahren liegt in der Verfügbarkeit von ausreichend börsennotierten Vergleichsobjekten. Darf die Anzahl der Vergleichsobjekte und damit die Datengrundlage bereits auf Unternehmensebene als eingeschränkt gelten, so gilt dies insbesondere auf Ebene eines einzelnen Investitionsvorhabens. Nur in wenigen Branchen existieren börsennotierte Unternehmen, die sich auf ein Forschungs- und Entwicklungsprojekt konzentrieren. Mit dem Realoptionsansatz gibt es jedoch noch ein weiteres marktorientiertes Bewertungsverfahren, das durch den gezielten Rückgriff auf einzelne Aspekte des Marktes die Wahrscheinlichkeit der Verfügbarkeit von entsprechenden Vergleichsobjekten erhöht und damit auch für die Beurteilung von Investitionen geeignet scheint. Im weiteren Verlauf werden nun die für die Investitionsbewertung der Unternehmenspraxis am weitesten verbreiteten Verfahren[190] näher untersucht. Diese sind in der Abbildung 6 dunkel unterlegt.

3.2 Wertermittlung mit der discounted cash flow Methode

Grundgedanke der traditionellen DCF-Verfahren ist die Berechnung einer durch die Investition verursachten Vermögensänderung, die zum Investitionszeitpunkt festgestellt wird.[191] Dabei basiert die DCF-Methode auf der Annahme des vollkommenen Kapitalmarkts. Es wird beispielsweise von einem einheitlichen Kalkulationszinssatz, der unabhängig vom Anlagezeitraum ist, ausgegangen, so dass der Vergleichszeitpunkt unerheblich ist. Angenommen wird zudem, dass keine Mengenbeschränkungen bei Anlage und Kreditaufnahme bestehen.

Die DCF-Methode zeichnet sich durch vier wesentliche Eigenschaften aus, die sie im Gegensatz zu einigen anderen (statischen) Bewertungsverfahren zu einem deutlich objektiveren Verfahren machen:[192]

1. Die DCF-Methode gibt mit dem Barwert einer Investition ein klares Messkriterium vor, das zeigt, um wie viel der Unternehmenswert durch das betreffende Vorhaben er-

[190] Vgl. u.a. *Ryan, P.A. (2002)*, S. 12.

[191] Im Gegensatz zu einer modifizierten Ertragsüberschussrechnung wie der Ertragswertmethode werden bei zahlungsorientierten Bewertungsverfahren wie der DCF-Methode die zukünftigen Zahlungsströme prognostiziert und die künftigen Einzahlungsüberschüsse diskontiert, vgl. z.B. *Bieg, H./Kußmaul, H. (2009)*,: S. 274.

[192] Vgl. *Bernecker, J. (2006)*.

höht oder gesenkt wird. Das Verfahren bewertet die Investitionsvorhaben aus der Perspektive des Eigentümers (= *shareholder-value*-Orientierung).

2. Die DCF-Methode basiert auf den Zahlungsflüssen (*cash flow*) und nicht auf den aus der Rechnungslegung gebildeten Werten wie dem Gewinn, dem Umsatz oder anderen Kenngrößen. Denn nur die resultierenden Zahlungseingänge einer Periode stehen für Dividendenzahlungen an die Aktionäre oder Investitionen in zusätzliche wertsteigernde Projekte zur Verfügung. (Zahlungsorientierung statt Bilanzorientierung).

3. Die DCF-Methode berücksichtigt sämtliche Zahlungsflüsse. Es existieren andere Verfahren, die Zahlungsflüsse nach einem bestimmten Zeitpunkt vernachlässigen (zum Beispiel das Verfahren der Amortisationsdauer).

4. Sie bewertet exakt den Zeitwert aller Zahlungsflüsse im Gegensatz zu einigen anderen Verfahren, die diesen ignorieren.

Ein weiterer wesentlicher Vorteil der DCF-Methode ist, dass sie völlig unabhängig von den Konsumpräferenzen der Einzelnen ist, da der Ausgang des Investitionsvorhabens ja zum Investitionszeitpunkt bekannt und sicher ist und somit z. B. ein heute konsumfreudiger Investor sich die zukünftigen Zahlungseingänge aus dem Investitionsprojekt auf heute abgezinst jetzt ausleihen kann. Das heißt, er kann sich einen Geldbetrag, der dem Gegenwartswert aus dem Projekt entspricht, heute bereits leihen und konsumieren.

3.2.1 Umgang mit Risiken

Investitionsrisiken lassen sich zweierlei Kategorien zuordnen. Die einen resultieren aus den Unwägbarkeiten der (technischen) F&E, die anderen aus dem ungewissen Markterfolg des zu entwickelnden Produkts oder Dienstleistung. Abbildung 7 gibt über diese zwei Risikoarten einen Überblick.

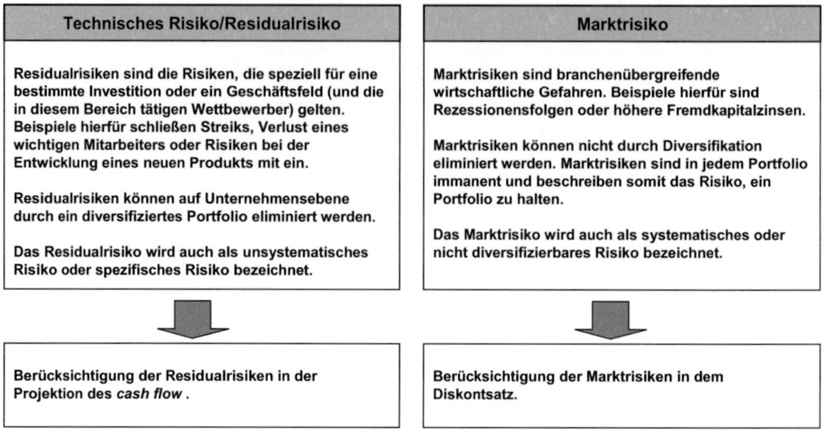

Abbildung 7: Unterscheidung in technisches Risiko und Marktrisiko

Beide Risikoarten müssen adäquat im Rahmen der Investitionsbewertung widergespiegelt werden.

Das technische Risiko wird entweder über die grundsätzliche Erfolgswahrscheinlichkeit des Projekts oder über die einbezogenen erwarteten Zahlungsströme und deren zeitlichen Anfall abgebildet.
Das technische Risiko lässt sich noch weiter in zwei Typen unterteilen, zum einen die Input-Kosten-Unsicherheit, zum anderen die technologische Unsicherheit im engeren Sinne.[193] Die Input-Kosten-Unsicherheit spiegelt unvorhersehbare Schwankungen in der Höhe von Zahlungsströmen wider. Beispiele hierfür sind steigende Gehälter oder Materialkosten. Diese Art von Unsicherheit wirkt sich speziell bei Investitionen aus, die eine lange Zeit der Realisierung benötigen. Die technologische Unsicherheit bezieht sich hingegen auf die Frage, welche Art und Menge an Ressourcen benötigt werden, um eine Investition fertig zu stellen. Die Schwierigkeit der Schätzung des erforderlichen Einsatzes von Personal, Material und Projektzeit steht im Vordergrund.[194]

[193] Vgl. *Poerschke, C. (2006)*, S. 109 f.
[194] Vgl. *Poerschke, C. (2006)*, S. 110 f.

Bei der Berechnung der Zahlungsströme wird unter Rückgriff auf Eintrittswahrscheinlichkeiten der jeweilige Wert ermittelt. Die traditionellen DCF-Verfahren sehen hierbei noch keine unterschiedlichen Szenarien vor.
Das Marktrisiko hingegen findet im Kapitalkostensatz bzw. Diskontierungsfaktor seinen Ausdruck[195]. Im letzteren Fall existieren sowohl im Zähler wie auch im Nenner des traditionellen DCF-Ansatzes Risikomaße.

Zur risikoangepassten Bestimmung und Bewertung von Daten werden auch Korrekturverfahren eingesetzt. Dabei werden einige der Eingangsparameter eines Investitionsbewertungsverfahrens, bei denen es sich z. B. um wahrscheinlichste Werte (Erwartungswerte) handelt, um Risikozuschläge oder -abschläge verändert.[196] Durch das Korrekturverfahren soll gewährleistet werden, dass ein Zielfunktionswert mit hoher Wahrscheinlichkeit in der Realität mindestens erreicht wird.[197]

Der wesentliche Nachteil einer solchen Vorgehensweise liegt in der Subjektivität bei der Bestimmung der meist negativen Korrekturen, die sich bei mehreren Beteiligten am Bewertungsprozess ggf. noch kumulieren können. Da die Aussagekraft des ermittelten Zielwerts eingeschränkt ist, und die Auswirkungen der Unsicherheit durch Korrekturverfahren nicht offen gelegt werden[198], befassen sich die folgenden Überlegungen mit anderen theoretisch fundierten Anpassungen der Eingangsparameter.

3.2.2 Erstellung der Zahlungsreihe

Ausgangspunkt der Ermittlung der erwarteten Zahlungsströme ist meist eine Vergangenheitsanalyse, in der die relevanten Werttreiber des Investitionsprojekts herausgearbeitet werden.

Einzahlungsströme werden auf Grund der zu erwartenden Entwicklung des Gesamtmarkts und der erwarteten Positionierung des (neuen) Produkts oder der Dienstleistungen generiert. Eine Schätzung der voraussichtlichen Absatzmenge und des Preisgerüstes kann dabei durch Analysetechniken, wie Portfolio- oder Lebenszyklusanalyse, unterstützt werden. Da auch vie-

[195] Bei hinreichender Konkretisierung wäre auch eine Korrektur der Zahlungsströme denkbar
[196] Vgl. *Götze, U./Bloech, J. (2002)*, S. 390 f.
[197] Vgl. *Götze, U./Bloech, J. (2002)*, S. 390 f.
[198] Vgl. *Blohm, H./Lüder, K. (1995)*, S. 250.

le weitere Aspekte, wie beispielsweise das Verhalten der Wettbewerber, in diese Schätzung eingehen, kann rasch eine relativ hohe Komplexität erreicht werden. Daraus ergeben sich i .d .R. mehrere denkbare Szenarien der Entwicklung der Einzahlungsströme. Zu beachten ist, dass sich das klassische DCF-Verfahren auf eine zahlungsstromorientierte Größe pro Zeiteinheit konzentriert und damit ein Großteil der zur Schätzung bereitgestellten Informationen nicht explizit berücksichtigt werden kann.

Bei der Ermittlung der Auszahlungsströme ist analog zu verfahren, allerdings liegt hierbei der Schwerpunkt mehr auf der internen Unternehmensperspektive. Entwicklungsrisiken können entweder durch erhöhte Auszahlungen oder durch verspäteten Beginn der Einzahlungsströme ausgedrückt werden.

	Jahresüberschuss
+	Zinsaufwendungen
=	**Gewinn vor Zinsen nach Steuern**
+/-	Abschreibungen/Zuschreibungen
+/-	Erhöhung/Verringerung der Rückstellungen
+/-	Erhöhung/Verringerung des Sonderpostens mit Rücklageanteil
-/+	Erhöhung/Verringerung des working capital [1)]
+/-	Erhöhung/Verringerung passiver Rechnungsabgrenzungsposten
-/+	Erhöhung/Verringerung aktiver Rechnungsabgrenzungsposten
-	Weitere nicht zahlungswirksame Erträge
+	Weitere nicht zahlungswirksame Aufwendungen
-	Investitionen
-/+	Erhöhung/Verringerung des Zahlungsmittelbestands im Unternehmen
=	**Cash Flow**

1) Vorräte + Forderungen aus Lieferung und Leistung + geleistete Anzahlungen – Verbindlichkeiten aus Lieferung und Leistung – erhaltene Anzahlungen

Abbildung 8: Vereinfachtes Schema zur indirekten Berechnung des *free cash flow* nach Ballwieser, W. (1998)

Die Differenz aus Einzahlungs- und Auszahlungsströmen ergibt die Zahlungsüberschüsse vor Finanzierung, aber nach Investition und nach Steuern (*cash flow*). Neben der oben beschriebenen direkten Herleitung lässt sich der *cash flow* auch anhand von Plan-Bilanzen und GuV indirekt ermitteln. [199] Dabei werden ausgehend vom Jahresüberschuss die erfolgswirksamen Buchungen ohne Zahlungswirksamkeit rückgängig gerechnet.

Die unterschiedlichen Verfahren zur Unternehmensbewertung basieren auf verschiedenen *cash flow* Größen. Die im weiteren Verlauf[200] skizzierten *adjusted present value* (APV) als auch das *free cash flow* Verfahren (FCF) basieren auf dem *free cash flow*, dessen indirekte Ermittlung in der folgenden Abbildung schematisch dargestellt ist.[201]

Der *total cash flow* im Rahmen des TCF-Verfahrens unterscheidet sich vom *free cash flow* lediglich hinsichtlich der Behandlung der Steuerersparnis aus einer Fremdfinanzierung, wie später noch erläutert wird.

3.2.3 Bestimmung des Diskontierungsfaktors

Bei den traditionellen DCF-Verfahren kann der Diskontierungsfaktor mehrere Aufgaben erfüllen. Neben der Berücksichtigung des Zeitwertes des Geldes stellt er insbesondere das bereits angesprochene Maß für das Risiko einer Investition dar. Die Auswahl eines geeigneten Diskontierungsfaktors ist somit ein kritischer Schritt der Investitionsbewertung.

Einflussfaktor sind dabei die Kapitalstruktur und die Kapitalkosten. Die Kapitalstruktur besagt, wie und in welcher Zusammensetzung das Unternehmen mit Fremd- und Eigenkapital finanziert ist. Die Kapitalkosten bezeichnen die Kosten, die das Unternehmen den Fremd- und Eigenkapitalgebern für das geliehene bzw. investierte Kapital bezahlen muss bzw. entsprechen der Rendite, welche die Eigen- und Fremdkapitalgeber für ihre Investition vom Unternehmen erwarten. Die Begriffe Kapitalkosten des Unternehmens, von den Kapitalgebern verlangte oder erwartete Rendite und Opportunitätsrendite der Kapitalgeber sind im Marktgleichgewicht identisch und werden deshalb im Folgenden gleichbedeutend verwendet. Benötigt wird der Diskontierungsfaktor, der die gesamten Kapitalkosten repräsentiert.

Grundsätzlich sind mehrere Vorgehensweisen zur Bestimmung des Diskontierungsfaktors denkbar, von denen hier einige aufgeführt werden:

---

199 Vgl. *Ballwieser, W. (1998)* oder auch Vgl. *Bieg, H./Kußmaul, H. (2009),:* S. 278ff.
200 Vgl. Kapitel 3.2.4.
201 Vgl. *Bieg, H./Kußmaul, H. (2009),:* S. 276.

- ➾ Der Zinssatz langfristiger Staatsanleihen, ggf. zuzüglich Risikozuschlag
- ➾ Unternehmensinterne Vorgaben (*hurdle rate*)
- ➾ Gewichteter Kapitalkostensatz (*weighted average cost of capital*, wacc)
- ➾ Rückgriff auf das *Capital Asset Pricing Model* (CAPM)[202]

Der **Zinssatz langfristiger Staatsanleihen** als Diskontierungsfaktor stellt eine mögliche alternative Anlagemöglichkeit des Investors dar. Er zeigt, zu welchem Erfolg bei minimalem Risiko eine passive Strategie des Kapitaleinsatzes führen würde.

In Unternehmen werden auch häufig Mindestanforderungen für die Verzinsung bei neuen Investitionsvorhaben gestellt. Investitionen, deren voraussichtliche Verzinsung hinter einem bestimmten Betrag, der „**Hürde**", zurückbleibt, werden nicht genehmigt.

Beim **gewichteten Kapitalkostensatz** werden die Kapitalherkunft und die damit verbundenen Kosten explizit berücksichtigt. Je nach Finanzierung durch Rückstellungen, Fremd- oder Eigenkapital, werden die jeweiligen Kapitalkosten ermittelt und mit Volumen gewichtet in diesen Satz mit einbezogen.

$$\text{WACC} = \text{R}_{\text{FK}} * \frac{FK}{FK + EK} + \text{R}_{\text{EK}} * \frac{EK}{FK + EK}$$

Formel 1: Gewichteter Kapitalkostensatz

WACC: Gewichteter Kapitalkostensatz

FK: Fremdkapital

EK: Eigenkapital

R_{FK}: Von den Investoren erwartete Rendite für das Fremdkapital

R_{EK}: Von den Investoren erwartete Rendite für das Eigenkapital

Bereits für die Berechnung des *wacc* wird bei der Berechnung der Eigenkapitalkosten bzw. der erwarteten Eigenkapitalverzinsung auf das CAPM zurückgegriffen. Verwendet man den gewichteten Kapitalkostenansatz, wird ein konstantes Verhältnis von Fremd- zu Eigenkapital unterstellt. Diese explizite Berücksichtigung der Herkunft des investierten Kapitals ist insbesondere auf Unternehmens- oder Geschäftsbereichsebene von Interesse, besitzt aber nicht immer für das einzelne Projekt Relevanz.

---

[202] Vgl. *Elton, E.J./Gruber, M.J. (1995)*, Kapitel 13.

Ausgangspunkt beim **CAPM** ist das Grundmodell der Portfolio-Theorie[203], bei dem der Markt im Gleichgewicht ist, und alle Investoren identische Einschätzungen hinsichtlich der erwarteten Rendite und Unsicherheit haben. Im Kapitalmarktgleichgewicht besteht laut Modell[204] für alle effizienten Portfolios ein linearer Zusammenhang zwischen erwarteter Rendite und Risiko. Das Risiko einer Investition kann damit explizit in Form einer durch den Markt bestimmten, zusätzlich erforderlichen Rendite abgebildet werden. Diese Ermittlung des kapitalmarktinduzierten Risikozuschlages gelingt allerdings nur auf funktionierenden (liquiden) Kapitalmärkten, auf denen sich Marktpreise frei bilden können.

$$R_{EK} = R_F + \beta * (R_M - R_F)$$

Formel 2: Eigenkapitalrendite nach CAPM

R_{EK}: Von den Investoren erwartete Rendite für das Eigenkapital

R_F: Rendite für risikofreie Anlagen (z.B. der Zinssatz langfristiger Staatsanleihen)

β: Beitrag der Investition zum Risiko des Marktportfolios (= Ausmaß in der sich die Rendite der Investition mit einer Veränderung der Rendite des Marktes verändert)

$R_M - R_F$: Marktrisikoprämie; sie beschreibt, inwieweit die Renditeerwartung an ein perfekt diversifiziertes Marktportfolio über der Rendite einer risikofreien Anlage liegt

$\beta * (R_M - R_F)$: Kapitalmarktinduzierter Risikozuschlag

Ein wesentlicher Vorteil dieser Sichtweise besteht darin, dass für die geforderte Rendite einer Investition nicht deren Gesamtrisiko, sondern nur ihr Risikobeitrag zum Portfolio des Investors berücksichtigt wird. Impliziert wird dabei jedoch, dass sich ein Teil des Risikos durch Diversifikation vermeiden lässt.[205] Zudem wird häufig als Vorteil die marktwertbezogene und damit willkürfreie Ermittlung der Kapitalmarktrendite hervorgehoben.

Während in der Praxis die Gewinnung des risikolosen Zinses (R_F) vergleichsweise unproblematisch ist, bereitet jedoch die Ermittlung des β-Faktors und der Marktrisikoprämie erhebli-

[203] Vgl. *Markowitz, H.R. (1967)*. Die wichtigsten Prämissen des Grundmodells der Portfolio-Theorie, einem diskreten Einperioden-Modell, lauten:

1. Beliebige Beträge können zu einem risikolosen und fristenunabhängigen Zins sowohl angelegt als auch aufgenommen werden.
2. Alle Investoren bewerten die zufallsabhängigen Renditen allein auf der Basis von Erwartungswert und Varianzüberlegungen.
3. Die Wertpapiere sind beliebig teilbar.
4. Transaktionskosten, wie Börsenumsatzsteuer oder Bank- bzw. Maklerprovisionen, werden nicht berücksichtigt.

[204] Vgl. *Elton, E.J./Gruber, M.J. (1995)*, Kapitel 13.

[205] Für eine ausführlichere Darstellung des CAPM vgl. beispielsweise *Götze, U./Bloech, J. (2002)*, S. 391ff.

che Schwierigkeiten.[206] Die als Grundlage der Berechnung dienende vergangenheitsorientierte Regressionsanalyse[207] verstößt gegen das Zukunftsbezogenheitsprinzip und durch die Wahl der Intervalle (tägliche/wöchentliche oder monatliche Renditen) oder die Festlegung der Untersuchungsperiode kann sie in ihrer Aussage maßgeblich beeinflusst werden.[208] Zudem ist kritisch anzumerken, dass es wirklich vergleichbare Unternehmen nicht gibt, und der Rückgriff auf Branchendaten mit erheblichen Schätzproblemen verbunden ist.

Besteht Einigkeit über die zu erwartenden Zahlungsströme und über den zu verwendenden Diskontierungsfaktor, so gestaltet sich bei vorliegenden Parametern die Anwendung eines DCF-Verfahrens zur Unterstützung einer Investitionsentscheidung vergleichsweise einfach.

Dieses besteht aus vier Schritten:

1. Bestimmung aller relevanten Alternativen
2. Erstellung der Zahlungsreihe jeder Alternative
3. Ermittlung des DCF-Wertes
4. Wahl der Alternative mit maximalem DCF-Wert

Wahlweise kann hierbei für weit in der Zukunft liegende Zahlungsströme ein Restwert angesetzt und mittels Addition der diskontierten Zahlungsreihe zugefügt werden.

3.2.4 Berechnungsmethodiken

Die DCF-Methode berechnet den inneren Wert[209] eines Investitionsobjekts durch die Abschätzung erwarteter Zahlungsströme und die abschließende Diskontierung mit den Kapitalkosten. Hierfür ist ein Einblick in die fundamentalen Rahmendaten des Investitionsobjekts erforderlich. Es müssen Voraussagen über das langfristige Wachstumspotenzial und die damit verbundenen Risiken getroffen werden.

---

[206] Vgl. *Böcking, H.J./Nowak, K. (1998).*
[207] Vgl. Vgl. *Bieg, H./Kußmaul, H. (2009),:* S. 283.
[208] Vgl. *Böcking, H.J./Nowak, K. (1998).*
[209] Im Gegensatz zu den marktorientierten Verfahren wird kein „relativer Wert" des Investitionsobjekts im Vergleich zu einem Markt- oder Börsenwert berechnet, daher hier die Verwendung des Begriffs „innerer Wert".

$$\textit{Discounted cash flow/Barwert}_0 = \sum_{t=0}^{T} (\textit{Einzahlungen}_t - \textit{Auszahlungen}_t) * (1+i)^{-t}$$

Formel 3: Discounted cash flow

Discounted cash flow/Barwert₀ : Wert des Projekts zum Zeitpunkt Null, also zum aktuellen Zeitpunkt, zu welchem das Projekt bei Entscheidung für die Projektdurchführung startet.

i : Kapitalmarktzins, zu welchem Finanzmittel am Kapitalmarkt ohne Risiko angelegt und aufgenommen werden können; wobei i konstant;

$Einzahlungen_t$ *:* Summe der Zahlungseingänge auf Grund der Investition in der Periode t

$Auszahlungen_t$ *:* Summe der Zahlungsausgänge auf Grund der Investition in der Periode t

T : Dauer des Projekts; t = 0 sei das aktuelle Jahr; also der mögliche Investitionsbeginn

Eng verbunden mit der DCF-Methode ist das Kapitalwert bzw. englisch *net present value* Verfahren. Dieses wird je nach Standpunkt synonym verwandt[210] bzw. als integraler Bestandteil der DCF-Methode gesehen.

Grundsätzlich lassen sich die DCF-Verfahren in einen *equity* und mehrere *entity* Ansätze unterscheiden.[211] Dabei können Investitionsobjekte auf verschiedenen Ebenen berechnet werden. Sowohl für Unternehmen, Geschäftsfelder als auch für einzelne Investitionsprojekte ist dieses Verfahren anwendbar. Je nach gewählter Ebene ergeben sich unterschiedliche Definitionen des *cash flow*. Zu unterscheiden sind[212]

1. auf Aktionärsebene der Netto-Ansatz (*Equity DCF*-Verfahren)
2. auf Unternehmensebene der Brutto-Ansatz (*Entity DCF*-Verfahren) mit den Varianten
    a) der Diskontierung mit gewogenen durchschnittlichen Kapitalkosten (*weighted average cost of capital*, WACC) mit der Erfassung des Steuervorteils fremdfinanzierter Unternehmen (tax shield) im Nenner bei den gewogenen Kapitalkosten
    b) der Erfassung des Steuervorteils im Zähler *(total cash flow*, TCF)
    c) der Berechnung auf Basis eines angepassten Basiswerts (*adjusted present value*, APV)

Im *Equity DCF*-Verfahren wird der Barwert der den Eigentümern eines Unternehmens oder Investition unmittelbar zufließenden Zahlungsströme ermittelt. Zu diesen Zahlungsströmen

[210] Vgl. beispielsweise *Götze, U. (2005).*
[211] Vgl. *Böcking, H.J./Nowak, K.* (1998).
[212] Vgl. *Ballwieser, W. (1998).*

gehören Dividenden, Entnahmen und Kapitalrückzahlungen. Diese Zahlungsströme sind auf ihre Erwartungswerte zu aggregieren und werden mit der risikoangepassten Renditeforderung der Eigentümer abgezinst.

$$\textit{Discounted cash flow/Barwert}_{0Entity} = \sum_{t=0}^{T} (\textit{Einzahlungen}_{Et} - \textit{Auszahlungen}_{Et}) * (1+i_E)^{-t}$$

Formel 4: Discounted cash flow mittels equity Verfahren

Einzahlungen$_{Et}$/Auszahlungen$_{Et}$: Differenz der Zahlungsströme der Eigentümer auf Grund der Investition in der Periode t

i_E : Kapitalkosten der Eigentümer (=risikoangepasste Renditeforderung der Eigentümer)

Das *Entity DCF*-Verfahren ist zweistufig. Zuerst wird der Wert des Eigen- und Fremdkapitals zusammen berechnet. Anschließend wird der Wert des Eigenkapitals ermittelt. Dieser ergibt sich, indem vom Wert des gesamten Kapitals der Wert des Fremdkapitals subtrahiert wird oder der Wert des gesamten Kapitals mit der Eigenkapitalquote multipliziert wird.[213]

$$\textit{Discounted cash flow/Barwert}_{0Entity} = \sum_{t=0}^{T} (\textit{Einzahlungen}_{t} - \textit{Auszahlungen}_{t}) * (1+i)^{-t} - FK$$

Formel 5: Discounted cash flow mittels entity Verfahren

Einzahlungen$_{Et}$/Auszahlungen$_t$: Differenz aller Zahlungsströme auf Grund der Investition in der Periode t

i : Kapitalkostensatz (z.B. WACC)

FK: (Marktwert des) Fremdkapitaleinsatz

Eine weitere Differenzierung der *Entity*-Verfahren ergibt sich aus dem Zeitpunkt der Einbeziehung von steuerlichen Effekten. Durch die Fremdfinanzierung entsteht eine Steuerwirkung, die bei der wirtschaftlich sinnvollen Entscheidung berücksichtigt werden muss. Der Steuervorteil, oft mit dem englischen Begriff *tax shield* bezeichnet, entsteht durch die steuerliche Abzugsfähigkeit bei Fremdkapitalzinsen von der Steuerbemessungsgrundlage.

[213] *Ballwieser, W. (1998).*

Bei den *weighted average cost of capital* (WACC) Verfahren wird das tax shield im steuerangepassten, gewogenen Kapitalkostensatz berücksichtigt.[214] Der gewogene Kapitalkostensatz repräsentiert die Finanzierungsstruktur des Unternehmens und dient zur Diskontierung des zukünftigen Zahlungsüberschusses. Die Zielsetzung der Verwendung eines gewichteten Kapitalkostensatzes liegt in der Berücksichtigung der Opportunitätskosten aller Kapitalgeber. Daher muss zur Wahrung der Äquivalenz bei der Schätzung des zukünftigen Zahlungsüberschusses auf die Verwendung eines Zahlungsstroms abgestellt werden, der sowohl Eigen- als auch Fremdkapitalgebern zur Verfügung steht.[215] Dabei wird implizit von einer konstanten Zielkapitalstruktur (Verhältnis Eigen- zu Fremdkapital) ausgegangen.

Der *total cash flow* (TCF) Ansatz erfasst den Steuervorteil direkt im Zähler, indem der Steuervorteil mit dem (freien) *cash flow* zum *total cash flow* addiert wird.[216]

Beim *adjusted present value* (APV) Verfahren wird zunächst ein auf (unterstellter) Eigenfinanzierung beruhender Basiswert (Marktwert bei fiktiv reiner Eigenfinanzierung) errechnet, der im zweiten Bewertungsschritt um einen Steuerwert ergänzt wird.

$$\textit{Discounted cash flow/Barwert}_{0Entity} = V^e + V^s - FK$$

Formel 6: Discounted cash flow mittels entity Verfahren (APV)

V^e: Marktwert des Unternehmens/der Investition bei fiktiv reiner Eigenfinanzierung

V^s: Wert der unternehmenssteuerlichen Vorteile aus anteiliger Fremdfinanzierung

Die Vorteile des APV-Ansatzes werden darin gesehen, dass die einzelnen Wertkomponenten, die insbesondere in einem nach Unternehmenskauf geänderten Verschuldungsgrad und den damit verbundenen steuerlichen Wirkungen liegen können, deutlich werden.[217] Zudem muss nicht die Annahme einer konstanten Zielkapitalstruktur getroffen werden.

Forschungsgegenstand dieser Arbeit ist die Bewertung von Investitionen in Forschung und Entwicklung, nicht die Abbildung der Finanzierung oder einer optimalen steuerlichen Gestaltung. Auf dieser Bewertungsebene des Einzelprojekts wird daher bewusst die die Frage nach

---

[214] Vgl. *Bieg, H./Kußmaul, H. (2009),:* S. 295ff.

[215] Vgl. *Böcking, H.J./Nowak, K.* (1998).

[216] Vgl. *Bieg, H./Kußmaul, H. (2009),:* S. 297f..

[217] Vgl. *Ballwieser, W. (1998) oder* Vgl. *Bieg, H./Kußmaul, H. (2009),:* S. 298ff.

dem Bezugspunkt Eigenkapital/Gesamtkapital[218] oder der Berücksichtigung steuerlicher Effekte[219] nicht gestellt. Der Verlust an Realitätsbezug wird in Kauf genommen, um sich mit einer reduzierten Komplexität auf den Untersuchungsgegenstand konzentrieren zu können. Infolgedessen wird daher nicht auf eine bestimmte Variante des DCF-Verfahrens Bezug genommen, sondern auf die Grundform, die dem „traditionellen DCF-Verfahren“ innewohnende *net present value* Methode bzw. Spielarten wie die im nächsten Abschnitt dargestellte Interne Zinsfuß-Methode.

3.2.5 Interne Zinsfuß-Methode als Ergänzung

Das traditionelle *net present value* Verfahren innerhalb der DCF-Methode ermöglicht bei unterschiedlicher Nutzungsdauer von Investitionsalternativen nur dann einen direkten Vergleich der berechneten DCF-Werte, wenn nach Ablauf der Laufzeit der kürzeren Investitionsalternative bis zum Ende der Laufzeit der längeren eine Investition im Kapitalmarkt zum Kapitalkostensatz möglich ist und vorgenommen wird. Mit dieser Annahme wird sichergestellt, dass die Alternative mit der kürzeren Laufzeit keinen zusätzlichen Barwert in der Differenzzeit erzielt.

Trifft diese Annahme nicht zu, bietet sich für einen vollständigen Alternativenvergleich bei unterschiedlichen Laufzeiten von Investitionen die „Interne Zinsfußmethode“ (IZM) an. Die IZM-Methode ist nach dem Kapitalwertverfahren das am häufigsten in der Praxis angewandte Verfahren.

Als interner Zinssatz wird dabei der Zinssatz i*, bezeichnet, bei dem der Barwert der Zahlungsüberschüsse eines Projekts null ist. Er gibt somit die Verzinsung des bei der Investition eingesetzten Kapitals am Periodenende an. Ist der interne Zins höher als die Verzinsung der alternativen Investitionsmöglichkeiten am Kapitalmarkt, so wird das Projekt als vorteilhaft

[218] Die Kapitalstruktur ist nicht in jedem Falle ein entscheidungsrelevanter Parameter, wie *Perridon, L./Steiner, S./Rathgeber, A. (2009),* S. 22: unter dem Schlagwort „Irrelevanz der Finanzierung“ beschreiben. Demnach lassen sich der Wert eines Unternehmens (als Summe des Werts aller Finanzierungstitel) und damit die durchschnittlichen Kapitalkosten durch Veränderungen des Verschuldungsgrads nicht beeinflussen, sofern jeder private Anleger über den selben Zugang zum Kapitalmarkt wie das Unternehmen verfügt und damit das Kapitalstrukturrisiko durch eigene Verschuldung oder Investitionen in sichere Anlage korrigieren kann. *Perridon/Steiner* beziehen sich dabei auf Überlegungen von *Modigliani/Miller (1958)*: Cost of capital bzw. *Modigliani/ Miller (1961):* Dividend policy, 1961.

[219] Wie signifikant und damit verzerrend die Wirkung steuerlicher Effekte auf die Vorteilhaftigkeit einer Investition sein kann, zeigt *Schneider, D.* in seinem „Steuerparadoxon“, indem er anhand von Berechnungen zeigt, dass sich durch die Berücksichtigung von Gewinnsteuern aus einer unvorteilhaften Investition u.U. eine vorteilhafte generieren lässt.

erachtet und soll realisiert werden. Umgekehrt gilt, falls der interne Zins niedriger ist als der Kapitalmarktzins i, so soll das betreffende Projekt nicht durchgeführt werden.[220]

$$\sum_{t=0}^{T} (Einzahlungen_t - Auszahlungen_t) * (1+i^*)^{-t} = 0$$

Formel 7: Interne Zinsfuß-Methode

i :* interner Zins der Zahlungsreihe bzw. Rendite des Projekts, wobei hier periodig nachschüssige Zahlungen unterstellt sind und i* konstant ist für alle Perioden t = 1 bis T

Falls die Zahlungsreihe eine einmalige Anfangsinvestition A_0 und anschließend nur noch Einzahlungen umfasst, so ist der interne Zins der Zinssatz, bei welchem der Kapitalwert der Projekteinnahmen gleich der Anfangsinvestition ist. Analog gilt dies auch bei einer Finanzierungsmaßnahme; d.h. zu Projektbeginn gibt es eine Einzahlung und anschließend nur noch Auszahlungen, zum Beispiel für die Rückzahlung des erhaltenen Darlehens.

$$\sum_{t=0}^{T} Einzahlungen_t * (1+i)^{-t} = A_0$$

Formel 8: Vereinfachte Interne Zinsfuß-Methode mit Anfangsinvestition (Darlehensfall)

Für kontinuierliche Zahlungen lautet die Gleichung:

$$\int_0^T a(t) * e^{-r^* * t}\, dt = 0$$

Formel 9: Interne Zinsfuß-Methode bei kontinuierlichen Zahlungen

a(t) : $Einzahlungen_t - Auszahlungen_t$

r :* ln (1+ i*)

i * : interner Zins der Zahlungsreihe bzw. Rendite des Projekts, bei kontinuierlichen Zahlungen

Für T > 2 ist die Lösung der obigen Gleichung analytisch nicht mehr möglich. Deshalb kann der interne Zinssatz nur mittels Näherungsverfahren bestimmt werden.

Probleme bei der Ermittlung des internen Zinses. Dabei sind folgende Fälle zu unterscheiden:[221]

[220] Vgl. *Götze, U. (2005),* S. 97.

1. Die Zahlungsreihe des Projekts hat mehr als einen internen Zinssatz:[222] Zahlungsreihen mit mehr als einem Vorzeichenwechsel, z. B. auf Grund von zusätzlichen Investitionen in späteren Projektphasen oder Entsorgungskosten am Projektende usw., können mehr als einen internen Zins haben. In diesen Fällen ist es hilfreich, eine grafische Methode anzuwenden und die Kapitalwertfunktion zu zeichnen. So kann leicht erkannt werden, für welche Werte des Kapitalmarktzinssatzes der Kapitalwert positiv und die Investition somit lohnenswert ist. Eine Zahlungsreihe kann maximal so viele interne Zinssätze haben, wie sie Vorzeichenwechsel hat.

2. Die Zahlungsreihe des Projekts hat keinen internen Zins: Es gibt auch Zahlungsreihen, die keinen internen Zins haben; d.h. ihre Kapitalwertfunktion hat für alle positiven Kapitalmarktzinssätze immer positive oder immer negative Gegenwartswerte. Auch hier ist es zweckmäßig, sich mit der gezeichneten Kapitalwertfunktion darüber Klarheit zu verschaffen. In diesen Fällen ist mittels der Kapitalwertmethode bei angenommenem Kapitalmarktzins für alternative Geldanlagen der Gegenwartswert zu ermitteln und dann über das Projekt zu entscheiden.

3. Der interne Zins lässt die Projektgröße und die Verteilung der Zahlungsflüsse auf die Perioden außer Acht: Falls sich gegenseitig ausschließende Projekte zur Wahl stehen, so wird mittels der internen Zinsfußmethode dasjenige mit dem höheren internen Zins gewählt. Dies gilt auch dann, wenn das Projekt mit dem geringeren internen Zins einen höheren Kapitalwert hat.

4. Annahme der Wiederanlage freier Mittel: Die IZM-Methode geht implizit von der Prämisse aus, dass alle zwischenzeitlichen Zahlungen aus der Investition zum internen Zinssatz angelegt werden können.[223] Dies ist in der Praxis jedoch häufig nicht so, da nicht beliebig stückelbare Investitionsprojekte zur Verfügung stehen. Häufig werden deshalb freiwerdende Mittel bei den Banken zu Konditionen angelegt, die niedriger als der interne Zinsfuß sind. Bei unterschiedlichem Kapitaleinsatz können daher die Ergebnisse von IZM- und DCF-Verfahren divergieren. Als Hilfsmittel zur Ergebnisüberleitung ist daher eine Ergänzungsinvestition anzusetzen.

---

[221] Loderer, C./Jörg, P./Pichler, K/Roth, L./Zgraggen, P. (2002), S. 203ff.
[222] Vgl. *Götze, U. (2005),* S. 106.
[223] Vgl. *Grob, H.L. (2006),* S. 152.

3.2.6 Kritik an der DCF-Methode

Ein DCF-Verfahren ermöglicht eine leichte, unmittelbare Vergleichbarkeit von Investitionsalternativen. Es berechnet eine anschauliche Größe, die zudem variabel bezüglich der Finanzierung ist. Mit ihr ist eine klare Aussage zur Wertschaffung einer Investition möglich. Wie bei allen anderen dynamischen Verfahren werden der zeitliche Anfall der Zahlungsströme und die unterschiedliche Kapitalbindung explizit berücksichtigt. Das Verfahren legt zu Recht den Schwerpunkt auf die Opportunitätskosten des investierten Kapitals. Dank dieser Vorzüge haben die traditionellen DCF-Verfahren eine weite Verbreitung gefunden.[224]

Die DCF-Methode weist jedoch auch einige, z. T. gravierende Nachteile auf. Grundsätzliche Schwierigkeiten bestehen bei der Ermittlung der Parameter, insbesondere der Schätzung der Zahlungsströme. Voraussagen über Marktwachstum, Preisniveau, Reaktionen der Wettbewerber, Auszahlungen und verschiedene weitere Daten müssen auf Jahre im Voraus in einem Wert pro Zeitabschnitt zusammengefasst werden.

Größter Kritikpunkt dabei ist, dass implizit davon ausgegangen wird, dass Investitionen nicht vertagt oder angepasst werden können und vollständig irreversibel sind. Damit bleiben zukünftige Entscheidungsspielräume unberücksichtigt.

Auch findet eine einseitige Betrachtung von Unsicherheit statt. Nur der Risikoaspekt der Unsicherheit, nicht aber die Chancen einer Investition, wird in der Bewertung berücksichtigt. Abbildung 9 fasst Vorgehensweise sowie Vor- und Nachteile traditioneller DCF-Verfahren grafisch zusammen.

[224] Vgl. u. a. *Ryan, P.A. (2002)*, S. 12.

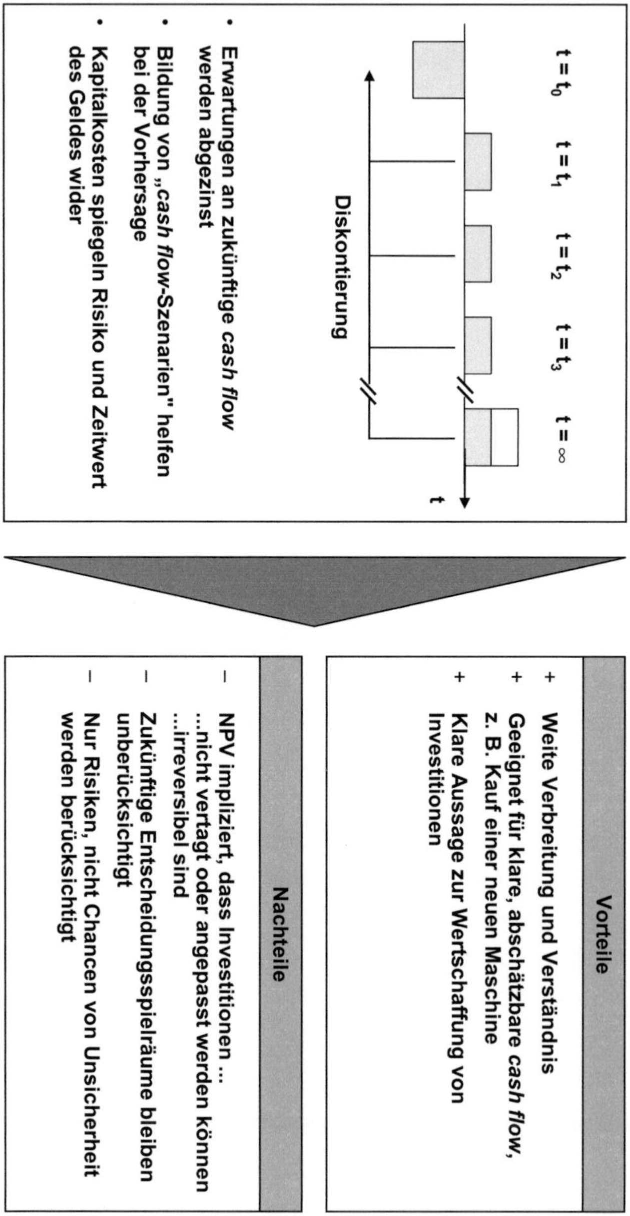

Abbildung 9: Kritik an traditionellen DCF-Methoden

3.3 Erweiterung der DCF-Methode

In diesem Unterkapitel werden weitere Verfahren der Investitionsbewertung vorgestellt, die den beschriebenen Schwächen der traditionellen DCF-Verfahren, wie die deterministische Vorgehensweise, begegnen und aufbauend auf dem Kapitalwertkalkül Lösungsmöglichkeiten anbieten. Die bisher vorgestellten Bewertungsverfahren basieren auf sicher vorhersagbaren zukünftigen Zahlungsflüssen aus den Investitionsprojekten und einem gleich bleibenden und ebenfalls sicher vorhersagbarem Marktzinssatz bzw. Diskontierungsfaktor. In der Praxis können bei den meisten Investitionen die zukünftigen Zahlungen nicht sicher antizipiert werden. Eine Ausnahme bilden normalerweise festverzinsliche Wertpapiere, wie zum Beispiel Staatsanleihen. Selbst bei diesen ist jedoch eine hundertprozentige Sicherheit auch nicht gegeben. Emittierende Unternehmen oder sogar Staaten können zahlungsunfähig werden (siehe das Beispiel der argentinischen Staatsanleihen vor einigen Jahren).

Letztendlich sind alle Investitions- oder Finanzierungsprojekte mit einem Risiko behaftet; sei dieses wie bei dem Kauf von Staatsanleihen von Staaten mit guter Bonität äußerst gering und deshalb nahezu vernachlässigbar oder sei es sehr hoch wie z. B. bei der Investition in ein Start-up Unternehmen der Biotechnologiebranche.

Den Risikobegriff verwendet man in der finanzwirtschaftlichen Literatur für alle möglichen Abweichungen der Zahlungsreihe eines Projekts vom ursprünglich geplanten Wert. D.h. der Begriff „Risiko“ umfasst sowohl die positiven als auch die negativen Abweichungen vom ursprünglichen Plan. Da die Höhe der zukünftigen Zahlungsflüsse meistens ungewiss ist, trägt der Investor ein höheres Risiko als bei sicheren Zahlungen. Der Unsicherheit bei der Bewertung zukünftiger Zahlungsströme kann grundsätzlich auf zwei Arten Rechnung getragen werden:

1. Die Risiken in den Zahlungsflüssen werden durch geeignete Verfahren, wie das Entscheidungsbaumverfahren, die Sensitivitätsanalyse bzw. die Break Even-Analyse, eingeschätzt und die risikobehafteten Zahlungseingänge mit einem Sicherheitsabschlag

versehen und somit die Sicherheit der resultierenden Zahlungsflüsse erhöht (=Sicherheitsäquivalenzmethode) oder

2. es wird ein risiko-adjustierter Diskontierungssatz, der höher als der bisher vorgestellte Marktzinssatz für sichere Anlagen ist, angesetzt, mit welchem den bestehenden Risiken Rechnung getragen wird.

Im Folgenden sind die genannten Verfahren zur Berücksichtigung des Risikos erläutert.

3.3.1 Szenario-Analyse

Die Szenario-Analyse dient zur Beschreibung mehrerer denkbarer Zukunftssituationen. Im Rahmen der Investitionsbewertungsverfahren ermöglicht sie, ausgehend von der deterministischen Sichtweise eines mittels traditioneller DCF-Verfahren berechneten Kapitalwerts, die Berücksichtigung alternativer und diskontinuierlicher Entwicklungen. Abbildung 10 beschreibt die Vorgehensweise bei der Erstellung einer Szenario-Analyse.

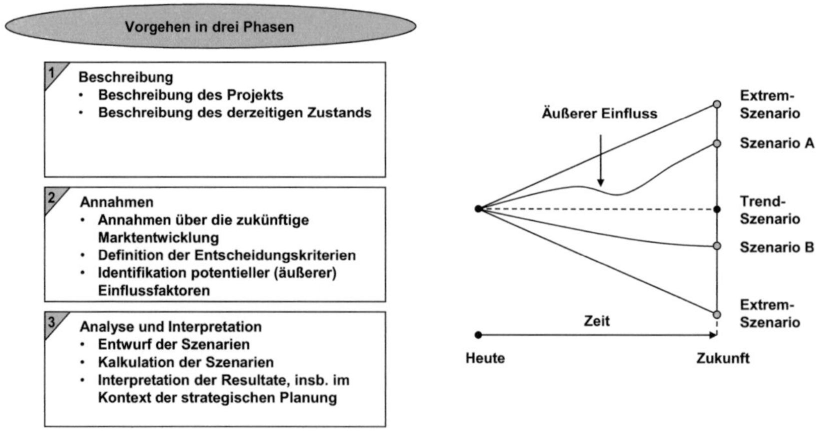

Abbildung 10: Vorgehensweise Szenario-Analyse

Die Vorteile der Szenario-Analyse liegen in der Aufdeckung von Interdependenzen und der Einbeziehung von alternativen Umweltzuständen, die u. U. gegenwärtigen Trends entgegenstehen können. Bemerkenswert ist auch die Einbeziehung qualitativer Aspekte, die unter dem Gesichtspunkt der Subjektivität und der Verknüpfung mit quantitativen Daten durchaus kritisch betrachtet werden darf.

Die Szenario-Analyse ist damit weniger ein Bewertungsinstrument als ein qualitatives Instrument, das verdeutlicht, wie die Zukunft aussehen könnte und welche Handlungsmöglichkeiten sich ergeben.

3.3.2 Monte-Carlo-Simulation

Eine Monte-Carlo-Simulation erzeugt mittels angenommener Wahrscheinlichkeitsverteilungen einzelner Eingabeparameter unter Benutzung von Zufallszahlen eine Wahrscheinlichkeitsverteilung der Zielgröße.[225]

Nach der Identifikation der relevanten unsicheren Einflussgrößen wird eine Wahrscheinlichkeitsverteilung dieser Inputvariabeln vorgegeben. Anschließend werden mit Hilfe eines Zufallszahlengenerators Werte für diese Inputvariablen entsprechend der Chance ihres zukünftigen Auftretens ermittelt. Abbildung 10 stellt die Vorgehensweise grafisch dar.

Die Monte-Carlo-Simulation leitet eine Wahrscheinlichkeitsverteilung für einen Kapitalwert eines Investitionsprojekts ab. Sie erweitert die Aussagekraft eines traditionellen DCF-Verfahrens um eine Aussage über die Sicherheit des Eintretens des ermittelten Wertes.

Kritisch anzumerken ist, dass ebenso wie bei traditionellen DCF-Verfahren Entscheidungsflexibilitäten nicht ausdrücklich berücksichtigt werden und auch keine eindeutige Aussage für den zu verwendenden Diskontsatz getroffen wird.

---

[225] Vgl. *Busse von Colbe, W./ Laßmann,G. (1990)*, S. 179.

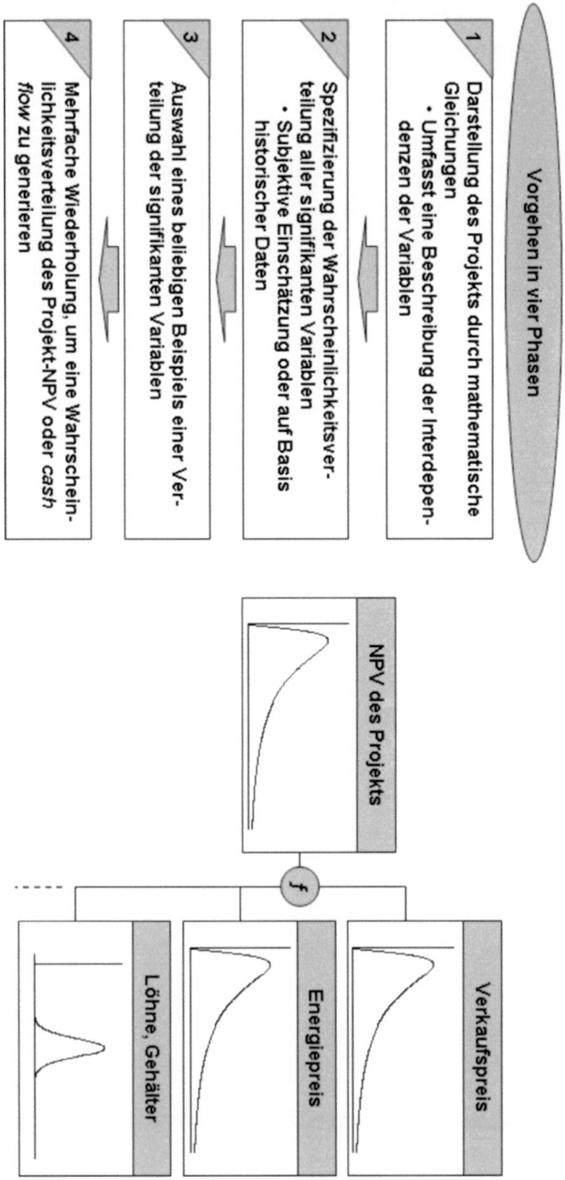

Abbildung 11: Vorgehensweise Monte-Carlo-Simulation

3.3.3 Entscheidungsbaumverfahren

Bei vielen Investitionen sind die zukünftigen Zahlungsflüsse unsicher. Die Höhe der zukünftigen Zahlungsströme wird sowohl durch projektexterne Faktoren, wie z. B. Wechselkurse, Mitbewerberverhalten, konjunkturelle Entwicklung usw. als auch durch projektabhängige Faktoren, wie z. B. dem erfolgreichen Abschluss der Testphase, der Qualifikation des Projektteams, der Einhaltung der Fertigstellungstermine usw. beeinflusst. Das bedeutet, dass die zukünftigen Zahlungsströme von vorangegangenen Entscheidungen und bestimmten Ereignissen abhängen.[226] In diesen Fällen ist es für eine zutreffende Bewertung der Investition vorteilhaft, einen Entscheidungsbaum für die Investition grafisch darzustellen. Dabei werden die Ereignisse als Verzweigungen dargestellt und für das Eintreten der Ereignisse Wahrscheinlichkeiten eingeschätzt.

Das Entscheidungsbaumverfahren oder *decision tree analysis* (DTA) ermöglicht die explizite Modellierung von Entscheidungen und Ereignissen anhand von vorher abgeschätzten Wahrscheinlichkeiten.[227] Durch den Aufbau des Entscheidungsbaums in verschiedene Stufen kann die Analyse wahlweise in verschiedenen Detaillierungsgraden durchgeführt werden.[228] In Abbildung 12 werden ein solches Verfahren und die Vorgehensweise beschrieben.

Beim Entscheidungsbaumverfahren wird zukünftiges Entscheidungsverhalten explizit einbezogen.[229] Dieses Verfahren eignet sich daher besonders gut für die Darstellung des unsystematischen/technischen Risikos. Der im Vorfeld notwendige größere Vorgehensaufwand spiegelt sich in einer hohen Transparenz der einer Investition zugrunde liegenden Absichten und Annahmen wider.

[226] Vgl. *Götze, U. (2005)*, S. 383.
[227] Vgl. z.B. *Perridon, L./Steiner, S./Rathgeber, A. (2009)*, S. 130 ff.
[228] Vgl. *Götze, U./Bloech, J. (2002)*, S. 428.
[229] Vgl. *Götze, U./Bloech, J. (2002)*, S. 435.

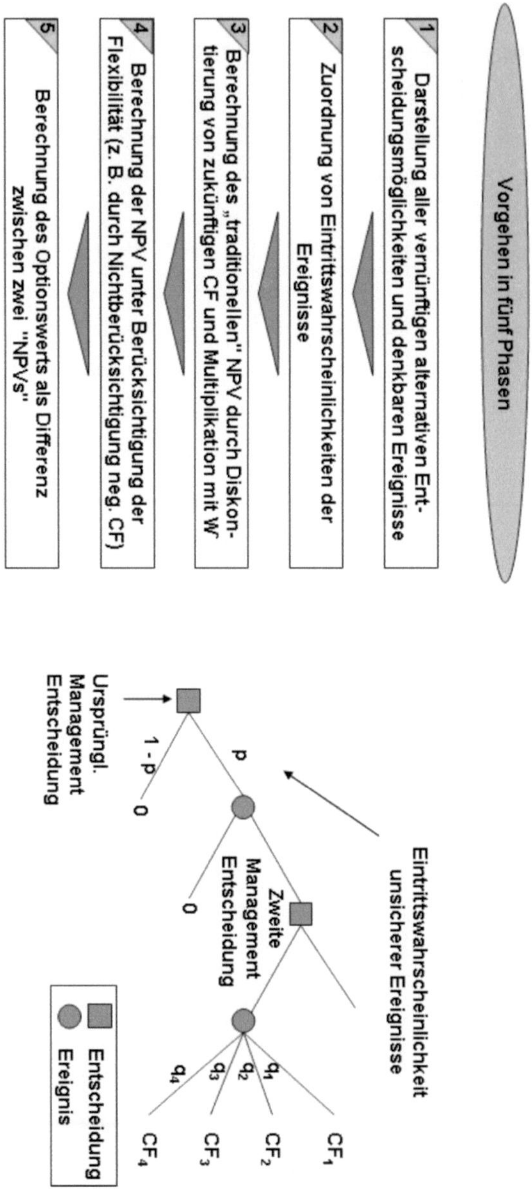

Abbildung 12: Vorgehensweise Entscheidungsbaumverfahren[230]

[230] Eigene Darstellung, CF = *cash flow*, W´ = Wahrscheinlichkeit, vgl. ua. *Bieg, H./Kußmaul, H. (2009),:* S. 207ff. oder *Keefer, D. L./Corner, J.L./ Kirkwood, C.W. (2000).*

Ein weiterer Vorteil des Verfahrens liegt in der Berücksichtigung der Ausstiegsoption.[231] Entwickelt sich ein Projekt so ungünstig, dass der anvisierte Kapitalwert mit hoher Wahrscheinlichkeit nicht mehr erreichbar scheint, so wird der Abbruch des Projekts impliziert. Durch die explizite Begrenzung des „negativen" Projektrisikos auf die Auszahlungen im Falle eines Projektausstiegs wird lediglich das „positive" Risiko einer günstigen Entwicklung abgebildet. Da der Umsetzung des Projekts eine ähnliche Ratio zugrunde liegt, kommt diese Betrachtungsweise der Realität näher als die Einbeziehung von positivem und negativem Risiko bei traditionellen DCF-Verfahren.[232]

Die Kritik an der DTA konzentriert sich im Wesentlichen auf drei Punkte. Grundsätzlich wird angemerkt, dass sich realistische Entscheidungssituationen in ihrer Komplexität (Verzögerungen, unerwartete Ereignisse) häufig nicht in Entscheidungsbäumen darstellen lassen. Des Weiteren wird angeführt, dass sowohl Eintrittswahrscheinlichkeiten als auch Diskontsätze der einzelnen Zweige schwer zu bestimmen sind. Zumeist wird daher auch nur ein einzelner Diskontsatz für alle Zweige eingesetzt, was die Aussagekraft der Berechnung einschränkt. Da reale Entscheidungsprobleme zudem meist stetiger Natur sind, verändert sich das Risiko kontinuierlich, was eigentlich eine ebenfalls stetige Zinsanpassung erforderlich macht.[233] Nachteilig wirkt sich aus, dass in die Entscheidung nur die erwarteten Werte eingehen und nicht auch die Höhe möglicher Abweichungen von diesen.[234] Gemäß dem Bernoulli-Prinzip wird damit Risikoneutralität beim Entscheidungsträger impliziert.[235]

Eine Erweiterung der DTA kann in dem von *Hertz*[236] als Risikoanalyse[237] bezeichneten Verfahren gesehen werden. Anstelle einwertiger Daten werden demnach auch mehrwertige Daten in Form von statistischen Verteilungen in die Berechnung des Entscheidungsbaums einbezogen. Zu Beginn der Berechnung bietet sich eine Trennung der Daten in Daten mit hoher und geringer Unsicherheit an. Daten mit hoher Unsicherheit können nun im Rahmen einer stochastischen Vorgehensweise mittels Stichproben modelliert werden. Das Vorgehen entspricht

[231] Vgl. z.B. *Perridon, L./Steiner, S./Rathgeber, A. (2009)*, S. 132 ff.
[232] Vgl. *Meise, F. (1998)*, S. 35.
[233] Vgl. *Meise, F. (1998)*, S. 42.
[234] Vgl. *Götze, U./Bloech, J. (2002)*, S. 441.
[235] Vgl. *Blohm, H./Lüder, K. (1995)*, S. 285.
[236] Vgl. *Hertz, D.B. (1964)*, S. 95 ff.
[237] In der Literatur findet sich auch der Begriff Risiko-Chancen-Analyse, beispielsweise weisen *Grob, H.L./Mrzyk, A. (1998)* ausdrücklich darauf hin, dass mit diesem Verfahren auch Chancen analysiert werden.

einer mehrfachen Wiederholung der bereits beschriebenen Monte-Carlo-Simulation, um die Häufigkeitsverteilung der Zielgröße (i.d.R. des Kapitalwerts) abzuleiten.[238]

3.3.4 Sensivitätsanalyse

Sensivitätsanalysen dienen zur Überprüfung und Verfeinerung von ökonomischen Modellen. Sie ermöglichen die Identifikation von kritischen Variablen.[239] Kernfrage ist dabei, wie stark der Zielwert, beispielsweise der im Rahmen eines DCF-Verfahrens berechnete Kapitalwert, von einzelnen Ausgangswerten beeinflusst wird.[240] Dabei können die einzelnen als unsicher angesehenen Inputdaten schrittweise verändert werden oder von vornherein mehrere alternative Eingabeparameter (z. B. ein minimaler, ein mittlerer und ein maximaler Wert) verwandt werden.[241] Deutlich wird, dass der Einsatz einer Sensivitätsanalyse auf der Konstruktion eines bereits bestehenden Entscheidungsmodells basiert.[242]

Meistens handelt es sich bei Sensivitätsanalysen um eine Korrelationsbetrachtung der Variablen mit einem Zielwert, die Sensivitätsüberlegungen unterstützen. Bestimmt wird das Niveau eines Eingabeparameters, bei dessen Über- bzw. Unterschreiten die ursprüngliche Entscheidungsempfehlung verändert wird (Verfahren der kritischen Werte).[243] Dadurch werden aus einer Vielzahl von Einflussfaktoren die entscheidungsrelevanten Inputvariablen herausgefiltert.

Bei dem Verfahren der kritischen Werte wird die Vorteilhaftigkeit von Projekten mittels einer DCF-Methode ermittelt. Die maximal mögliche Veränderung bezeichnet den Sicherheitsabstand des Barwerts des Basisszenarios hinsichtlich der gewählten Erfolgsgröße von einem kritischen Wert, bei dem die Vorteilhaftigkeit des Projekts eingestellt wird. Es wird dann die Wahrscheinlichkeit für das Eintreten des kritischen Werts je Erfolgsgröße angegeben. Diese Wahrscheinlichkeit bezeichnet das Risiko des Projekts bezüglich der jeweiligen Erfolgsgröße. Die ermittelten kritischen Werte für alle Arten von Zahlungsabflüssen (wie Lohnkosten, Pa-

[238] Einen Überblick der Literatur zur Anwendung von DTA Verfahren in der Praxis liefern beispielsweise *Keefer, D. L./Corner, J.L./Kirkwood, C.W. (2000)*.
[239] Vgl. *Blohm, H./Lüder, K. (1995)*, S. 247 ff.
[240] Vgl. *Bieg, H./Kußmaul, H. (2009),*: S. 196ff.
[241] Vgl. *Götze, U./Bloech, J. (2002)*, S. 402.
[242] Vgl. *Götze, U. (2005)*, S. 364 ff.
[243] Vgl. *Grob, H.L./Mrzyk, A. (1998)*, S. 128

tentkosten usw.) und für den Diskontsatz stellen dann im laufenden Projektcontrolling eine Obergrenze dar, die nicht überschritten werden darf, ohne den Projekterfolg zu gefährden. Die Zahlungseingänge (wie Umsätze, Absatzmengen, usw.) stellen dagegen eine Untergrenze dar, die nicht unterschritten werden darf.

Wenn bei der Simulation einer Erfolgsgröße alle anderen Erfolgsgrößen unverändert bleiben, wird von einer einparametrischen Analyse gesprochen. Die gleichzeitige Veränderung mehrerer Inputvariablen wird als mehrparametrische Analyse bezeichnet.[244]

Sensivitätsanalysen liefern einen Einblick in die Struktur eines Modells. Sie erlauben es, zu untersuchen, wie unsichere Modelldaten die Modellresultate beeinflussen.[245] Allerdings werden keine Aussagen über die Wahrscheinlichkeit der Änderung unsicherer Modelldaten getroffen.[246] Abhilfe kann hier eine Monte-Carlo Simulation bieten.
Ein kritischer Faktor beim Einsatz von Sensivitätsanalysen ist die Unabhängigkeit der getesteten Variablen. Ist diese nicht gegeben, wird die Aussagekraft erheblich eingeschränkt.[247] Ausweg aus diesem Dilemma kann die Suche nach weiteren Treibern der Inputvariablen bieten, die dann möglicherweise voneinander unabhängig sind.

3.3.5 Sicherheitsäquivalenzmethode

Die Sicherheitsäquivalenzmethode nimmt bei den unsicheren Zahlungsflüssen, also im Zähler der Barwertgleichung, einen Risikoabschlag vor. Die Höhe des Risikoabschlags wird so bemessen, dass der Investor zwischen den risikobehafteten Zahlungsflüssen und einer sicheren Zahlung, die mittels Multiplikation mit einem Risikoabschlag aus den risikobehafteten Zahlungsflüssen abgeleitet wird, indifferent ist. Die so abgeleiteten sicherheitsäquivalenten Zahlungsströme werden dann mit dem Kapitalmarktzinssatz für risikolose Anlagen diskontiert. Konkret wird bei der Sicherheitsäquivalenzmethode der Erwartungswert der unsicheren Zahlungen $E(a_t)$ mit einem Sicherheitsäquivalenzfaktor SIC multipliziert, so dass der Entscheider zwischen den resultierenden Zahlungsflüssen ($=SIC*E(a_t)$ = Sicherheitsäquivalent) und den

[244] Vgl. *Bernecker, J. (2006).*
[245] Vgl. *Götze, U. (2005),* S. 375.
[246] Vgl. *Bieg, H./Kußmaul, H. (2009),:* S. 201.
[247] Vgl. *Götze, U. (2005),* S. 375.

ursprünglichen unsicheren Zahlungen indifferent ist. Der resultierende Betrag wird als Sicherheitsäquivalent bezeichnet.[248]

$$\text{Barwert}_0 = \sum_{t=0}^{T} \frac{SIC * E(a_t)}{(1+i)^t}$$

Formel 10: Sicherheitsäquivalentmethode

$E(a_t)$: Erwartungswert der unsicheren Zahlungen (siehe unten)

SIC: Sicherheitsäquivalenzfaktor, der die unsicheren Zahlungen in ein Sicherheitsäquivalent transformiert, das vom Entscheider als indifferent empfunden wird zu der Wahrscheinlichkeitsverteilung der ursprünglichen Zahlungsreihe

i: Zinssatz, zu welchem Finanzmittel am Kapitalmarkt ohne Risiko angelegt werden; da der Sicherheitsabschlag im Zähler der obigen Gleichung vorgenommen wird, Diskontierung mit dem risikolosen Zins

Der Erwartungswert für jedes Element der Zahlungsreihe a_t ist:

$$E(a_t) = \sum_{j=1}^{J} p_j * a_{jt}$$

Formel 11: Erwartungswert bei Sicherheitsäquivalentmethode

a_{jt}: Zahlung in Periode t bei Eintreten des Ereignisses j bzw. Umsetzung der Planalternative j

p_j: Eintrittswahrscheinlichkeit des Ereignisses j bzw. der Planalternative j

J: Anzahl der Ereignisse bzw.- Planalternativen mit jeweils unterschiedlichen Zahlungsflüssen.

Die Bestimmung des spezifischen Risikoabschlags auf die Zahlungen wird durch die Risiko(ab)neigung des einzelnen Investors bestimmt. Um den Sicherheitsäquivalenzfaktor zu ermitteln, muss zunächst die Risikonutzenfunktion des einzelnen Investors vorliegen.[249] Stimmt der subjektiven Nutzenfunktion des Entscheiders folgend das Sicherheitsäquivalent mit dem Erwartungswert der unsicheren Zahlungen überein, so wird der Entscheider als risikoneutral bezeichnet. Das heißt, in diesem Fall wird kein Abschlag am Erwartungswert der unsicheren Zahlungsflüsse vorgenommen. Der Investor ist risikoavers, sofern das Sicherheitsäquivalent so ist, dass ein Abschlag gegenüber den Erwartungswerten der Zahlungen vorgenommen wird bzw. er ist risikofreudig, wenn das Sicherheitsäquivalent höher ist als der Erwartungswert der unsicheren Zahlungen.[250]

---

248 Vgl. *Bernecker, J. (2006).*

249 Vgl. *Bamberg, G./Coenenberg, A.G. (2002)*, S. 79ff. zur Bestimmung der Risikonutzenfunktion.

250 *Drukarczyk, J. (2001),* Seite: 77.

Generell wird sowohl in der Literatur als auch in der Praxis vom risikoaversen Investor ausgegangen. Das Sicherheitsäquivalent wird also niedriger sein als der Erwartungswert der unsicheren Zahlungen. Das heißt, die Marktteilnehmer lassen sich die Übernahme von Risiken durch eine Risikoprämie abgelten.

Der wesentliche Nachteil des Sicherheitsäquivalenzverfahrens liegt in dem sehr individuellen Bezug des Sicherheitsabschlags, der von der persönlichen Risiko(ab)neigung des Einzelnen abhängt. Da die Bewertungsergebnisse einer Projekt- oder einer Unternehmensbewertung normalerweise für mehrere beteiligte Personen von Interesse sind, die naturgemäß auch verschiedene Risikoneigungen haben, ist die Frage, wessen Sicherheitsäquivalente bzw. Risikonutzenfunktion für die Bewertung herangezogen werden soll.[251] In der Praxis wird u.a. aus diesem Grund das Risikozuschlagsverfahren mittels risiko-adjustierten Zinssätzen im Nenner der Kapitalwertgleichung dem Sicherheitsäquivalenzverfahren vorgezogen.

3.3.6 Risiko-adjustierte Zinssätze

Um nicht das Risiko im Zähler der Kapitalwertfunktion zu berücksichtigen, bietet sich alternativ an, das Risiko im Nenner mittels eines gegenüber dem risikolosen Zins erhöhten Abzinsungsfaktors zu berücksichtigen. Der Vorteil gegenüber der Sicherheitsäquivalenzmethode besteht darin, dass man sich bei der Ermittlung des erhöhten Abzinsungsfaktors auf empirisch beobachtbares Marktverhalten stützen kann. An Stelle der individuellen Risikosicht verwendet man eine marktorientierte Vorgehensweise bei der Berücksichtigung des Risikos. Zielsetzung ist es, einen risiko-adjustierten Zinssatz r zu ermitteln, der sich zusammensetzt aus dem Zinssatz i für risikofreie Kapitalanlagen und einer Kompensation z (auch Risikoprämie genannt) für das Risiko des Projekts bzw. der Finanzanlage. Dementsprechend wird das Verfahren in der Literatur an einigen Stellen auch als Risikoprämienmethode bezeichnet. Es gilt dann für die Berechnung des Kapitalwerts eines Projekts:

$$\text{Barwert}_0 = \sum_{t=0}^{T} \frac{E(a_t)}{(1+i)^t}$$

Formel 12: Risiko-adjustierte Zinssätze

[251] Vgl. *Böcking, H.J./Nowak, K. (1998).*

$E(a_t)$: Erwartungswert der unsicheren Zahlungen (siehe Formel 2-41)

r: risiko-adjustierter Zinssatz ermittelt durch: i (= Zins für risikofreie Anlagen) plus z (= Zins für Kompensation des aus den unsicheren Zahlungen resultierenden Risikos)

T: Laufzeit des Projekts

Die Höhe des Diskontierungssatzes r entspricht der Rendite einer subsituierbaren und risikoäquivalenten Alternativanlagemöglichkeit, die am Kapitalmarkt gehandelt wird. Es wird daher davon ausgegangen, dass es auf dem Kapitalmarkt eine substituierbare Anlage gibt, die ein im Vergleich zum Bewertungsobjekt identisches Risiko sowie eine identische, bekannte und sichere Rendite aufweist. Die Rendite der alternativen Anlage wird als Diskontierungsfaktor auf das Bewertungsobjekt angewandt. Der wesentliche Vorteil dieses Verfahrens gegenüber dem subjektiv geprägten Sicherheitsäquivalenzansatz ist, dass in der am Kapitalmarkt gehandelten Alternativanlage die aggregierte Risiko(ab)neigung der Marktteilnehmer abgebildet ist.

3.3.7 Zwischenfazit

Durch die oben beschriebenen Ergänzungen kann einigen der Schwächen traditioneller DCF-Verfahren erfolgreich begegnet werden. Insbesondere der implizit deterministische Ansatz wird um eine explizitere Betrachtung alternativer Szenarien und damit möglicher Schwankungen der Umfeldparameter ergänzt. Allerdings werden diese vorwiegend negativ, als Risiken und damit Gefährdungen der Sinnhaftigkeit des Investitionsvorhabens berücksichtigt. Schwankungen können jedoch dem Management auch zusätzliche Chancen und Handlungsspielräume eröffnen.

3.4 Realoptionsansatz

Im Folgenden wird untersucht, ob sich das Problem der Bewertung von Handlungsspielräumen durch deren Interpretation als Optionen auf reale Aktiva lösen lässt. Im allgemeinen Sprachgebrauch umfasst eine Option ein Recht, das zugleich aber keine Verpflichtung beinhaltet. Daran anknüpfend hat sich auf den Kapitalmärkten das Instrument der „Finanzoption“[252] entwickelt, welche durch vier Charakteristika beschrieben werden kann:[253]

- Flexibilität: Recht, aber keine Verpflichtung zur Ausübung
- Unsicherheit: Wirtschaftliche Attraktivität ex ante nicht vorgegeben
- Irreversibilität: Optionsrecht wird durch Ausübung aufgegeben
- Exklusivität: Inhaber hat das alleinige Recht zur Ausübung

Eine Option ist dabei ein Vertrag zwischen einem Käufer und einem Verkäufer (auch „Stillhalter“ genannt), der dem Käufer das Recht einräumt, eine bestimmte Menge eines Vermögensgegenstands (des Basiswerts / *underlying* S) zu oder bis zu einem bestimmten Zeitpunkt (dem „Verfallstermin“ T) zu einem festgesetzten Preis („Ausübungspreis“ X) entweder zu kaufen (*call*) oder zu verkaufen (*put*).[254] Die Verpflichtung des Käufers ist dem Recht des Käufers genau entgegengesetzt. Als Ausgleich für die Einräumung des Optionsrechts erhält der Verkäufer eine Prämie, die unabhängig von der Ausübung der Option bei ihm verbleibt. Diese Konstruktion ermöglicht beiden Parteien Absicherungs-, Arbitrage- oder Spekulationsziele zu verfolgen.[255] Abbildung 13 veranschaulicht den Grundgedanken der Option.

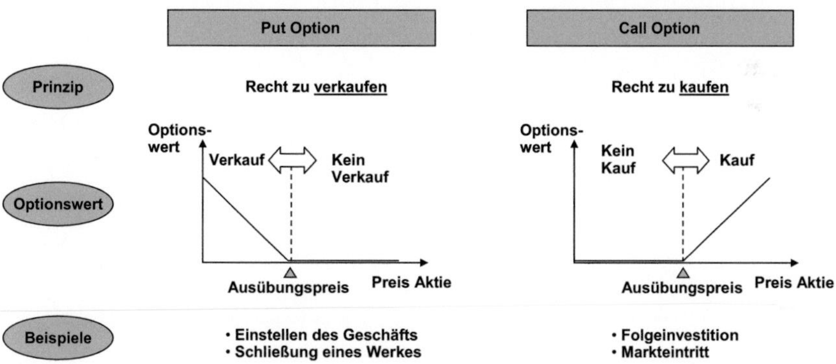

Abbildung 13: Grundgedanke einer Option

[252] In den Finanzmärkten wird zwischen Optionen aus Optionsgeschäften (z. B. Devisenoption, Aktienoption) und Optionen aus Optionsscheinen unterschieden. Der Begriff Finanzoption wird im Folgenden als Synonym für eine Aktienoption verwendet.

[253] Vgl. z. B. *Hull, J.C. (2000)*, S. 7 ff bzw. *Hommel, U./Pritsch, G. (1999b)*, S. 9.

[254] Vgl. Definition des Gabler-Bank-Lexikon (12. Auflage): Eine Option aus Optionsgeschäften ist ein *„Recht, nicht aber Verpflichtung, einen Basiswert jederzeit während einer bestimmten Frist (amerikanische Option) oder zu einem bestimmten Fälligkeitstermin (europäische Option) zu einem festgelegten Kurs oder Preis, dem Basispreis, zu erhalten oder zu verkaufen. […].“*

[255] Vgl. *Meise, F. (1998)*, S. 46.

Grundsätzlich unterscheidet man zwischen zwei Optionskategorien. Eine amerikanische Option kann jederzeit während der Laufzeit ausgeübt werden, wohingegen bei der europäischen Option lediglich am Ende der Laufzeit eine Ausübung möglich ist.

Der Optionspreis einer Finanzoption wird von sechs Faktoren beeinflusst:[256]

1. Dem Tageskurs des *underlying*/der Aktie
2. Dem Basispreis
3. Der Laufzeit
4. Der Volatilität des Aktienkurses
5. Dem risikofreien Zins
6. Den für die Laufzeit der Option erwarteten Dividenden

Ob eine konzeptionelle Analogie zwischen Finanzoption und Handlungsspielraum besteht und falls ja, inwieweit diese eine Quantifizierung der Handlungsflexibilitäten ermöglicht, ist Gegenstand der weiteren Überlegungen.

3.4.1 Analogie von Finanz- und Realoption

Das Konzept der Realoption ist in Analogie zur Finanzoption entstanden. Myers stellt fest, dass ein Teil des Wertes einer Unternehmung auf Investitionsmöglichkeiten zurückzuführen ist, welche in Zukunft durchgeführt werden können, aber nicht zwangsläufig durchgeführt werden müssen. Für diese Möglichkeiten prägte er den Begriff „*real option*", übersetzt „Realoptionen".[257] In der neueren (deutschen) Literatur wird die Realoption meist ähnlich der Definition von *Damisch* beschrieben:[258]

> *„Eine Realoption entspricht der realwirtschaftlichen Flexibilität eines Unternehmens in Verbindung mit der Fähigkeit der Entscheidungsträger, Entscheidungen bezüglich*

[256] Vgl. u. a. *Hull, J.C. (2000),* S. 240.

[257] *Myers, S. (1977),* insbes. S. 148-150. Myers definiert dort: *„Real Options [...] are opportunities to purchase real assets on possibly favorable terms* ". Ähnliche Definitionen finden sich u.a. bei *Dixit, A.K/Pindyck, R.S. (1994),* S. 7 oder bei *Kogut, B./Kulatilaka, N. (2001a),* S. 747: *"A real option is the investment in physical assets, human competence, and organizational capabilities that provide the opportunity to respond to future contingent events".*

[258] *Damisch, P.N./Locarek-Junge, H. (2003),* S. 5. Bei *Kogut, B./Kulatilaka, N. (2001)* findet sich beispielsweise folgende, ähnliche Definition: *„A real option is the investment in physical assets, human competence, and organizational capabilities that provide the opportunity to respond to future contingent events.*"

der Verwendung, Nutzung und Umgestaltung realer Vermögensgegenstände an veränderte Konstellationen des Unternehmensumfelds auszurichten und so die unterschiedlichen Wertentwicklungen verschiedener Vermögensgegenstände auszunutzen. Eine Realoption weist die gleiche Grundstruktur wie eine Finanzoption auf, bezieht sich jedoch auf einen zumeist nicht börsengehandelten Vermögensgegenstand."

Die Gemeinsamkeit von Finanz- und Realoption beruht damit auf der Ähnlichkeit der Auszahlungs- und Risikostruktur. Wie bei einer Finanzoption hat das Unternehmen das Recht, nicht aber die Verpflichtung, den Handlungsspielraum auszunutzen und von guten Entwicklungen zu profitieren, ohne bei schlechten (weitere) Verluste zu erleiden.

Eine Realoption (i. e. S.) liegt vor, wenn die Definition einer Option auf eine reale Investitions- oder Desinvestitionsmöglichkeit zutrifft

Eine idealtypische reale Calloption liegt vor, wenn ...	Eine idealtypische reale Putoption liegt vor, wenn ...
... mittels einer ersten Investition (Optionspreis) ...	... mittels einer ersten Investition (Optionspreis) ...
... das Recht – jedoch nicht die Pflicht – geschaffen wird, ...	... das Recht – jedoch nicht die Pflicht – geschaffen wird, ...
... während oder am Ende der Optionslaufzeit T ...	... während oder am Ende der Optionslaufzeit T ...
... mittels einer (bestimmten) Folgeinvestition (Ausübungspreis X) ...	... gegen einen *cash inflow* (Ausübungspreis X) ...
... das unterlegte Asset (zukünftige *cash flow*) zu erwerben	... das unterlegte Asset (zukünftige *cash flow*) zu veräußern

Abbildung 14: Analogie von Finanz- und Realoption[259]

3.4.2 Grundlagen und Annahmen der Optionstheorie

Ausgangspunkt sowohl von Finanz- als auch Realoption sind die fundamentalen Verhaltensannahmen der modernen Finanzierungstheorie, nach denen Wirtschaftssubjekte eine Maximierung des Nutzens ihres Konsums anstreben. Es lässt sich unter bestimmten Voraussetzungen zeigen, dass Investoren unabhängig von individuellen Einkommensströmen und Konsumwünschen dasjenige Investitionsprogramm bevorzugen, das den maximalen (modifizier-

[259] Vgl. *Meise, F. (1998)*, S. 50.

ten) Kapitalwert aufweist.[260] Da der Kapitalwert aus dem auf dem Kapitalmarkt herrschenden Preisgefüge erwächst, kann er als Marktwert interpretiert werden.

Zu Recht darf davon ausgegangen werden, dass die restriktiven Bedingungen für die Existenz eines effizienten Kapitalmarktes auf den Realgütermärkten nicht immer erfüllt werden können. Findet bei Rohstoffen wie Öl oder ausgewählten Grundnahrungsmitteln (Soja, Weizen, etc.) noch eine tägliche Preisfestsetzung unter vielen Marktteilnehmern statt, so darf bei den meisten Realgütern keine arbitragefreie Handelbarkeit antizipiert werden. Der effiziente Kapitalmarkt führt grundsätzlich zu folgenden Marktcharakteristika:[261]

- Jeder neue Zahlungsstrom kann durch eine Kombination von bereits im Markt existierenden Zahlungsströmen repliziert werden
- Die Märkte erlauben keine Arbitragemöglichkeiten
- Zahlungsströme/Auszahlungen neuer Güter verhalten sich proportional zum Marktportfolio

Es stellt sich die Frage, ob angesichts der restriktiven Annahmen des vollkommenen Kapitalmarkts traditionelle, zahlungsstromorientierte Verfahren nicht dem Realoptionsansatz überlegen sind. Folgt man dieser Sichtweise, so wird außer Acht gelassen, dass zahlungsstromorientierte Verfahren ebenfalls auf den Prämissen des vollkommenen Kapitalmarkts basieren.

Arnold und *Shockley* führen aus, dass eine Bestimmung des Diskontsatzes im klassischen DCF-Verfahren nur möglich ist, wenn der arbitragefreie Wert des Geschäfts bekannt ist.[262] Hierzu müssen die existierenden Preise im Markt beurteilt werden und es wird impliziert, dass der Markt effizient ist. Wenn sowohl Barwert- als auch Realoptionsverfahren auf der Annahme effizienter Kapitalmärkte basieren, diese jedoch für das Investitionsprojekt nicht erfüllt sind, kann das Realoptionsverfahren nicht selektiv auf Grund dieser nicht erfüllten Prämisse abgelehnt werden.

Der Realoptionsansatz basiert zudem auf dem Grundsatz der risikoneutralen Bewertung. Aus der Kombination eines Basisinstruments (z. B. einer Aktie) und einer risikofreien Anleihe

[260] *Bockemühl, M. (2001),* S. 106.
[261] *Arnold, T./Shockley, R. (2002),* S. 9.
[262] *Arnold, T./Shockley, R. (2002),* S. 15 f.

kann ein Portfolio konstruiert werden, welches zukünftige Auszahlungen einer Realoption in jedem möglichen Umweltzustand exakt repliziert. Wenn zwei Anlagen, wie derivatives Instrument (Option) und äquivalentes Portfolio, identische zukünftige Auszahlungen aufweisen, müssen sie den gleichen Gegenwartswert haben, da sonst Arbitragegewinne realisierbar wären. Der Marktwert dieses Hedgeportfolios (Kombination aus Basisinstrument und Option, „*twin security*"[263]), das unabhängig von der Wertentwicklung des Basisinstruments immer die selben sicheren Zahlungsströme generiert, ergibt sich aus dem Wert zum Ausübungszeitpunkt, diskontiert mit dem risikofreien Zinssatz. Dies führt zu risikoneutraler Bewertung.[264] Das folgende Schaubild dokumentiert diesen Zusammenhang.

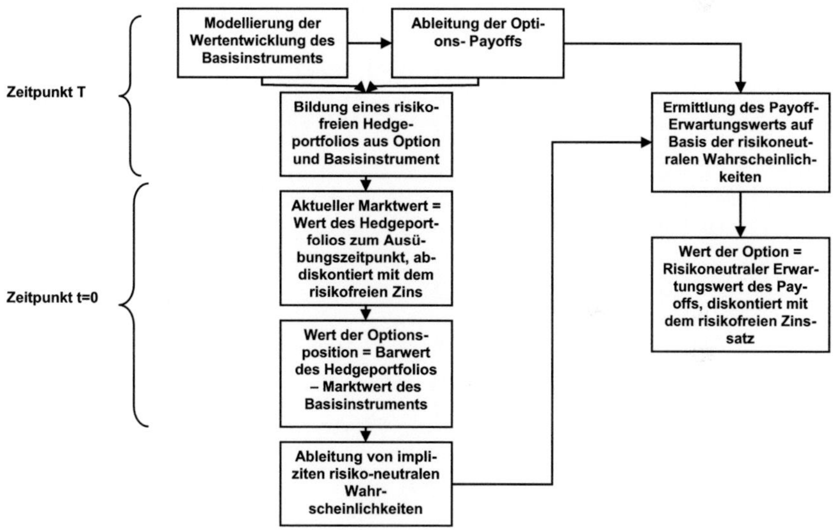

Abbildung 15: Risikofreie Bewertung[265]

[263] Duplikation des Zahlungsstroms des Projekts mit einem Portfolio von börsengehandelten Wertpapieren / Rohstoffen. Dieses wird als *twin security* bezeichnet. Wert des *twin security* entspricht dem Wert des F&E-Projekts und dient damit als underlying, s.u.a. *Baecker, P.N./Hommel, U./Lehmann, H. (2003),* S. 24 ff.

[264] *Müller, J. (2000),* S.67 f.

[265] *Baecker, P.N./Hommel, U./Lehmann, H. (2003),* S. 25.

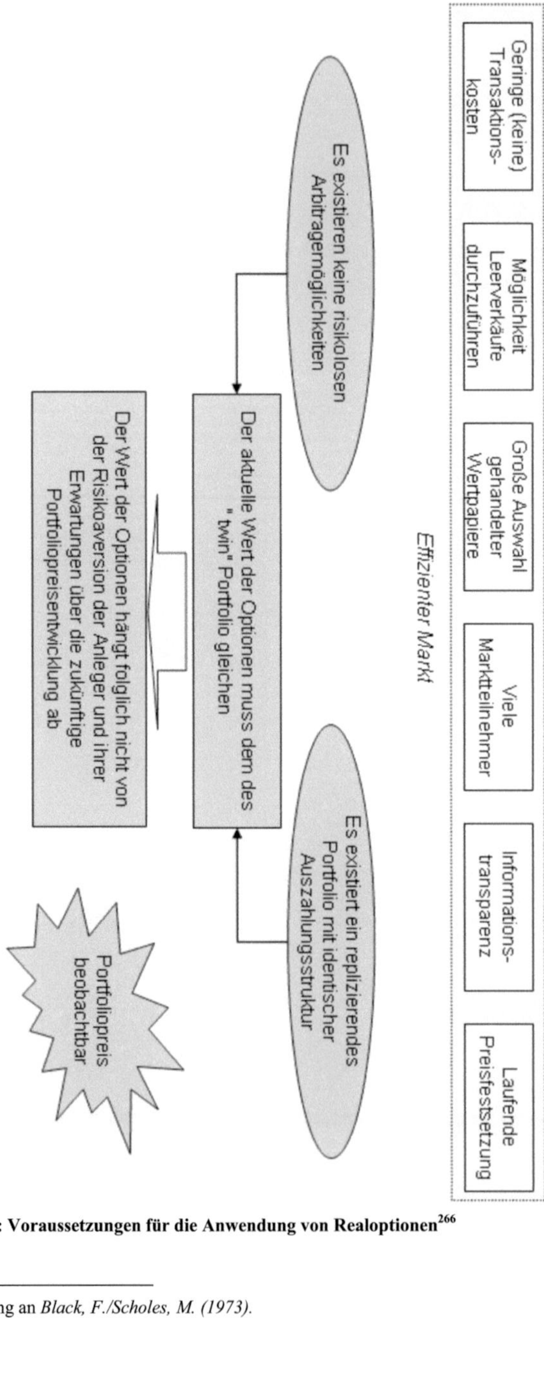

Abbildung 16: Voraussetzungen für die Anwendung von Realoptionen[266]

[266] In Anlehnung an *Black, F./Scholes, M. (1973).*

In Abbildung 16 wird der Versuch unternommen, die Grundlagen und Annahmen der Optionspreistheorie innerhalb eines Schaubilds zu verdeutlichen.

3.4.3 Typen von Realoptionen

Realoptionen können in einer Vielzahl unterschiedlicher Formen auftreten und in Projekten gleich mehrfach vorhanden sein. Grundsätzlich lassen sich mehrere Kategorien von Realoptionen unterscheiden, deren Anzahl von Autor zu Autor divergiert.[267]

Anknüpfend an die Analogie mit den Finanzoptionen bietet sich an, eine Klassifizierung nach Kauf- oder Verkaufsoption bzw. einer Mischform aus beiden vorzunehmen.

Zu den *call options* würden dann die folgenden Optionen gezählt:

- Warteoption (*option to wait*)
  Verzögerung einer Investition, ohne dass die Investitionsgelegenheit verfällt. Der Investor kann zunächst die im Laufe der Zeit entstehenden Informationen und Erfahrungen auswerten, um die Unsicherheit bezüglich der Investitionsentscheidung zu reduzieren.
  Bei einigen Autoren wird alternativ der Begriff Einstiegsoption (*option to innovate*) verwandt[268], wobei hier ein Schwerpunkt auf einer erforderlichen Anfangsinvestition (z.B. in ein Gutachten oder in F&E) liegt, das eine Erschließung der Handlungsalternative ermöglicht.

- Fortsetzungsoption (*option to stage investment/time to build option*)
  Ausgangspunkt ist ein in Abschnitten ablaufendes Investitionsprojekt, das bei Erreichung geeigneter Meilensteine in Tranchen fortgeführt werden kann. In der Literatur findet sich in diesem Zusammenhang auch der Begriff *time-to-build option.*

---

[267] Vgl. z.B. *Kilka, M. (1995),* S. 37-40, Kilka beschreibt die Realoptionskategorien: *option to wait, option to stage investment, option to abandon/shut down, option to alter scale, option to innovate*; *Hommel, U./Pritsch, G. (1999a),* S. 126, hingegen definieren nur drei Kategorien: Lernoption, Wachstumsoption, Versicherungsoption.

[268] Vgl. z.B. *Kilka, M. (1995).*

- Erweiterungsoption (*option to expand*)
  Möglichkeit, eine bereits laufende Investition durch die Verwendung zusätzlicher Mittel zu erweitern.

Den *put options* können die folgenden beiden Typen zugeordnet werden:

- Ausstiegs-/Abbruchoption (*option to abandon/exit*)
  Unterbrechung einer Investition vor Ende der geplanten Projektdauer, verbunden mit der Liquidation der Projektergebnisse z.B. im Falle eines erwarteten mangelnden Erfolgs.

- Einschränkungsoption (*option to contract*)
  Begrenzung oder Reduktion des ursprünglichen Investitionsvorhabens auf einige Teilbereiche.

Eine Kombination von Kauf- und Verkaufsoption stellen folgende Optionen dar:

- Tausch- bzw. Umstelloption (*option to switch*)
  Option der Verlagerung der Investitionsmittel und Kapazitäten von einem Investitionsvorhaben auf ein anderes. Ein Beispiel wäre ein Biotechnologieunternehmen, das das momentan an Wirkstoffgruppe A arbeitende Forschungsteam auf Grund neuerer Informationen von seinem Thema abzieht und an Wirkstoffgruppe B arbeiten lässt. Da in diesem Falle das Forschungsteam den Engpassfaktor darstellen soll, kann nicht an beiden Wirkstoffen gleichzeitig gearbeitet werden. In diesem Beispiel enthält die Tauschoption implizit eine Ausstiegsoption bzw. Einschränkungsoption bezogen auf die Arbeit an der Wirkstoffgruppe A und eine Kaufoption vom Typ Einstiegsoption für die Wirkstoffgruppe B.

- Option zur Stilllegung und Wiederinbetriebnahme (*option to shut down and restart*)
  Kombination aus Verkaufs- und Kaufoption, nach der eine Investition z. B. auf Grund geänderter Markterwartungen zunächst wieder aufgegeben wird, bevor sie zu einem spätereren Zeitpunkt wieder verfolgt wird.

Wie bei den kombinierten Optionen bereits angedeutet, treten die einzelnen Optionstypen nicht singulär, sondern häufig in Kombination auf. Idealerweise müssen für die Bewertung eines Investitionsprojekts die verschiedenen Optionen einzeln identifiziert, berechnet und addiert[269] werden. Dies führt zu einer hohen Komplexität.

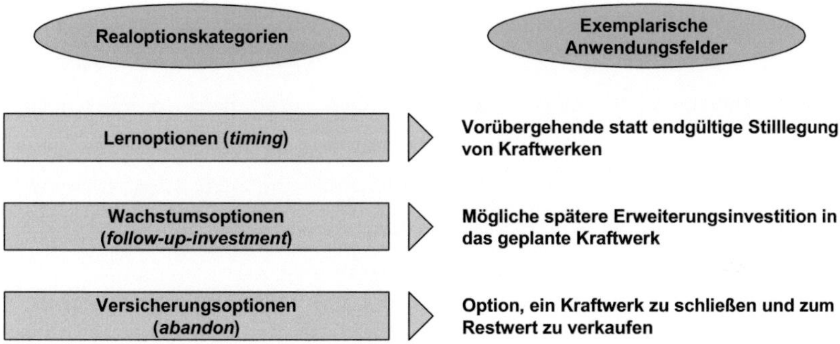

Abbildung 17: Realoptionskategorien nach Hommel/Pritsch

Andere Autoren neigen daher dazu, die hier dargestellten „Grundtypen" von Realoptionen zu gruppieren. *Achleiter/Nathusius*[270] fassen beispielsweise die Warte- und die Fortsetzungsoption unter dem Oberbegriff „Wachstumsoption" zusammen. Die Optionen für Ausstieg, Einschränkung und Tausch bezeichnen sie als „Versicherungsoption". Eine ähnliche Klassifizierung nehmen auch *Hommel/Pritsch* vor, die allerdings zusätzlich noch eine „Lernoption" definieren. Abbildung 17 basiert auf der Kategorisierung von *Hommel/Pritsch* und identifiziert drei Realoptionskategorien.

Myers[271] entscheidet sich in seinem grundlegenden Ansatz für die größtmögliche Abstraktion. Er versteht unter seinem Begriff „Wachstumsoption" alle Realoptionen auf neue Projekte. Damit verwendet er zwar den unschärfsten aller möglichen Begriffe, doch erleichtert gerade diese Einfachheit die Kommunikation des Realoptionsansatzes.

---

269 Bzw. anteilig addiert, falls Wechselwirkungen bestehen.
270 *Achleiter, A.K./ Nathusius, E. (2004)*
271 *Myers, S. (1977).*

3.4.4 Grenzen der Analogie von Finanz- und Realoption

Der Analogie zwischen Finanz- und Realoptionen sind jedoch Grenzen gesetzt. Gängige, auf Arbitrage-Überlegungen basierende Optionspreismodelle gehen, wie oben beschrieben, von der Existenz eines gehandelten Basisinstruments (bzw. eines gehandelten „*twin security*" mit identischer Zahlungsstruktur) aus. Da dieses Instrument bei einer Realoption häufig erst durch die Investition bzw. Optionsausübung geschaffen wird, stellt die Volatilität des Basisinstruments in diesem Falle eine nicht beobachtbare, stochastische Größe dar, deren Wertentwicklung nur intuitiv abschätzbar ist.[272] Ferner sind Märkte für Realgüter mehr noch als Finanzmärkte illiquide und gewährleisten keine ständige Preisfestsetzung.[273]

Weitere Unterschiede zwischen Finanz- und Realoptionen lassen sich nicht nur an den bereits beschriebenen Marktunvollkommenheiten und der geringen Handelbarkeit festmachen.[274] Im Realgüterbereich ist eine wertbeeinflussende Interaktion von verschiedenen Realoptionen vorstellbar.[275] Zudem enthalten einzelne Investitionsprojekte oft mehrere Realoptionen gleichzeitig. Beispielsweise verfällt eine Wachstumsoption in einem Projekt bei der Ausübung einer Ausstiegsoption. Auch müssen Effekte durch eventuelle Wettbewerber berücksichtigt werden. Im Gegensatz zu den Finanzoptionen stellt die Realoption kein exklusives Recht dar, da ein Wettbewerber mit dem Besitz einer ähnlichen Option den Wert der Realoption beeinflussen kann.[276] Die Einführung eines neuen Produkts ist ein Beispiel für eine solche *offene* Option. Das folgende Schaubild fasst wichtige Unterschiede zusammen.

Trotz dieser Einschränkungen bleibt festzuhalten, dass eine grundsätzliche konzeptionelle Analogie zwischen (Real-)Optionen und Handlungsspielräumen besteht. Im nächsten Abschnitt wird geprüft, ob diese Analogie den Weg zu einer Quantifizierung des Wertes von Handlungsspielräumen ebnet. Dazu werden die wesentlichen Modelle zur Berechnung von Finanzoptionen dargestellt und ihre Übertragbarkeit auf Realoptionen geprüft.

---

[272] Vgl. *Hommel, U./Pritsch, G. (1999a)*, S. 125.
[273] Vgl. *Hommel, U./Pritsch, G. (1999b)*, S. 16.
[274] Vgl. z. B. *Perlitz, M./Peske, T./Schrank, R. (1999), Huchzermeier, A./Loch, C.H. (1999a).*
[275] Vgl. *Hommel, U./Pritsch, G. (1999b)*, S. 16.
[276] Vgl. *Hommel, U./Pritsch, G. (1999b)*, S. 17.

	Finanzoptionen	Realoptionen
Risiko des Basisintruments	exogen	exogen (Markt), endogen (Technik)(1)
Markt	Marktpreise	nicht immer Marktpreise verfügbar illiquider Markt
Ausübungspreis	ex ante bekannt	Berechnung/Schätzung
Laufzeit der Option	eher kurz, ex ante bekannt	eher lang, Schätzung
Wettbewerb	Option exklusives Recht	Option als exklusiv definiert
Optionstyp	Europäische Option Amerikanische Option	meist Amerikanische Option Verbundoptionen häufig
Halter	eindeutig identifizierbar	ggf. mehrere

Abbildung 18: Unterschiede zwischen Finanz- und Realoptionen[277]

3.4.5 Berechnung von Optionswerten

Nach der Identifikation eines Investitionsprojekts als Realoption stellt sich die Frage, mit welchem Verfahren ein Optionswert berechnet werden soll. Zur Berechnung von Realoptionen wird in der Literatur üblicherweise die Anwendung der „*contingent claims analysis*" vorgeschlagen[278], die als eine Verallgemeinerung der klassischen Optionspreistheorie bezeichnet werden kann.[279] Da sie auf Berechnungsprinzipien beruht, die ursprünglich für Finanztitel entwickelt wurden, stellt sich angesichts der bereits skizzierten Unterschiede zwischen Finanz- und Realoptionen die Frage, unter welchen Bedingungen diese optionspreistheoretischen Überlegungen auf Realinvestitionen angewendet werden können.

Prinzipiell werden analytische und nummerische Verfahren unterschieden. Abbildung 19 gibt einen Überblick über das Spektrum der mathematischen Berechnungsmethoden.

---

277 In Anlehnung an *Handelsblatt (1999), Hommel, U./Pritsch, G. (1999a); Hommel, U./Pritsch, G. (1999b).*
278 Vgl. stellvertretend *Trigeorgis, L. (2000),* S. 95 ff.
279 *Bockemühl, M. (2001),* S. 105.

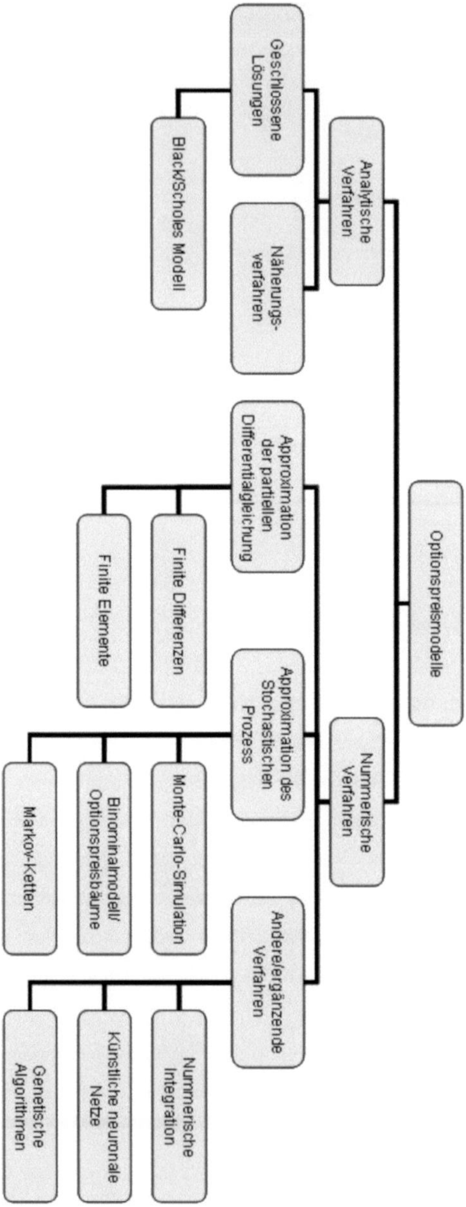

Abbildung 19: Optionspreismodelle im Überblick[280]

[280] Nach *Baecker, P.N./Hommel, U./Lehmann, H. (2003),* S. 26.

Analytische Optionspreisverfahren verwenden eine geschlossene Formel für die Bestimmung des Realoptionswerts. Die Investitionsbewertung reduziert sich daher auf die Identifikation und das Einsetzen der Modellparameter in die Lösungsgleichung[281], was einerseits die Transaktionskosten der Anwendung niedrig hält, andererseits die Wertzusammenhänge der Berechnung nicht hinreichend verdeutlicht. Die Anwendbarkeit von analytischen Verfahren mit geschlossenen Lösungen ist auf bestimmte Investitionskategorien beschränkt.[282]

Bekanntester Vertreter der analytischen Verfahren ist das 1997 mit einem Nobelpreis ausgezeichnete Black/Scholes-Modell283 für europäische Kauf- und Verkaufsoptionen.

Der Einsatz des Black/Scholes-Modells ermöglicht eine korrekte Bewertung von europäischen Optionen sowie von amerikanischen Optionen mit nicht stochastischen Dividendenzahlungen.[284] Deutliche Abstriche in der Genauigkeit der berechneten Werte sind in Kauf zu nehmen, wenn beispielsweise – wie häufig der Fall – ein Optionsrecht über einen längeren Zeitraum ausgeübt werden kann und stochastische Auszahlungen zu einer Ausübung vor Fälligkeit führen können.[285]

Der Wert einer Option bestimmt sich nach dem Black/Scholes-Modell anhand folgender Gleichung:

$$\text{Optionswert} = S \cdot \mathrm{N}(d_1) - Xe^{-rt}\,\mathrm{N}(d_2)$$

$$\text{mit } d_1 = \frac{\ln\left(\frac{S}{X}\right) + t\left(r + \frac{1}{2}\sigma^2\right)}{\sigma\sqrt{t}}$$

$$\text{mit } d_2 = d_1 - \sigma\sqrt{t}$$

N(x) = Kumulative Normalverteilung

Formel 13: Black/Scholes-Formel

[281] Analytische Lösungen lassen sich problemlos in Visual Basic für MS Excel programmieren. Alternativ kann auf die Begleitsoftware gängiger Optionslehrbücher zurückgegriffen werden (z. B. *Hull, J.C. (2000)*). Ferner sind auch diverse kommerzielle Software-Angebote verfügbar (z. B. Decisioneering, „Rubinstein´s option calculator“).

[282] Eine Untersuchung der Einsatzmöglichkeiten des Black/Scholes-Modell findet sich bei *Hommel, U./Müller, J. (1999),* S. 180 ff.

[283] *Black, F./Scholes, M. (1973).*

[284] *Hommel, U./Müller, J. (1999),* S. 182.

[285] Vgl. *Hommel, U./Müller, J. (1999),* S. 180.

	Finanzoption	Realoption	Interpretation
S	Preis der Aktie	PV erwarteter *cash flow*	Barwert der erwarteten Zahlungsströme, die aus der zur Entscheidung stehenden Investition resultieren
t	Zeitraum	Zeitraum	Zeit bis Investitionsgelegenheit erlischt
X	Ausübungspreis	PV der Investition	Notwendige Investition, PV der Investitionsausgaben
r	Risikoloser Zinssatz	Risikoloser Zinssatz	Risikoloser Zinssatz der Optionslaufzeit
σ	Volatilität	Volatilität	Volatilität zu erwartender Zahlungsströme Gewinne des Projekts (Marktrisiko)
δ	Dividende	Wertverlust	Wertverlust der erwarteten Einzahlungen, durch z. B. Produktzyklen, Verschiebungen im Markt (Wettbewerber)

Tabelle 2: Legende zur Black/Scholes-Formel

Die Berechnungsweise der Option steht hierbei der Analogie von Finanz- und Realoption nicht im Wege. Formal lassen sich anhand des Black/Scholes-Modells die Parameter des (Finanz-)Modells einer Finanzoption anschaulich in die einer Realoption überführen.

Eine Entscheidung für ein analytisches Verfahren hat den Vorteil, dass nur geringe Transaktionskosten für die Berechnung anfallen. Durch das Einsetzen der entsprechenden Parameter lässt sich in nur einer einzigen Gleichung der Wert einer Realoption errechnen. Nachteilig wirkt sich die Komplexität der Formel aus, die eine unmittelbare Nachvollziehbarkeit der Berechnungen nicht erlaubt.

Nummerische Verfahren zur Optionsbewertung lassen sich in zwei größere Gruppen unterteilen. Einige Verfahren schätzen die Wertentwicklung der die Option beschreibenden partiellen Differentialgleichungen durch ihr diskretes Äquivalent[286], andere basieren auf Approximationen des stochastischen Prozesses des *underlying*.[287]

Bei der Methode der finiten Differenzen wird die partielle Differentialgleichung approximiert. Sie basiert auf einer Annäherung (partieller) Ableitungen, den „infiniten" Differenzen. Je nach Berechnungsmethode dieser Differenzen spricht man von expliziten bzw. impliziten

[286] Vgl. *Trigeorgis (1996)*, S. 312.
[287] Vgl. *Baecker, P.N./Hommel, U./Lehmann, H. (2003),* S. 28.

Verfahren oder vom Crank-Nicolson-Verfahren. Im Gegensatz zum Verfahren der finiten Elemente hat der Ansatz der finiten Differenzen weite Verbreitung im finanzwissenschaftlichen Bereich erlangt.[288]

Die Monte-Carlo-Simulation basiert auf einer Vielzahl zufälliger Realisierungen des risikoangepassten Preisprozesses. Auf diese Weise wird der Erwartungswert zukünftiger Auszahlungen bestimmt, dessen Barwert dem fairen Preis der Option entspricht. Die Monte-Carlo-Simulation weist den Vorteil auf, dass sie sowohl höhere Dimensionalität der Unsicherheitsfaktoren als auch exotische Optionen abbilden kann.[289]

Das auf *Cox, Ross* und *Rubinstein* zurückgehende Binominalmodell[290] zählt zu den nummerischen Verfahren mit Approximation des stochastischen Prozesses. Der Zeitstrahl bis zum Fälligkeitstermin einer Option wird dabei in viele, gleich große Zeitabschnitte unterteilt und der Preisprozess des Basisinstruments durch diskrete Wertänderung angenähert. Im Modell von *Cox, Ross* und *Rubinstein* hat die Wertänderung nur zwei mögliche Ausprägungen (Wertminderung und Wertsteigerung). Basierend auf dem Preisbaum des *underlying* lässt sich ein Ereignisbaum für den Optionswert aufbauen. Anhand dieses Optionsbaums kann untersucht werden, ob eine vorzeitige Optionsausübung vorteilhaft sein kann.

Binominalmodelle sind verhältnismäßig exakt und nähern sich mit ihren berechneten Werten denen des Black/Scholes-Modells an. Sie sind leicht zu implementieren und erfordern vergleichsweise geringe Methodenkenntnisse des Anwenders. Darüber hinaus sind sie flexibel im Einsatzbereich, benötigen aber erheblichen Computerberechnungsaufwand und viele Zeitschritte, um gute Schätzungen zu erzielen.[291]

Die folgende Abbildung verdeutlicht das Vorgehen bei der Erstellung eines Binominalbaums zur Berechnung einer Realoption.

[288] Vgl. *Baecker, P.N./Hommel, U./Lehmann, H. (2003),* S. 28.
[289] Vgl. *Baecker, P.N./Hommel, U./Lehmann, H. (2003),* S. 29.
[290] Vgl. *Cox, J./Rubinstein, M. (1979) bzw. Cox, J./Rubinstein, M. (1985).*
[291] *Mun, J. (2002),* S. 2.

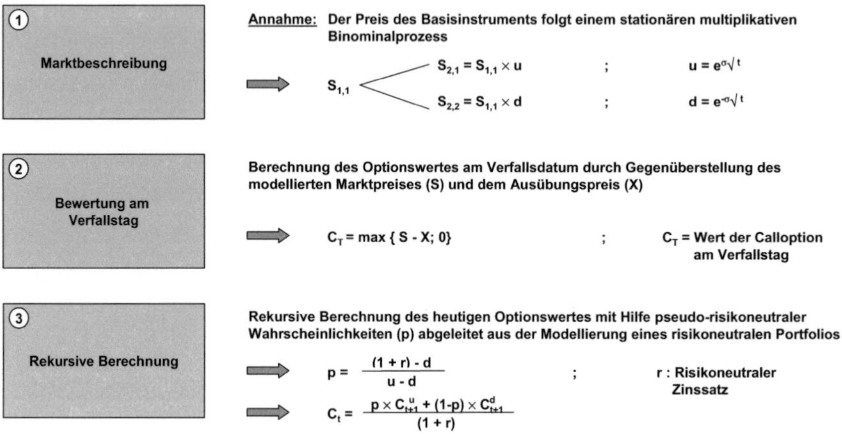

Abbildung 20: Vorgehen Binominalmodell

Für die Entscheidung, welches der kurz vorgestellten Verfahren am geeignetsten für die Verwendung zur Berechnung von Realoptionen ist, ist eine Betrachtung anhand mehrerer Kriterien sinnvoll.

Hierbei bietet sich die Transparenz des gewählten Verfahrens als ein wichtiger Aspekt an. Die Leitfrage lautet demnach: Sind das berechnete Ergebnis und der Weg nachvollziehbar? Ein zweiter Punkt stellt die Vielseitigkeit der Anwendbarkeit dar. Können mit dem Berechnungsverfahren beliebige in einer Entscheidungssituation auftretende Optionen bestimmt werden? Ein gewichtiges Kriterium für die Einbindung bestehender Organisations- und Prozessstrukturen ist auch die Schwierigkeit der Implementierung des Berechnungsalgorithmus in bestehende (Controlling-)Systeme. Abseits von diesen mathematischen und organisatorischen Rahmenbedingungen darf der Faktor Mensch gerade in der Unternehmenspraxis nicht vergessen werden. Wie reagiert er auf die verschiedenen Berechnungsmöglichkeiten und welche Wissensvoraussetzungen werden von ihm erwartet?

Pritsch[292] hat vor dem Hintergrund dieser Fragestellung einige der Berechnungsverfahren untersucht. Er kommt zu dem Ergebnis, dass analytische Verfahren die effizienteste Lösung

[292] Vgl. *Hommel, U./Pritsch, G. (1999b)*. Die ursprüngliche Quelle, ein unveröffentlichtes Arbeitspapier von *Pritsch* war nicht zugänglich.

darstellen, wenn die Analogie zur Realität, also die Modellprämissen passen. Sie liefern zudem die am einfachsten mathematisch zu berechnenden Lösungen.

Nummerische Verfahren, bei denen der stochastische Prozess approximiert wird, sind laut *Pritsch* ideale Berechnungsmethoden zur Bewertung komplexer Optionen. Sie weisen darüber hinaus die höchste Transparenz für die Anwender auf.

Nummerische Verfahren mit Approximation der Differentialgleichungen hingegen sind demnach nur bei großer Nähe zu den Finanzmärkten sinnvoll und wegen der großen Komplexität für die breite praktische Anwendung eher ungeeignet. In der folgenden Abbildung 21 sind die Auswahlkriterien der Berechnungsverfahren nach *Pritsch* in grafischer Form dargestellt.

Nachdem im Rahmen der Berechnungsverfahren keine signifikanten Unterschiede von Real- und Finanzoptionen deutlich wurden, rücken neben den oben erläuterten Auswahlkriterien die Betrachtung der Prämissen der einzelnen Methoden und die angestrebte ökonomische Interpretation des zu berechnenden Optionswerts in den Vordergrund. Entscheidend für die Auswahl des Berechnungsverfahrens soll in dieser Arbeit sein, ob die (begrenzte) Aussagekraft des jeweiligen Verfahrens und der entsprechende Arbeitsaufwand der Modellierung und Berechnung in einem akzeptablen Verhältnis stehen. Dies kann pauschal nicht beantwortet werden und wird daher auch bei den im folgenden Kapitel betrachteten Fallbeispielen explizit überprüft.

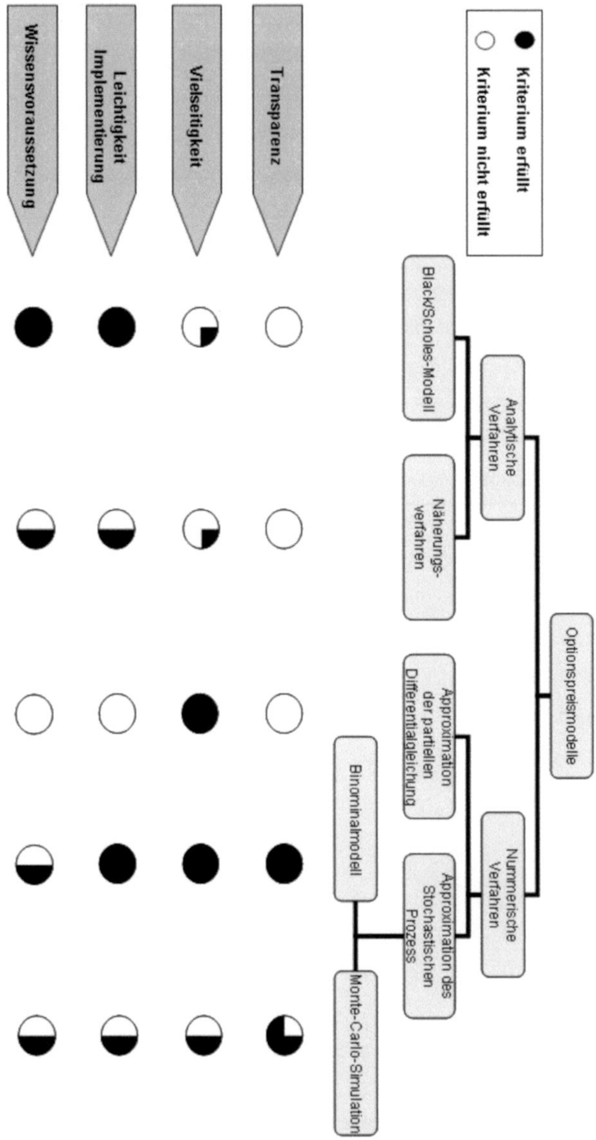

Abbildung 21: Auswahlkriterien Berechnungsverfahren Realoptionen[293]

[293] Nach *Hommel, U./Pritsch, G. (1999b),* S. 31. Die ursprüngliche Quelle, ein unveröffentlichtes Arbeitspapier von *Pritsch* war nicht zugänglich.

3.4.6 Grenzen der Anwendbarkeit des Realoptionsmodells

In diesem Abschnitt werden grundsätzliche Einschränkungen oder Schwierigkeiten bei der Anwendung und damit der Praxistauglichkeit des Realoptionsmodells – unabhängig von der Art ihrer Berechnung – explizit herausgearbeitet. Dabei wird sich an den drei typischen Verfahrensschritten einer Investitionsbewertung per Realoption orientiert:

1. Entscheidung für ein bestimmtes Berechnungsverfahren. Auswahlkriterium ist die möglichst genaue Abbildung der Realität
2. Bestimmung der notwendigen Eingabeparameter aus externen und internen Unternehmensdaten
3. Entscheidung gemäß dem Ergebnis der Berechnung

Anknüpfend an die einzelnen Arbeitsschritte wird gezeigt werden, dass auch die Wahl eines (analytischen) Investitionsbewertungsverfahrens wie der Realoption keine perfekt rationale Entscheidungsgrundlage bietet, sondern den Grenzen der (menschlichen) Rationalität unterliegt. Bei jedem der Schritte werden bewusst oder unbewusst Unschärfen in Kauf genommen, die die „Rationalität" des Endergebnisses in Frage stellen können.

3.4.6.1 Entscheidung für ein Berechnungsverfahren

Ausgangspunkt für die Auswahl des geeigneten Investitionsbewertungsverfahrens ist eine genaue Analyse und Beschreibung des Investitionsobjekts. Fragen nach dem Zeithorizont, dem erwarteten Volumen oder der Voraussagbarkeit der Zahlungsströme der Investition charakterisieren nicht nur das Projekt, sondern erlauben eine erste Abschätzung über die prinzipielle Notwendigkeit des Einsatzes von Investitionsbewertungsverfahren.

Die größte Gefahr aus der Sicht des Bewertenden besteht in diesem Arbeitsschritt darin, dass das gewählte Realoptionsverfahren die Realität nur verzerrt darstellt. Dafür kann es verschieden Gründe geben.

Ein Realoptionsverfahren ist fest in der neoklassischen Theorie verankert und basiert auf der Annahme eines vollkommenen Kapitalmarkts ohne Arbitragemöglichkeiten. Dieser stellt, wie bereits beschrieben, die Grundlage für die marktorientierte Ableitung der Volatilität und damit des Risikomaßes dar. Insofern bei bestimmten Sektoren, wie beispielsweise den Rohstoffmärkten, von einem regelmäßigen Preisbildungsprozess samt eines liquiden Marktes auszugehen ist, trifft das nicht auf alle potentielle Bewertungsobjekte zu.

Ein weiterer, in den Prämissen verankerter Grund kann auch im spezifischen Berechnungsverfahren selbst liegen. Insbesondere das Black/Scholes-Modell birgt dabei für den unbedarften Anwender einige Tücken: So wird implizit von einer lognormalen Verteilung des NPV der erwarteten Einzahlungen mit einer konstanten Volatilität ausgegangen. Stellt man dieser Annahme den klassischen Produktlebenszyklus mit stark ansteigenden Einzahlungen zu Beginn und bei kurzlebigen Konsumgütern mit stark abfallenden Einzahlungen am Ende des Lebenszyklus gegenüber, so wird das Black/Scholes-Modell nicht allen Investitionsvorhaben gleichermaßen gerecht.

Die Entscheidung für ein Realoptionsverfahren kann darüber hinaus bereits dem Konzept der begrenzten Rationalität unterliegen. So stützt eine empirische Studie von *Tiwana/Wang/Keil/Ahluwalia*[294] anhand von IT-Projekten in 88 Unternehmen die These, dass eine Investitionsbewertung mittels Realoptionen nur dann angewendet wird, wenn NPV-Verfahren keine eindeutige positive Empfehlung zur Durchführung der Investition in IT geben. Dieser intuitiv sofort nachvollziehbare Verzicht auf ein aufwändigeres Verfahren, insofern die Grundfrage nach der Sinnhaftigkeit einer Investition bereits eindeutig beantwortet ist, lässt sich mit *Simons* Konzept des *Satisficing* verbinden. In dem Moment, in dem eine zufriedenstellende Antwort gefunden ist, werden alle darüber hinaus gehenden Bemühungen eingestellt. Auf das Instrument Realoption bezogen bedeutet dies, dass es im Falle hoher NPV Werte unterschätzt wird.

Sollte jedoch eine Investitionsentscheidung aufgrund begrenzter finanzieller Ressourcen nicht nur auf einer Vorteilhaftigkeitsanalyse, sondern auch auf einem Vergleich der Bewertung mehrerer Investitionsvorhaben beruhen, kann ein solches „ökologisch rationales“ Verhalten zu einer Verzerrung der besten Handlungsempfehlung führen

[294] *Tiwana, A./Wang, J./Keil, M./Ahluwalia, P. (2007).*

Ein weiteres kritisches Themenfeld für die Abbildung der Realität in einem Investitionsverfahren ist die schiere Dynamik und Vernetzung realer Sachverhalte. Die Herausforderung für den Bewertenden besteht nun zum einen in der Identifikation aller relevanten Optionen[295], zum anderen in der akkuraten Berücksichtigung dieser. Vor allem bei der Berücksichtigung der verschiedenen Optionen wird der Bewertende rasch an Komplexitätsgrenzen stoßen, insbesondere dann, wenn diese sich im Wert gegenseitig bedingen. Welche der Interaktionseffekte zwischen zwei Optionen (z.B. zwischen Erweiterungs- und Verkaufsoption) sollen Eingang in die Berechnung finden? Inwieweit sind diese additiv, multiplikativ oder auf anderem Wege verknüpft?

Abschließend sei auch noch auf denkbare Wettbewerbseffekte hingewiesen. Eine Verletzung der Exklusivitätsbedingung einer F&E Entwicklung[296] durch parallele Angebote von Wettbewerbern sollte bei Bedarf ebenfalls Berücksichtigung finden. Dies muss gegebenenfalls durch ergänzende spieltheoretische Betrachtungen vorgenommen werden.

3.4.6.2 Bestimmung der notwendigen Eingabeparameter

Der effektive Einsatz eines quantitativen Modells zur Bestimmung des Werts einer Investition hängt wesentlich von den Eingangsparametern ab. Sollten diese nicht möglichst exakt bestimmt werden können, so werden auch die Ergebnisse des Modells nicht verlässlich sein.

Wie hoch die Unsicherheit bei der Bestimmung der Eingabeparameter sein kann, soll an drei wichtigen Eingangsgrößen am Beispiel einer Entscheidung über eine F&E Investition in ein Medikament skizziert werden.

a) Barwert der Investition/Ausübungspreis

Der Ausübungspreis der Option bezeichnet die Zahlungen, die dafür aufgewendet werden müssen, um in Besitz einer Option zu kommen. Im Falle des in dieser Arbeit betrachteten Beispiels sind dies die Investitionen, die die Unternehmen für ihre Entwicklungsarbeit aufbringen. Da der Entwicklungsaufwand für neue Wirkstoffe und

[295] Die im Kapitel 3.3.3 vorgenommene Klassifizierung der Optionstypen vermittelt einen Eindruck der denkbaren Optionen

[296] Diese stecken beispielsweise im Black/Scholes-Modell, da dieses Dividenden, d.h. vorzeitige Abgänge vom erwarteten Einzahlungsstrom S ausschließt.

Medikamente nicht deterministisch bestimmt werden kann und ein signifikantes (technisches) Risiko eines Fehlschlags in sich birgt, werden zur Ermittlung der Kosten Erfahrungswerte hinsichtlich des zeitlichen und finanziellen Aufwands herangezogen. Die verwendeten historischen Daten können nur einen geschätzten Anhaltspunkt ergeben. Dieser Eindruck wird noch verstärkt, wenn man sich die i.d.R. nicht berücksichtigten aktiven Einflussnahmemöglichkeiten eines Unternehmens auf das technische Risiko (Endogenität des Ausübungspreises) vor Augen ruft.
Der erforderliche Diskontierungsfaktor zur Ermittlung des Barwerts hingegen lässt sich direkt aus Kapitalmarktdaten ableiten und ist somit vergleichsweise exakt ermittelbar.

b) Barwert der Zahlungseingänge

Der Barwert der Zahlungseingänge entspricht entweder der diskontierten Summe aller erwarteten Erlöse aus dem Verkauf des Medikaments oder einem Kapitalmarktkurs, zum dem das gesamte Entwicklungsprojekt verkauft werden kann. Da Letzterer in der Regel nicht existiert, müssen Annahmen über die Entwicklung der Nachfrage nach dem Medikament (z. B. auf Basis Entwicklung der Verbreitung der Krankheit, gegen die das Medikament eingesetzt wird und demografischer Faktoren) und die Zahlungsbereitschaft der Nachfrager getroffen werden. Ein weiterer wichtiger Einflussfaktor ist der Wettbewerb. Wenn Wettbewerber vergleichbare Medikamente anbieten können, sinkt der erzielbare Verkaufspreis bzw. das absetzbare Volumen. Darüber hinaus kann es gerade im (öffentlichen) Gesundheitssektor staatliche Eingriffe geben, die zu Marktverzerrungen führen können.
Die obige Aufzählung einiger Faktoren, die für die Bestimmung des Barwerts der Zahlungseingänge nötig sind, deutet bereits an, dass es auf Grund des Marktrisikos nicht möglich ist, diese alle exakt ex ante zu bestimmen.

c) Zeitraum

Der Zeitraum beschreibt die Laufzeit einer Option. Diese ist bei manchen strategischen Projekten unbegrenzt. Beispielsweise ermöglicht die Entdeckung eines Wirkstoffs in der vorklinischen Phase zu jedem späteren Zeitpunkt eine Fortführung der Untersuchung im Rahmen der klinischen Phasen.

Allerdings steht die Laufzeit für die Ausübung der Option in funktionaler Abhängigkeit zum Barwert der Zahlungseingänge. Jede Verzögerung der Entwicklung hat einen späteren Verkaufszeitpunkt des Medikaments zur Folge. Da in der Zwischenzeit jedoch auch Wettbewerberprodukte auf den Markt kommen könnten, können davon die erwarteten Zahlungseingänge beeinflusst werden.

d) Volatilität

Die Volatilität leitet sich aus den am Markt beobachteten Wertschwankungen eines *underlyings* ab. Im einfachen Falle einer Investition in die Ausbeutung eines Rohstoffes ist dieser mit dem Rohstoffpreis direkt ermittelbar. Liegt allerdings kein eindeutig bestimmbarer Basiswert einer Option zugrunde bzw. wird das Basisinstrument zwar in einer gewissen Form gehandelt, ist aber hinsichtlich seiner Wertentwicklung nicht replizierbar, so wird das Einsatzspektrum der Realoptionsmethode durch den unvollkommenen Kapitalmarkt eingeschränkt.[297] Bei der Entwicklung neuer Medikamente ist dies regelmäßig der Fall.

Falls kein Handel stattfindet, kann eine Approximation des Optionswerts über eine Hilfskonstruktion auf folgende Weisen erfolgen:

- *spanning*
  Duplikation des Zahlungsstroms des Projekts mit einem Portfolio von börsengehandelten Wertpapieren/Rohstoffen. Der Wert dieses *twin security* entspricht dem Wert des F&E-Projekts und dient damit als *underlying.*[298]

- *hotelling valuation*
  Schätzung des Marktpotentials des aus dem F&E-Projekt erwachsenden Produkts und Bewertung der möglichen Zahlungsströme. Diese verwendet man als *underlying*.

Eine solche Approximation führt allerdings unweigerlich zu Unschärfen im berechneten Optionswert.

[297] Vgl. *Hommel, U./Pritsch, G. (1999b)*, S. 15 f.
[298] Vgl. *Hommel, U./Pritsch, G. (1999b)*, S. 16.

Anhand des gewählten Beispiels der Ermittlung einer Realoption für eine Medikamententwicklung wird deutlich, dass eine absolut exakte Bestimmung der Eingangsparameter in der Praxis nicht möglich sein wird. Der Bewertende muss also von einem Grad der Unschärfe bzw. einer Fehlerwahrscheinlichkeit ausgehen, deren Kenntnis bei der Auswahl des Investitionsbewertungsverfahrens hilfreich sein kann.

3.4.6.3 Entscheidung gemäß Realoptionsverfahren

Liegt eine durch ein Realoptionsverfahren berechnete eindeutige Indikation der Vorteilhaftigkeit einer Investitionsentscheidung vor, so ist es am Management, eine entsprechende Entscheidung zu treffen.

Dabei gilt es zu bedenken, dass i.d.R. der Entscheidungsvorbereiter, beispielsweise ein Controller, nicht zugleich der Entscheider ist, sondern in einem Prinzipal-Agent Verhältnis steht. Der Entscheider oder Manager verfügt nicht über die gleiche Informationstiefe wie der Entscheidungsvorbereiter, es liegt also eine asymmetrische Informationsverteilung vor. Das führt dazu, dass bestimmte inhaltliche Annahmen dem Entscheider nicht oder nur auf Nachfrage bekannt sind. Dies führt insbesondere bei komplexen, nicht intuitiv nachvollziehbaren Berechnungen, wie beispielsweise dem Black/Scholes-Modell, zu hohem Klärungsbedarf.

Zudem wird durch die Ungleichverteilung der Information opportunistisches Handeln ermöglicht. Opportunistisches Handeln kann sich in der Verfolgung einer verborgenen Absicht äußern, wie z.B. dem Wunsch nach Realisierung einer Investition. Dies kann bewusst oder unbewusst die erstellte Entscheidungsvorlage beeinflussen.

Für den entscheidenden Manager ist es daher von großer Wichtigkeit, einerseits ein Vertrauen in die Fähigkeiten aber auch unternehmenskonformen Absichten seines Controllers zu haben und andererseits die kritischen (impliziten) Annahmen der Investitionsbewertung zu hinterfragen. Nur wenn diese beiden Punkte erfüllt sind, wird der Manager geneigt sein, einer Entscheidung gemäß dem Ergebnis der Berechnung zuzustimmen.

3.4.6.4 Umgang mit der Scheingenauigkeit in der Investitionsbewertung

Die vorangegangen Ausführungen zeigen auf, dass es bei allen drei Schritten (Wahl des Investitionsbewertungsverfahrens, Datenerhebung und Entscheidung) der Investitionsbewertung mittels Realoptionen zu Unschärfen im Ergebnis kommen kann.
Werden die Ursachen für diese beschriebenen Effekte analysiert, so können vier Hauptfaktoren identifiziert werden:

1. Die Umwelt selbst, die durch ihre Komplexität dafür sorgt, dass Investitionsvorhaben nicht ausreichend strukturierbar und damit abbildbar werden.
2. Die begrenzten kognitiven Fähigkeiten der Bewertenden, die der Komplexität der Abbildungen der Realität und der (mathematischen) Berechnungsmodelle Grenzen setzen.
3. Die für die Investitionsbewertung bereitstehenden Mittel, die durch eine finanzielle Budget- oder eine Zeitvorgabe den Rahmen setzen.
4. Die Motivation der handelnden Personen, die durch individuelle Interessen, aber auch systematisch organisatorische Einflüsse (Prinzipal-Agent Theorie) beeinflusst werden.

Aufgabe des Bewertenden ist nun, diese Einflussfaktoren einer begrenzten Rationalität mittels seiner Methodenkompetenz (Instrumente und Verfahren), seinem persönlichen Netzwerk und seinen sozialen Kompetenzen so zu bewältigen, dass er dem Ziel einer Investitionsbewertung, der Ermöglichung einer optimalen Nutzung vorhandener finanzieller Mittel, möglichst nahe kommt.

Bei der Berechnung der betriebswirtschaftlichen Vorteilhaftigkeit wird sich der Bewerter der Gefahr einer Scheingenauigkeit bei der Verwendung von Realoptionen nicht vollständig entziehen können. Einerseits verspricht ein mathematisch exakt ermittelter Wert eine hohe Genauigkeit, andererseits sind bereits bei der Abbildung der Realität und der Datenerhebung so viele Schätzungen und Kompromisse eingegangen worden, dass das Ergebnis nur eine Näherung darstellen kann.

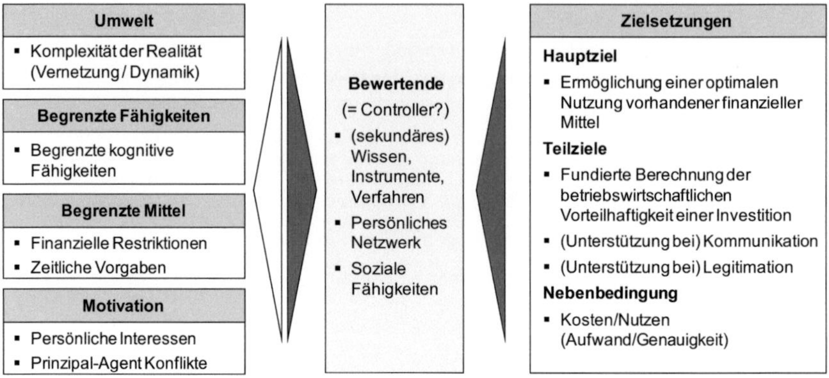

Abbildung 22: Herausforderungen, erforderliche Fähigkeiten und Ziele der Investitionsbewertung

3.4.7 „Realoptionsheuristiken" als Alternativen

Im Bewusstsein der beschriebenen, latenten Gefahr durch eine Scheingenauigkeit und der impliziten Maßgabe, bei der Investitionsbewertung durch Realoptionen selbst auf ein vernünftiges Kosten-Nutzen Verhältnis zu achten, kann der Bewertende in einen Zwiespalt geraten. Einerseits möchte er Vorteile der Realoptionsverfahren, wie beispielsweise die marktorientierte Bewertung von Entscheidungsflexibilitäten, nicht missen, andererseits könnte der Aufwand hierfür den möglichen Gewinn an zusätzlicher Einsicht über das Investitionsvorhaben übersteigen.

In einem solchen Falle bieten sich „Realoptionsheuristiken" als Alternativen an. Sie reduzieren die Datenerfordernisse, liefern aber gleichermaßen einen Einblick in den Wert von Entscheidungsflexibilitäten. Im Folgenden werden zwei mögliche Verfahren vorgestellt:

3.4.7.1 Rein konzeptionelle Verwendung von Realoptionen

Ausgangspunkt einer rein konzeptionellen Verwendung von Realoptionen wäre einerseits die Erkenntnis, dass es kaum oder keine Möglichkeiten der Ermittlung der erforderlichen Daten für eine Realoptionsbewertung gibt oder andererseits die Akzeptanz von Realoptionswerten fraglich ist.

Ein Lösungsvorschlag in dieser Situation ist eine Abkehr von dem Versuch einer präzisen Quantifizierung der Realoptionen. Um trotzdem jedoch zumindest einige der Vorteile realoptionsbasierter Einsichten in ein Investitionsvorhaben nutzen zu können, kann beispielsweise eine kapitalwertbasierte Realoptionsheuristik nach *Slater/Reddy/Zwirnlein* eingesetzt werden.

Diese, ursprünglich für die Softwareentwicklung bereitgestellte Heuristik[299], basiert auf zwei getrennt vorzunehmenden, komplementären Analysen, die in einer Matrix synthetisiert werden.[300]

Erste Analyse ist eine Kapitalwertrechnung mit simulativer Risikoanalyse. Aus der resultierenden Verteilung lässt sich unter Berücksichtigung der Risikoeinstellung des Investors die Attraktivität des Kapitalwerts ableiten.

Die zweite Analyse beinhaltet eine qualitative Abschätzung des Realoptionspotentials basierend auf groben Beurteilungen ausgewählter Aspekte („Optionen") der Investition. Die Auswahl der relevanten Aspekte erfolgt durch das Management.

Anhand der beiden Bewertungen wird die Investitionsmöglichkeit schließlich in einer 9-Felder-Matrix verortet. Für alle möglichen Positionen werden dabei konkrete Handlungsempfehlungen vorgeschlagen.

Wenig überraschend wird bei einem sehr attraktiven Kapitalwert eine Empfehlung zur Investition, bei einem eher unattraktiven ein Abraten von einer Investition gegeben. Im Falle eines mäßigen Kapitalwerts, aber einem hohem Optionspotential wird mit dem Hinweis auf den strategischen Wert eine vorsichtige Investitionsempfehlung gegeben.[301]

---

[299] Vgl. *Slater, S.F./Reddy, V.K./Zwirlein (1998),* S. 454.

[300] Vgl. *Slater, S.F./Reddy, V.K./Zwirlein (1998),* S. 453 ff.

[301] Für eine ausführlichere Diskussion der Handlungsempfehlungen vgl. *Slater, S.F./Reddy, V.K./Zwirlein, T.J. (1998),* S. 455 ff.

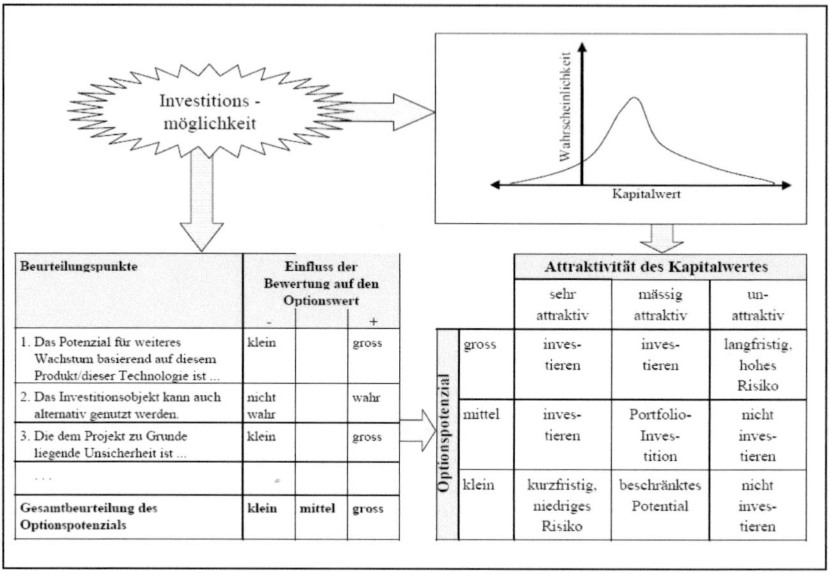

Abbildung 23: Konzeptionelle Verwendung von Realoptionen in Anlehnung an Slater/ Reddy/ Zwirlein[302]

Durch die Ergänzung des Kapitalwerts mit den Gedanken des Realoptionsansatzes ist es dem Bewerter möglich, mit vergleichsweise wenig Aufwand zusätzliche Erkenntnisse zu gewinnen. Dabei wirkt der Ansatz der Gefahr entgegen, dass Projekte allein auf Grund der direkt mit ihnen verbundenen Zahlungsflüsse nicht getätigt werden, obwohl sie wichtige Handlungsspielräume eröffnen.[303] Sollten die beiden Einzelbewertungen, Kapital- und Optionswert, deutlich auseinanderfallen, bietet das Instrument zudem die Chance, dieses transparent zu machen und eine weiterführende Strategiediskussion einzuleiten.[304]

Nachteile liegen in der Konzentration auf eingebettete Realoptionen, die nur konkrete Empfehlungen für eine „jetzt oder nie“ Situation ermöglichen und damit keine Hilfestellung für eine Timingentscheidung geben und der „freien“ Wahl der Optionen.

[302] Vgl. *Slater, S.F./Reddy, V.K./Zwirlein, T.J. (1998),* S. 454 ff.
[303] Vgl. *Kühn, R./Fuhrer, U./Jenner, T. (2000),* S. 53.
[304] Vgl. *Slater, S.F./Reddy, V.K./Zwirlein, T.J. (1998),* S. 457.

3.4.7.2 Vereinfachte Quantifizierung von Realoptionen

Ist eine exakte Ermittlung von Realoptionswerten zwar theoretisch möglich, würde diese jedoch durch ihre Komplexität das verfügbare (zeitliche) Budget sprengen oder stehen entsprechende mathematische Tools nicht zur Verfügung, so besteht die Möglichkeit einer vereinfachten Quantifizierung des Realoptionswerts.

Dabei wird unter den mit einer Investition zusammenhängenden verschiedenen denkbaren Realoptionstypen der wichtigste ausgewählt und die entsprechenden Daten erhoben. Da die Berechnungslogik auf dem Black/Scholes-Modell fußt, wird auf die Erhebung des Dividendenwerts verzichtet.

Im Kern des Verfahrens, das auf *Luehrman* zurückgeht, steht die Aggregation von den fünf Wertdeterminanten des Black/Scholes-Modells auf zwei.[305] Ausübungspreis, Wertpapierpreis bzw. NPV der erwarteten Zahlungsströme, Zeitraum und risikoloser Zinssatz werden zu einem Wertmaß für die Preis-Leistung der Investition zusammengeführt. Die Unsicherheit wird durch die Varianz und den Zeitraum ausgedrückt. Die folgende Abbildung verdeutlicht die Zusammenfassung.

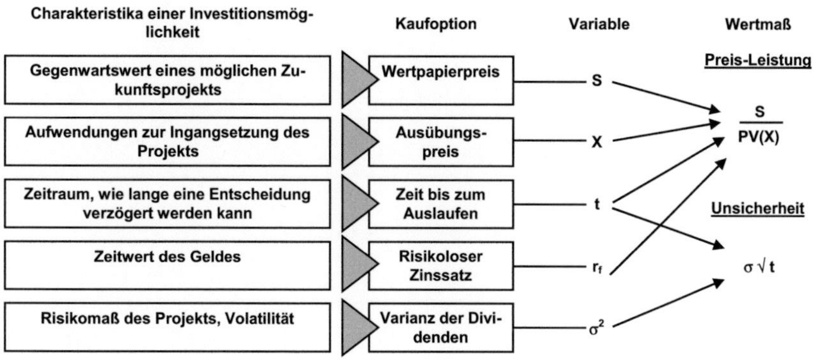

Abbildung 24: Vereinfachte Quantifizierung von Realoptionen: Datenerhebung nach *Luehrman*

[305] Vgl. *Luehrman, T.A. (1994)*, S. 4ff, *Luehrman, T.A. (1998)*, S. 54 f.

Eine Tabelle mit vorher bereits ermittelten Daten erlaubt nun die Berechnung des Realoptionswerts.

Jede Zahl in der Tabelle gibt den Wert einer Europäischen Call Option für spezielle Werte der Variablen S/PV(X) und $\sigma \sqrt{t}$ an

Beispiel:
Falls S = €100, X = €105, r = 5% dann ist S/PV(X) = 1.0 und $\sigma \sqrt{t}$ = 0.50
Aus der Tabelle entnimmt man den Wert von 19.7%

Interpretation:
Wenn es sich um eine Kaufoption handelt, weist das Projekt folgenden Wert auf:
Kaufoptionswert = 0.197 x €100 = €19.70.
Verglichen mit dem "klassischen„ NPV: = S – X = €100 - €105 = € - 5

$\frac{S}{PV(X)}$

$\sigma \sqrt{t}$	0.80	0.82	0.84	0.86	0.88	0.90	0.92	0.94	0.96	0.98	1.00	1.02	1.04	1.06	1.08
0.05	0.0	0.0	0.0	0.0	0.0	0.0	0.1	0.3	0.6	1.2	2.0	3.1	4.5	6.0	7.5
0.10	0.0	0.1	0.2	0.3	0.5	0.8	1.2	1.7	2.3	3.1	4.0	5.0	6.1	7.3	8.6
0.15	0.5	0.7	1.0	1.3	1.7	2.2	2.8	3.5	4.2	5.1	6.0	7.0	8.0	9.1	10.2
0.20	1.5	1.9	2.3	2.8	3.4	4.0	4.7	5.4	6.2	7.1	8.0	8.9	9.9	10.9	11.9
0.25	2.8	3.3	3.9	4.5	5.2	5.9	6.6	7.4	8.2	9.1	9.9	10.9	11.8	12.8	13.7
0.30	4.4	5.0	5.7	6.3	7.0	7.8	8.6	9.4	10.2	11.1	11.9	12.8	13.7	14.6	15.6
0.35	6.2	6.8	7.5	8.2	9.0	9.8	10.6	11.4	12.2	13.0	13.9	14.8	15.6	16.5	17.4
0.40	8.0	8.7	9.4	10.2	11.0	11.7	12.5	13.4	14.2	15.0	15.9	16.7	17.5	18.4	19.2
0.45	9.9	10.6	11.4	12.2	12.9	13.7	14.5	15.3	16.2	17.0	17.8	18.6	19.4	20.3	21.1
0.50	11.8	12.6	13.4	14.2	14.9	15.7	16.5	17.3	18.1	18.9	19.7	20.5	21.3	22.1	22.9
0.55	13.8	14.6	15.4	16.1	16.9	17.7	18.5	19.3	20.1	20.9	21.7	22.4	23.2	24.0	24.8
0.60	15.8	16.6	17.4	18.1	18.9	19.7	20.5	21.3	22.0	22.8	23.6	24.3	25.1	25.8	26.6
0.65	17.8	18.6	19.3	20.1	20.9	21.7	22.5	23.2	24.0	24.7	25.3	26.2	27.0	27.7	28.4
0.70	19.8	20.6	21.3	22.1	22.9	23.6	24.4	25.2	25.9	26.6	27.4	28.1	28.8	29.5	30.2
0.75	21.8	22.5	23.3	24.1	24.8	25.6	26.3	27.1	27.8	28.5	29.2	29.9	30.6	31.3	32.0
0.80	23.7	24.5	25.3	26.0	26.8	27.5	28.3	29.0	29.7	30.4	31.1	31.8	32.4	33.1	33.8
0.85	25.7	26.5	27.2	28.0	28.7	29.4	30.2	30.9	31.6	32.2	32.9	33.6	34.2	34.9	35.5
0.90	27.7	28.4	29.2	29.9	30.6	31.3	32.0	32.0	33.4	34.1	34.7	35.4	36.0	36.6	37.3

Abbildung 25: Tabelle zur Ermittlung der Investitionswerte nach *Luehrman*[306]

Dabei gibt jeder Datenpunkt in der Tabelle den Wert einer (europäischen Kauf-) Option für die speziellen Preis-Leistungs- und Unsicherheitsvariablen an. Die Berechnung des Investitionswerts erfolgt nun aus der Multiplikation des Datenpunkts aus der Tabelle mit dem Investitionsvolumen.

[306] Vgl. *Luehrman, T.A. (1998).*

Die Vorteile dieses Verfahrens liegen an der einfachen Ermittlung der Optionswerte, die sowohl mathematisch wenig anspruchsvoll ist, als auch eine schnelle, unmittelbare Ermittlung ermöglicht. Die zweidimensionale grafische Darstellung begünstigt zudem ein intuitives Erfassen des Optionswerts und dessen möglichen Konsequenzen für die Investitionsentscheidung.

Eine annähernd präzise Bewertung durch das vereinfachte Verfahren kann allerdings nur genau dann vorgenommen werden, wenn die Charakteristika der Realoption denen einer europäischen Option entsprechen. Nur dann ist das zugrundeliegende Black/Scholes-Modell als Berechnungsmodell geeignet.[307] Auch ist eine entsprechende Tabelle erst zu erwerben oder zu erstellen. Ist letzteres der Fall, so spräche auch nichts gegen eine eigenständige Berechnung, die mögliche, aus der Tabellengliederung entstehende Nachteile aufwiegen kann.

Trotz der vorgebrachten Kritik kann auch der Vorschlag nach *Luehrman* dazu beitragen, Entscheidungen über Investitionsprojekte zu verbessern. Er darf aber keineswegs als quantitativer und exakter, sondern muss - wie der Vorschlag von *Slater et al.* - als heuristischer Ansatz verstanden werden, welcher gewisse zusätzliche Einsichten vermitteln kann

3.4.8 Fazit Realoptionen

Ebenso wie die kapitalwertbasierten Verfahren fußt der Realoptionsansatz auf den Grundgedanken des Barwerts und der risikoabhängigen Kapitalkosten. Er stellt ein aus der Finanzwelt stammendes Denkmodell dar, das qualitative Einblicke in eine Investition gewährt und auch als quantitatives Instrumentarium bei Investitionen genutzt werden kann. Wie gezeigt, ist die Analogie zwischen Finanzoption und Investitionsobjekt nicht perfekt, was u. U. zu Ergebnisunschärfen führen kann.

Ferner liegen den Berechnungsmethoden für Optionen viele, z. T. sehr restriktive Modellannahmen zugrunde. Es besteht damit die Gefahr, dass ein Berechnungsverfahren eingesetzt wird, dessen Prämissen sich nicht mit dem Investitionsvorhaben vereinbaren lassen.

---

[307] Vgl. dazu *Luehrman, T.A. (1994)*, S. 11; *Luehrman, T.A. (1998)*, S. 66.

Auch kann die Komplexität der Realität durch ein Realoptionsmodell nur unzureichend abgebildet werden, ein Tatbestand, der allerdings auch für die anderen vorgestellten Verfahren zutrifft.

Die beiden als „Realoptionsheuristiken" in Kapitel 3.4.7 vorgestellten Verfahren lassen sich in das Gedankengebäude eines kognitionsorientierten Controllings[308] einfügen. Durch ihre explizite bzw. implizite Berücksichtigung der begrenzten Rationalität ist ein zumindest partielles Lösen von der Idee des *homo oeconomicus* erkennbar.

Der Realoptionsansatz ist in der Lage, gewisse Defizite der kapitalwertbasierten Verfahren zu beheben. Die Gefahr, dass riskante aber vielversprechende strategische Investitionen fälschlicherweise nicht, zu früh oder zu spät realisiert werden, kann durch seinen Einbezug in die Investitionsentscheidung reduziert werden. Der Realoptionsansatz weist gegenüber klassischen DCF-Verfahren den Vorteil der Berücksichtigung der Chancen der Unsicherheit, der Handlungsflexibilität, auf. Erkauft wird dies durch einen erhöhten Vorbereitungsaufwand und eine eingeschränkte Verwendbarkeit. In der Literatur herrscht Einigkeit darüber, dass der Einsatz von Realoptionen umso sinnvoller ist,

- je höher die (marktseitige) Unsicherheit,
- je größer die dem Management zur Verfügung stehende Entscheidungsflexibilität,
- je irreversibler die Entscheidungen sind,

da Realoptionen die Interaktion zwischen Unsicherheit und Flexibilität explizit abbilden.[309]

3.5 Auswahl des geeigneten Investitionsbewertungsverfahrens

Ausgangspunkt für die Auswahl des geeigneten Investitionsbewertungsverfahrens ist eine genaue Analyse und Beschreibung des Investitionsobjekts. Fragen nach dem Zeithorizont, dem erwarteten Volumen oder der Voraussagbarkeit der Zahlungsströme der Investition charakterisieren nicht nur das Projekt, sondern erlauben eine erste Abschätzung über die prinzipielle Notwendigkeit des Einsatzes von Investitionsbewertungsverfahren.

---

[308] Vg. Kapitel 2.3.2.4.

[309] Vgl. u. a. *Leslie, K.J./Michaels, M.P. (1997),* S. 15, *Hommel, U./Pritsch, G. (1999b),* S. 29.

Fällt der Entschluss für einen Rückgriff auf diese Instrumente, so rücken die bereits thematisierten Stärken und Schwächen der einzelnen Verfahren in den Vordergrund. Der Blick dieser Arbeit richtet sich dabei vor allem auf die Abbildung der Unsicherheit bzw. der Handlungsflexibilitäten durch die verschiedenen Investitionsbewertungsverfahren.

Verhältnismäßig leicht zu handhaben und eingängig sind die traditionellen Bewertungsverfahren, die insbesondere auf dem Kapitalwertkalkül basieren (Barwert/NPV, Interne Zinsfuß-Methode, Annuitäten-Methode). Ihnen wird sowohl von wissenschaftlicher als auch von praktischer Seite vorgeworfen, die zuvor beschriebenen Handlungsspielräume gar nicht zu erfassen oder nur unzureichend zu bewerten.[310]
Häufig wird den Handlungsspielräumen in der Praxis zumindest auf intuitive Weise durch Anwendung von ad hoc gewählten Diskontierungsraten begegnet, indem die durch die Theorie (z. B. *capital asset pricing model*, CAPM) bestimmten Zinssätze nochmals einer Korrektur unterliegen.[311]

Eine andere Vorgehensweise besteht darin, die traditionellen Kapitalwertverfahren zu erweitern. In der Szenario-Analyse werden mehrere mögliche Zukunftsperspektiven einander gegenübergestellt. In der Monte-Carlo-Simulation werden die verschiedenen Szenarien wahrscheinlichkeitsgewichtet und der Projektwert mittels Simulation bestimmt. Im Entscheidungsbaumverfahren (*decision tree analysis*, DTA) werden Entscheidungsmöglichkeiten und Ereignisse explizit modelliert.

Alle diese Verfahren haben gemein, dass

- sie hauptsächlich für die Bewertung der Unsicherheit auf Unternehmensseite angewandt werden und
- subjektive Risikoeinschätzungen der expliziten Schätzung des Risikos zugrunde liegen.

Die Stärke der Realoptionsverfahren liegt darin, die durch den Markt verursachte Unsicherheit, wie z. B. Änderungen im Absatzpreisniveau oder in der Nachfragemenge zu berücksichtigen.[312] Positive Entwicklungen auf den Absatzmärkten während der Investitionsphase wer-

[310] *Myers, S. (1977),* S. 126 ff.
[311] *Bockemühl, M. (2001),* S. 13.
[312] *Copeland, T./Keenan, P.T. (1998b),* S. 130.

den durch das Management identifiziert und nach Möglichkeit durch Anpassung des ursprünglichen Investitionsplans im Kapazitätsaufbau widergespiegelt.[313]

Die explizite Einbeziehung eines durch den Markt bestimmten Risikofaktors in Form einer Volatilität bei der Berechnung einer Realoption erlaubt es, Chancen, die sich aus der Marktentwicklung im Laufe der Investitionsphase ergeben, darzustellen. Die folgende Abbildung gibt eine Entscheidungshilfe zur Auswahl des geeigneten Investitionsbewertungsverfahrens, wie es in der Literatur bei *Hommel* und *Pritsch* zu finden ist.

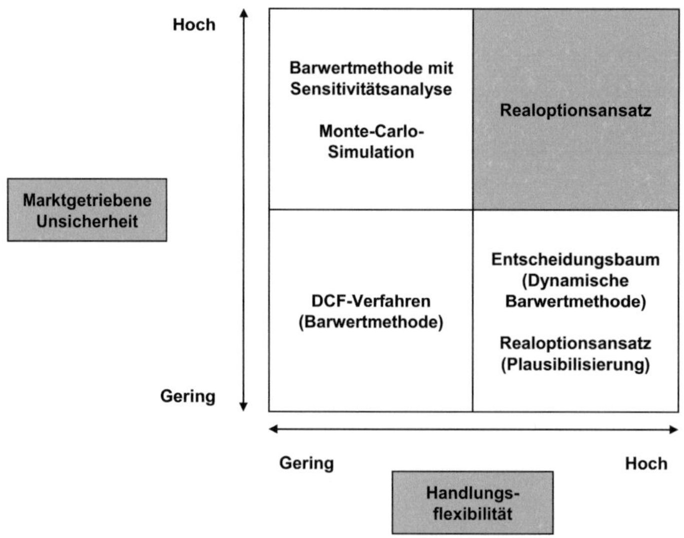

Abbildung 26: Auswahl geeigneter Investitionsbewertungsverfahren nach *Hommel/Pritsch*[314]

Wird das Augenmerk explizit auf den unterschiedlichen Grad der Berücksichtigung der Unsicherheit gelegt, so lässt sich eine Ordnung der Verfahren ableiten. Während traditionelle DCF-Verfahren lediglich in zwei Aspekten (Zahlungsstrom und Diskontsatz) Unsicherheit und damit Handlungsflexibilität zum Ausdruck bringen, sind es bei alternativen Verfahren meist drei Aspekte (Zahlungsstrom, Diskontsatz, Wahrscheinlichkeitsverteilung bzw. Volati-

[313] *Copeland, T./Keenan, P.T. (1998a),* S. 46.
[314] *Hommel, U./Pritsch, G. (1999a),* S. 9.

lität). Abbildung 27 zeigt eine solche Ordnung der Investitionsbewertungsverfahren im Hinblick auf die Berücksichtigung der Unsicherheit.

Sowohl das Entscheidungsbaumverfahren (DTA) als auch das Black/Scholes-Modell als Vertreter der Realoptionspreismodelle eignen sich, den vollen NPV inklusive den Wert der Handlungsoptionen darzustellen. Dem DTA-Verfahren gelingt es durch seine transparente und mehrstufige Abbildung der Entscheidungssituation besonders gut, technisches Risiko aufzuzeigen.[315] Zudem kann die DTA verfahrensbedingt an konkreten Punkten Zahlungsströme beurteilen. Wesentlich komplizierter ist es hingegen, technologische Unsicherheit auf Grund eines sprunghaften Anstiegs der Investitionen zu bestimmten Zeitpunkten durch ein *underlying* widerzuspiegeln.[316] Die Stärke der Realoptionsverfahren liegt vor allem bei einem hohen Grad an marktseitigem Risiko.

Entspricht ein Investitionsobjekt von seinen Merkmalen einer der beschriebenen Realoptionen, so stellt sich die Frage nach der Auswahl des geeigneten Berechnungsverfahrens und nach dem Grad der Komplexitätsreduktion. Eine qualitative Aussage über strategische Implikationen eines Investitionsprojekts sollte mittels des Realoptionsansatzes grundsätzlich immer möglich sein. Bei quantitativen Aussagen über das Ausmaß der Vorteilhaftigkeit sind die zur Komplexitätsreduktion in Kauf genommenen oben beschriebenen Vereinfachungen und Approximationen zu beachten, welche die Aussagekraft mindern.

Bei aller mathematischen (Schein-)Genauigkeit können aber quantitative, reflexive Verfahren der Willensbildung nicht die Intuition des Managements ersetzen. Vor allen in unklaren Situationen und hoher Dynamik der Umwelt helfen gerade auch mentale Modelle bei der Erkennung komplizierter Zusammenhänge selbst bei komplexen Situationen[317]und leisten damit einen wichtigen Beitrag zur Verifizierung der mathematischen Berechnungsmodelle, die nur vereinfachte Aspekte der Wirklichkeit erfassen. Der Fokus sollte daher teilweise auch weniger auf dem Modell als vielmehr auf dem Prozess der Modellierung liegen.[318]

---

[315] Vgl. *Poerschke, C. (2006)*, S. 113 f.

[316] Vgl. *Poerschke, C. (2006)*, S. 113 f.. Über den Einsatz komplexer mathematischer Modelle (Poisson-Prozess) können durch die sprunghafte Änderung einer Zufallsvariablen diskrete Änderungen nachgebildet werden.

[317] Vgl. *Hommel, U./Pritsch, G. (1999b)*, S. 42.

[318] Vgl. *Hommel, U./Pritsch, G. (1999b)*, S. 43.

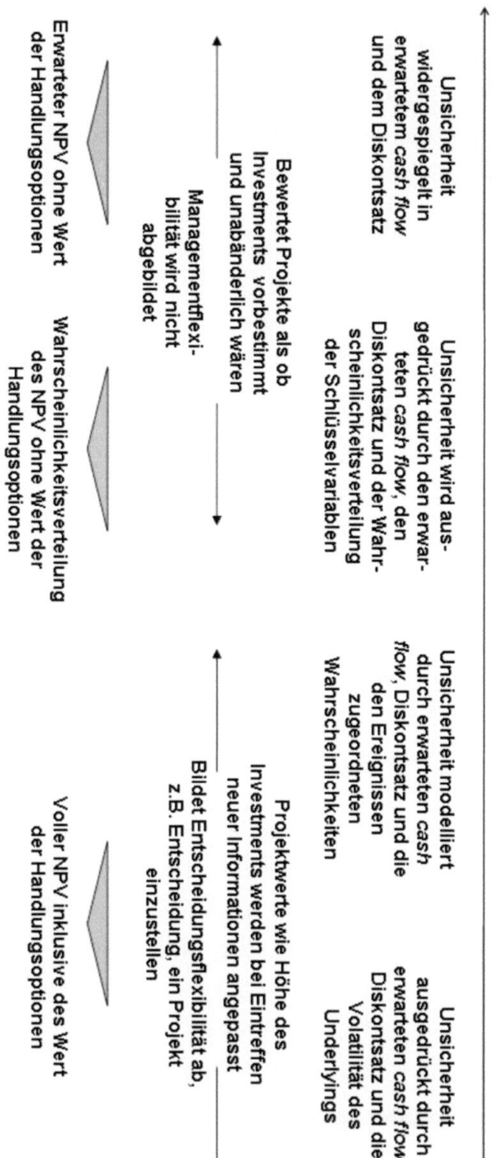

Abbildung 27: Investitionsbewertungsverfahren und Handlungsflexibilität[319]

[319] Eigene Darstellung.

4 Praktische Anwendung von Realoptionen

Wurden im vorangegangenen Kapitel die theoretischen Vorzüge und Nachteile der einzelnen Bewertungsverfahren im Hinblick auf eine Beurteilung der Vorteilhaftigkeit einer Investition diskutiert und für den Realoptionsansatz aufbauend auf den Erkenntnissen der begrenzten Rationalität alternative (vereinfachte) Herangehensweisen vorgeschlagen, so beschäftigen sich die folgenden Abschnitte mit der Anwendung eines solchen Realoptionsverfahrens in der Praxis.

Die Leitfragen lauten daher wie folgt:

- Wie verbreitet sind Realoptionen heute in der Unternehmenspraxis? Welche Faktoren beschränken eine weitere Verbreitung dieses Investitionsbewertungsverfahrens? Ist das Konzept der begrenzten Rationalität bei der Erklärung dessen hilfreich?
- Kann ein vereinfachter Realoptionsansatz die Hindernisse aus Theorie und Praxis überwinden? Wie hoch wäre die Verlässlichkeit eines solchen auf dem Black/Scholes-Modell beruhenden Realoptionsansatzes im Vergleich zu den traditionellen Investitionsbewertungsverfahren? Welche zusätzlichen Einblicke würden die Bewertenden erhalten?
- Steht der Aufwand in einem vernünftigen Verhältnis zum Ertrag? Ist ein solches Verfahren in der Praxis praktikabel?

Die Grundlage für die Beantwortung dieser Fragen bietet dabei die ex post Betrachtung von 18 (realen) Fallbeispielen aus der Biotechnologiebranche.

4.1 Realoptionen in der Praxis

4.1.1 Erkenntnisse der empirischen Kapitalmarkforschung und Wirkung auf Realoptionsansätze

Die in dieser Arbeit zu Grunde liegende neoklassische Kapitalmarkttheorie geht von einem vollkommenen und vollständigen Kapitalmarkt aus, auf dem jeder beliebige Zahlungsstrom zu einem für alle Marktteilnehmer einheitlichen Preis gehandelt wird.

Ein theoretischer Kapitalmarkt wird dann als vollkommen angesehen, wenn die folgenden Bedingungen erfüllt sind:

1. Homogene Erwartungen und Rationalverhalten: Alle Marktteilnehmer treffen ihre individuellen Entscheidungen auf Grund der gleichen, allgemein bekannten Erwartungen über die Zukunft.

2. Mengenanpasserverhalten: Der Preis für jeden Zahlungsstrom ist gleich, unabhängig davon, ob die Wirtschaftssubjekte als Käufer oder Verkäufer auftreten. Daraus folgt, dass Soll- und Habenzinssätze identisch sind. Kredite stehen in unbegrenzter Höhe zur Verfügung.

3. Transaktionskostenlosigkeit: Jede Handlung hat keine Kosten, die aus der Handlung selbst herrühren (z.B. Steuern, Informationskosten - also keine Kosten für die Informationsbeschaffung, um überhaupt rational handeln zu können, keine Abwicklungskosten).

Wichtig für die Anwendung von Realoptionen ist auch die Vollständigkeitsbedingung. Ist ein Kapitalmarkt vollständig, so kann jeder beliebige zukünftige Zahlungsstrom als Linearkombination von bestehenden Zahlungsströmen (z.B. aus der Basis des Zahlungsvektor-Vektorraums dieses Kapitalmarkts) erzeugt werden. Eine solche Linearkombination von Zahlungsströmen in Form von Linearkombination von Finanzierungstiteln heißt üblicherweise Portfolio.

Schlüssel für einen solchen effizienten Kapitalmarkt ist, dass Preise und Werte von Gütern gleichgesetzt werden können. Preise als Signale der relativen Knappheit haben sich im Laufe eines Wettbewerbs so weit angepasst, dass keine Arbitragegewinne mehr erzielbar sind. *Loistl* folgert daraus, dass die Ökonomie auch als „Wissenschaft der relativen Preise“ bezeichnet werden kann.[320]

[320] Vgl. *Loistl, O.(1994),* S. 311.

Die empirische Kapitalmarktforschung macht jedoch deutlich, dass es sich dabei um ein theoretisches Modell handelt, das der Realität je nach Branche unterschiedlich nahekommt. Experimente auf dem Gebiet der Verhaltensökonomik zeigen, dass

- die Art und Weise, wie ein Problem oder eine Entscheidung vorgestellt wird, die Handlung des Entscheidenden beeinflusst (*framing*)
- beobachtbare Markthandlungen existieren, die den vernünftigen Erwartungen und der Markteffizienz zuwiderlaufen[321]
- Entscheidungen nicht nur auf Grundlage von rationaler Analyse, sondern auch anhand von Daumenregeln getroffen werden (Heuristiken)[322]

Erklärungsansätze aus der Verhaltensökonomie begründen diese Beobachtungen mit willkürlichem oder von *framing*-Aspekten beeinflussten menschlichem Handeln. Beispielhaft sei hier die neue Erwartungstheorie (*prospect theory*) angeführt. In der Theorie wird die These vertreten, dass häufig auftretende Wahrnehmungsverzerrungen (biases) durch psychische Faktoren ausgelöst werden und das Verhalten unter Unsicherheit beeinflussen. Insbesondere sollen Menschen stärker durch Verluste als durch Gewinne motiviert werden und demnach mehr Energie in die Vermeidung von Verlusten als in die Erzielung von Gewinnen investieren.[323]

Anhänger der neoklassischen Kapitalmarkttheorie sehen die Ursachen für unvollkommene Märkte eher in den nachfolgenden Abweichungen der Realität von den Modelparametern:

1. Unvorhersagbare Ereignisse
   Ohne Voraussehbarkeit von Ereignissen kann keine Partei eine optimale Entscheidung treffen
2. Zu viele Ereignisse
   Der Komplexitätsgrad übersteigt die menschliche Intelligenz
3. Kostenträchtige Marktorganisationen
   Kosten für zustandsabhängige Marktsegmente sind höher als die von einfachen Märkten[324]
4. Fehlen eines (internationalen) Gerichtshofes

[321] Vgl. beispielsweise *Thaler, R. (1987a) bzw. Thaler, R. (1987b)* – Thaler weist saisonale Effekte auf Wertpapierpreise nach.
[322] Vgl. beispielsweise *Simon, H.A. (1980.*
[323] Vgl. *Kahneman, D./Tversky, A. (1979).*
[324] Beispielsweise sind die Kosten der Erfüllungsüberwachung von Optionsgeschäften höher als die entsprechenden Kosten auf Kassamärkten mit Zug um Zug Erfüllung.

Keine effiziente Regelung der Erfüllungsprobleme durch Gerichte

5. Nicht gerichtsfeste Informationen

   Beide Parteien verfügen zwar über die gleichen Informationen, nicht jedoch außenstehende Dritte (wie z. B. Gerichte)

6. Adverse oder verdeckte Informationen

   Nur einer der Marktteilnehmer verfügt über die wahren Informationen. Verdeckte Informationen führen zum Austrocknen des Marktes

7. Moral Hazard

   Beeinflussbarkeit von Zufallsereignissen durch eine Partei[325]

Eine Einschränkung des Konzepts des effizienten Kapitalmarkts wirkt sich auf die in dieser Arbeit vorgestellten Investitionsbewertungsverfahren unmittelbar aus. Beispielhaft sei hier das zu erwartende Zinsungleichgewicht von Soll- und Habenzins genannt, das sich in Abhängigkeit von Laufzeit, Bonität und Güte/Umfang der Sicherheiten bestimmt.[326] Ein weiterer Ausfluss kann eine Beschränkung des Kapitalmarkts sein, die das Kreditvolumen begrenzt und damit besondere Anforderungen an die Eigenkapitalausstattung einer Investitionsfinanzierung stellt.[327]

Das Augenmerk dieser Arbeit richtet sich jedoch auf die Folgen für die Anwendbarkeit von Realoptionsverfahren in der Praxis. Ansatzpunkt ist hierbei die (teilweise oder Nicht-) Existenz des bereits beschriebenen replizierenden Portfolio[328], für das ein effizienter Kapitalmarkt erforderlich ist.

Bereits die prinzipielle Annahme einer Beziehung zwischen einem finanzwirtschaftlichen Vermögensgegenstand mit einer realwirtschaftlichen Investition wird in der Literatur mit dem Hinweis auf mehr Forschungsbedarf in Frage gestellt.[329]

Vertreter des Realoptionsansatzes wie *Amram, M./Kulatilaka* räumen ein, dass eine Unschärfe durch die Verwendung des replizierenden Portfolio („*tracking error*") bei der Bewertung

[325] Ausführlichere Darstellung der einzelnen Ursachen bei *Laffont, J.-J. (1989)*.
[326] Vgl *Hoffmeister, W. (2000)*, S. 252 – Führt dazu, dass bei absoluten Vorteilhaftigkeitsbetrachtungen Verfahren wie die interne Zinsfußmethode abzulehnen sind.
[327] Vgl *Hoffmeister, W. (2000)*, S. 253.
[328] Ein Eckpfeiler des Realoptionsansatzes, vgl. beispielsweise *Hommel, U. (2001)*.
[329] Vgl. *Borison, A. (2003)*.

durch Realoptionen entstehen kann.[330] Diese führen Sie jedoch sowohl auf nicht effiziente Kapitalmärkte als auch auf persönliche Risiken der Investition zurück, die nicht im Finanztitel abgebildet werden.[331] Eine Quantifizierung des Ausmaßes dieser Unschärfe in Summe oder der Bestandteile wird nicht vorgenommen.
An anderer Stelle geben *Amram, M./Kulatilaka* jedoch zu bedenken, dass der Effekt des persönlichen Risikos in einer Bewertung zwar nicht durch ein replizierendes Portfolio, aber durch andere Maßnahmen quantifiziert werden kann.[332] Eine Aussage zum Einfluss nicht effizienter Kapitalmärkte auf die Unschärfe wird nicht vorgenommen. Da auch andere Autoren hierzu keine Stellung nehmen, besteht auch an dieser Stelle noch Forschungsbedarf.

Dies erscheint umso wichtiger, als die Existenz effizienter Märkte sich bei der Bestimmung der Anwendungsbranchen für Realoptionsverfahren als besonders wichtig erweist. So ist augenfällig, dass Realoptionsbewertungsverfahren in Branchen mit annähernd effizienten Märkten zuerst Anwendung gefunden haben (Energie, Rohstoffe). In diesem Zusammenhang wird gerne von den „Realoptionsbranchen" gesprochen[333], die zudem noch die pharmazeutische Industrie/Biotechnologie umfassen, da sich diese auf Grund der in Stufen ablaufenden langfristigen Investitionen ebenfalls gut zu eignen scheinen.

Die beiden folgenden Abschnitte bieten nun einen Literaturüberblick, inwiefern trotz der oben beschriebenen Einschränkungen Realoptionsbewertungsverfahren tatsächlich Eingang in verschiedene Branchen und insbesondere in die Biotechnologie gefunden haben.

4.1.2 Branchenübergreifende Studien zur Anwendung von Realoptionen

Bis zum Jahre 2000 wurde in der Literatur die Anwendung von Realoptionsverfahren bei der Projektbewertung vor allem am Beispiel einiger Großunternehmen (z.B. Boeing und Merck and Co.) diskutiert.[334] Stimuliert durch den Börsenhype am Ende der 90er Jahre, in dem Kapi-

[330] Vgl. *Amram, M./Kulatilaka, N. (1999), S. 42ff.*
[331] *Amram, M./Kulatilaka, N. (1999): "The bottom line is that both financial and real option valuation can be less precise in practice than in theory because certain asset and market features can prevent the Law of One Price from holding. The consequences of this imprecision depend on the specifics of the firm and its industry."*
[332] *Amram, M./Kulatilaka, N. (1999),* S. 54: *"The effect of private risk in an option valuation model can be quantified, but it is not tracked by traded securities."*
[333] Vgl. *Hartmann, M. (2006),* S. 194.
[334] Vgl. z. B. *Copeland, T. /Antikarov, V. (2001) ,*

talmarktbewertungen junger Unternehmen aus dem Internet- und Biotechnologiebereich - getrieben von (vermeintlichen) Optionen - stark anstiegen, wurde bereits schon über eine „Realoptionsrevolution" in der Entscheidungstheorie spekuliert.[335] *Copeland/Antikarov* gingen sogar davon aus, dass die Realoptionen sich bis zum Jahr 2010 zu einer Standardbewertungsmethode entwickeln würden.

Im Kontrast zu den damaligen optimistischen Standpunkten zeigen aktuelle Umfragen jedoch eine stagnierende oder sinkende Verbreitung der Realoptionen (s.u.). Die Mehrzahl der frühen Umfragen mit Bezug zu den Realoptionen konzentrierte sich auf deren konzeptionellen Gebrauch, hatten also eher das neue Managementkonzept im Blick. *Busby/Pitts* (1997) stellten für Unternehmen aus dem englischen Börsenindex FTSE 100 dar, dass das höhere Management in den Finanzabteilungen der zugehörigen Firmen sich der in ihren Investitionsprojekten vorhandenen Optionen bewusst ist. Dabei wurde die assoziierte Flexibilität häufig als ausschlaggebendes (positives) Kriterium angesehen. Jedoch wurde die Bewertung der vorhandenen Optionen nicht anhand der Realoptionsverfahren durchgeführt, da diese den Teilnehmern der Studie unbekannt waren.[336]

Diese Erkenntnisse wurden – ebenfalls anhand englischer Unternehmensbeispiele – von *Howell/Jägle* ergänzt, indem die Übereinstimmung der intuitiven Realoptionsbewertung mit den Resultaten aus der Realoptionstheorie verglichen wurde. Dabei zeigte sich eine Tendenz zur Überbewertung der Optionen durch die Teilnehmer. Die Differenz zur exakten Ableitung war in so genannten Realoptionsbranchen wie der Rohstoff-, Energie- oder der Pharma- bzw. Biotechnologie Industrie am geringsten.[337]

Offensichtlich ist man hier in der Lage, nährungsweise auf Basis der traditionellen Methoden, ggf. ergänzt um die entsprechende Erfahrung und Intuition, den Wert der projektinhärenten Optionen zu ermitteln. Dies legt den Schluss nahe, dass dies auch ein gutes Fundament für die formale Anwendung der Realoptionstheorie in diesen Branchen darstellen könnte.

Bei der Untersuchung der Häufigkeit verschiedener Methoden zur Kapitalbudgetierung von *Vollrath* in den 200 größten deutschen Firmen und ausgewählten weiteren Schwerpunktbran-

[335] *Coy, P. (1999).*
[336] Vgl. *Busby, J. S./Pitts, C. G. (1997).*
[337] Vgl. *Howell, S. D./Jägle, A. J. (1997).*

chen (u.a. auch die pharmazeutische Industrie) nahmen die Realoptionen nach den Entscheidungsbäumen den letzten Platz ein. Der Kenntnisstand der Realoptionsverfahren betrug je nach Managementebene zwischen 30% und 35%. Die Diskrepanz zwischen dem Bekanntheitsgrad und der Zurückhaltung beim Praxiseinsatz wurde durch die wahrgenommene Komplexität des Realoptionsansatzes und der daraus resultierenden „Black-Box-Problematik" erklärt.[338]

Eine Umfrage der Unternehmensberatung *Bain and Co.* bei internationalen Führungskräften im Jahr 2000 zeigte, dass lediglich 9% der 451 Teilnehmer die Realoptionen einsetzten, wobei eine Abbruchrate von 32% für dieses Jahr festgestellt wurde.[339] In einer amerikanischen Studie, die 205 der Fortune-1000-Unternehmen berücksichtigte, konnte *Ryan* zeigen, dass der Realoptionsansatz von lediglich 11,4% der Teilnehmer verwendet wird, während der Wert für NPV-basierte Verfahren 96% betrug.[340]

Eine Ursache für die beobachtete Zurückhaltung beim Einsatz der Realoptionsverfahren könnte darin liegen, dass sie bisweilen als eine New Economy-Methode betrachtet und somit diskreditiert werden. Wenn dieses Argument auf die fehlerhafte Anwendung der Realoptionstheorie zur Begründung fundamental nicht gerechtfertigter Unternehmensbewertungen bezogen wird, ist es nachvollziehbar. Häufig wurden während der Spekulationsblase am Ende der 90er Jahre hypothetische - aber bei einer genaueren Analyse nicht vorhandene - Wachstumsmöglichkeiten (Optionen) der jungen Firmen zur Begründung eines hohen Unternehmenswertes herangezogen. Allerdings entbehrt dieser Kritikpunkt jeglicher Grundlage, wenn das Bewertungsverfahren in adäquater Weise angewendet wird.

4.1.3 Anwendung von Realoptionen in Pharmazeutik und Biotechnologie

Über die beschriebenen branchenübergreifenden Umfragen zur Verbreitung bestimmter Bewertungsmethoden einschließlich der Realoptionen hinaus wurden auch im begrenzten Umfang branchenspezifische Erhebungen durchgeführt. Die wenigen vorhandenen Informationen sollen im Folgenden erläutert werden.

[338] Vgl. *Vollrath, R. (2003).*
[339] Vgl. *Teach, E. (2003).*
[340] Vgl. *Ryan, P.A. (2002).*

Von den internationalen Pharmakonzernen berichtete lediglich Merck and Co. über den Einsatz des Black/Scholes-Modells zur Bewertung von Investitionen in Biotechnologie-Unternehmen und Kooperationsvereinbarungen mit öffentlichen Forschungseinrichtungen.[341] Laut *Jacob/Kwak* fordern derzeit Industrievertreter die Anwendung eines integrativen Ansatzes zur Projektbewertung in der pharmazeutischen und biotechnologischen Industrie, der auch die Realoptionsanalyse beinhaltet. Allerdings nehmen diese Autoren keine verfahrenstechnische Konkretisierung ihrer Forderung vor.[342]

Die implizite Berücksichtigung von Realoptionsbetrachtungen wurde in jüngerer Vergangenheit durch eine retrospektive statistische Evaluation von Patenten der 31 größten amerikanischen Pharmaunternehmen in den Jahren 1979 bis 1995 gezeigt.[343] Die Bereitschaft, Wachstumsoptionen auf einem neuen technologischen Gebiet auszuüben und die Größe des dortigen Möglichkeitsraums weisen demnach eine positive Korrelation auf. Dies wurde dahingehend interpretiert, dass die dem Projekt innewohnende Unsicherheit als positiv angesehen wird und somit eine Betonung der Aufwärtspotenziale erfolgt. *McGrath/Nerkar* erkennen darüber hinaus auf der Portfolioebene ebenfalls Hinweise, dass eine implizite Anwendung der Realoptionstheorie stattfindet. Begründet liegt dies in ihrer Beobachtung, dass weitere Optionen, die zusätzlich zur ersten Option in einem neuen Gebiet (und dem dortigen Möglichkeitsraum) auftraten, von den Unternehmen geringer bewertet und seltener verfolgt wurden. Unternehmen untersuchen zunächst die Primäroption, da im Einklang mit der Optionstheorie mit voranschreitender Zeit der Optionswert vermindert wird. Darüber hinaus deckt sich dies mit der Feststellung, dass mehrere Realoptionen nicht additiv sind, sondern deren Grenzbeitrag sukzessive abnimmt.

Remer/Ang/Baden-Fuller wiesen in ihrer Studie nach, dass der Realoptionsansatz europäischen Biotechnologiefirmen weitgehend unbekannt ist und folglich auch keinerlei Verwendung findet.[344] Diese Ergebnisse wurden durch eine empirische Erhebung von *Lun/Peske* (2002) bestätigt, die ausgewählte deutsche Biotechnologieunternehmen bezüglich der Verwendung von verschiedenen Bewertungsmethoden befragten.[345] In seltenen Fällen konnten sie einen konzeptionellen Einsatz von Realoptionen feststellen, ein instrumenteller Einsatz

[341] Vgl. *Nichols, N.A. (1994).*
[342] Vgl. *Jacob, W.F./Kwak, Y.H. (2003).*
[343] Vgl. *McGrath, R.G./Nerka, A. (2004).*
[344] Vgl. *Remer, S./Ang, S./Baden-Fuller, C. (2001).*
[345] Vgl. *Lun K./Peske, T.* (2002).

war nur von marginaler Bedeutung. Diese Resultate sind vermutlich auf den geringen Reifegrad der biotechnologischen Unternehmen in Europa und besonders in Deutschland zu Beginn des Millenniums sowie die damit einhergehende Abwesenheit von spezialisierten Abteilungen zur Portfoliobewertung, die neuartige Bewertungsinstrumente verwenden, zurückzuführen.

Eine Umfrage von *Hartmann* zeigt die (begrenzten) Einsatzfelder von Realoptionen in der pharmazeutischen Industrie und Biotechnologie differenzierter auf.[346] Auch *Hartmann* stellt trotz der grundsätzlich guten Voraussetzungen für die Anwendung von Realoptionsverfahren (hohe Investitionssummen, Investment in Stufen, hohe Unsicherheit insbesondere auf der Marktseite) eine klare Dominanz von NPV-Verfahren fest.[347] Finden Realoptionsbewertungsverfahren Anwendung, so liegt der Schwerpunkt in den klinischen Phasen und der Zulassung. Hartmann schlussfolgert daraus, dass die anwendenden Unternehmen sich von den Realoptionsverfahren besondere Einblicke in das marktseitige Risiko erhoffen.[348]

Die folgende Darstellung zeigt die Umfrageergebnisse von Hartman in der Übersicht. Die Antworten sollten allerdings angesichts der geringen Anzahl der befragten Unternehmen mit einer gewissen Vorsicht betrachtet werde.

Als die vier wichtigsten Gründe für die Nichtberücksichtigung von Realoptionsverfahren gaben die befragten Unternehmen an, dass sie

1. Realoptionsverfahren als zu komplex betrachten
2. die mangelnde Akzeptanz von Realoptionsverfahren innerhalb und außerhalb des Unternehmens als Hinderungsgrund empfinden
3. eine nicht ausreichende Transparenz der Methoden kritisieren
4. keine Kenntnisse der Realoptionsverfahren besitzen.[349]

---

[346] Vgl. *Hartmann, M. (2006)*, S. 196 ff.
[347] *Hartmann, M/Hassan, A. (2006).*
[348] Vgl. *Hartmann, M. (2006)*, S. 204.
[349] Vgl. *Hartmann, M. (2006)*, S. 211.

	Bewertungsmethoden									Risikoanalyse und weitere Kriterien					
	NPV / DCF / eNPV	Rentabilität / EVA	Interner Zinsfuß	Nutzwertanalyse	Realoptionsanalyse	Substanzwert	Ertragswert	Multiples	Andere	Monte-Carlo-Simulation	Entscheidungsbäume	Szenarioanalyse	Sensitivitätsanalyse	Amortisationsdauer	Anzahl der Antworten*
F&E-Phasen															
Forschung	59%	6%	18%	47%		6%		6%	6%	6%	29%	29%	18%	18%	17
Präklinik	76%	12%	24%	24%	12%	4%			4%	20%	56%	60%	48%	16%	25
Klinische Phase I	85%	15%	27%	19%	23%	4%			4%	19%	69%	69%	69%	23%	26
Klinische Phase II	100%	19%	22%	11%	26%	7%			7%	26%	74%	67%	74%	26%	27
Klinische Phase III	100%	22%	30%	11%	26%	7%		4%	11%	33%	74%	67%	78%	30%	27
Registrierung	96%	21%	29%	8%	21%	8%		4%	13%	38%	71%	67%	75%	29%	24
Unternehmens-bewertung															
Frühe Biotechfirmen	82%	18%	9%			9%	9%	27%	9%		18%	9%	45%	36%	11
Junge Biotechfirmen	89%	11%	11%			11%	11%	22%	11%		22%	22%	56%	56%	9
Reife Biotechfirmen	80%	40%	20%			20%					40%	80%	60%	40%	5

Abbildung 28: Angewandte Bewertungsmethoden in der pharmazeutischen Industrie nach *Hartmann*[350]

Die jüngere Literatur zeigt allerdings auch, dass die Kenntnis der Realoptionsverfahren in der Biotechnologiebranche, aber auch die Akzeptanz größer zu werden scheinen. *Villiger/Bogdan*[351] und *Ekelund*[352] sind nur zwei Beispiele von Autoren, die mit Aufsätzen über konkrete Fallbeispiele aus der Biotechnologie für die praktische Anwendung der Verfahren werben.

Ein weiterer, aus den Antworten zur Nichtberücksichtigung nicht unmittelbar hervorgehender Aspekt der Umfrage von *Hartmann* ist, dass die befragten Unternehmen die Verlässlichkeit von Realoptionsanalysen geringer einschätzten, als die von NPV-Verfahren. Die Aussagekraft von Realoptionen wurde auf einer Skala von 0-10, wobei 10 den Höchstwert darstellt, bei 5,3 eingeordnet, wohingegen NPV-Verfahren mit durchschnittlich 6,3 bewertet worden sind.[353] Allerdings ist auch hier zu konstatieren, dass die Datenbasis mit 17 Unternehmen klein ist.

Insbesondere dieser Aspekt der Verlässlichkeit von auf Realoptionsverfahren basierenden Investitionsentscheidungen wird im Zentrum der Ausführungen des Kapitels 4 stehen.

350 Vgl. *Hartmann, M. (2006)*, S. 200.
351 Vgl. *Villiger, R./Bogdan, B. (2005)*.
352 Vgl. *Ekelund, A. (2005)*
353 Vgl. *Hartmann, M. (2006)*, S. 213.

4.1.4 Begrenzte Rationalität bzw. systematische Vorurteile in der Anwendungspraxis

Dieser Abschnitt beschäftigt sich mit der Frage, ob Entscheider bei der Anwendung von Investitionsbewertungsverfahren, d.h. der Berechnungsmethode, in der Praxis den beschriebenen normativen Modellen folgen. Sollte es Indikatoren für eine Abweichung geben, so wird die Frage gestellt, ob sich diese mit den Konzepten der begrenzten Rationalität, insbesondere dem dieser Arbeit zu Grunde liegendem Ansatz der *„optimization under constraints"* erklären lassen.

4.1.4.1 Systematische Abweichung bei Wahl des Kapitalkostensatzes

In der Corporate Finance Literatur finden sich Anzeichen, dass viele Entscheider bei der Nutzung von DCF-Verfahren die Kapitalkosten nicht gemäß den beschriebenen rationalen Verfahren ermitteln, sondern stattdessen eine subjektive *hurdle rate* verwenden.[354] So zeigt beispielweise *Brigham*[355] in seiner Analyse von 33 Großunternehmen, dass zwar 94% DCF-Verfahren verwenden, aber nur 61% die Kapitalkosten als Diskontrate ansetzen. *Summers*[356] empirische Studie über Kriterien der Investitionsentscheidung belegt diese Einschätzung – die von ihm untersuchten Unternehmen verwenden zu 94% DCF-Verfahren mit einem risikounabhängigen Kapitalkostensatz, ein starkes Indiz für die Anwendung von *hurdle rates*. Deutlicher formuliert es *McDonald „we know that hurdle rates [...] are used in practice"*[357] und konstatiert an anderer Stelle gar *"it appears common for firms to use investment criteria that do not strictly implement the NPV criterion"*[358].

Die Verwendung von subjektiven *hurdle rates* entbindet den Bewerter von komplexeren und damit zeitaufwändigeren Formen der Kapitalkostenermittlung. Da ein Kapitalkostensatz auch für das Realoptionsverfahren erforderlich ist, ist zu vermuten, dass dort in der Praxis ein ähnlicher Ansatz verfolgt wird.

---

[354] Siehe auch *Magni, C. A. (2005)*, S. 2: *"Past and recent empirical evidence shows that actual decision makers turn the NPV model to a rule of thumb. They use a subjective discount rate as opposed to a rational cost of capital derived from some market model"*.

[355] Vgl. *Brigham, E.F. (1975)*.

[356] Vgl. *Summers, L.H. (1987)*.

[357] *McDonald, R.L. (2000)*, S. 30.

[358] *McDonald, R.L. (2000)*, S. 13.

Dieses Vorgehen ist aber nur dann effizient, wenn der verminderte Aufwand[359] mit zumindest vergleichbaren Ergebnissen in der Investitionsbewertung einhergeht. Genau dies behauptet *McDonald* in seiner Untersuchung, bei der er sich auf die Verzögerungsoption in einer Realoptionsbewertung konzentriert:[360]

"[...] for a wide range of project characteristics, fixed-hurdle rate and profitability index rule can proved a good approximation to optimal investment timing decisions, in the sense that the ex ante loss from following the suboptimal rule is small; it is possible to follow the wrong investment rule without losing much of the ex ante value of the investment timing option. In fact, as the investment timing option becomes worth more and it becomes optimal to wait longer to invest, the option value becomes less sensitive to errors in investment rules."

Die Schlussfolgerung von *McDonald* lautet, dass Daumenregeln sich der optimalen Entscheidungen annähern.[361]

Verlässt man das dieser Arbeit zu Grunde liegende Verständnis der begrenzten Rationalität als *„optimization under constraints"* für einen Augenblick und bringt man die Erkenntnisse von *McDonald* in Zusammenhang mit *Gigerenzers* Ausführungen zur Adaptiven Toolbox[362], so fällt auf, dass bei Verwendung von subjektiven *hurdle rates* sogar drei seiner Kriterien für eine Heuristik (im Sinne seines Verständnisses der begrenzten Rationalität als „Ökologische Rationalität"[363]) erfüllt werden:

1. Psychologische Plausibilität
   Modelle sollen Einschränkungen der Entscheider in Zeit, Wissen oder Kalkulationsfähigkeiten berücksichtigen[364], d.h. Entscheidungsträger können nicht alle Möglichkeiten in Betracht ziehen und pauschalieren daher einen Kapitalkostensatz
2. Domänenspezifität
   Jede Heuristik ist nur für eine bestimmte Aufgabenklasse anwendbar, d.h. ein neuer Kontext bedarf neuer Daumenregeln

[359] Verminderter Aufwand z.B. durch Entfallen einer Modellierung aller möglichen Optionen.
[360] *McDonald, R.L. (2000)*, S. 15.
[361] Vgl. *McDonald, R.L. (2000)*, S. 13.
[362] Vgl. *Gigerenzer, G. (2001).*
[363] Vgl. Kapitel 2.4.3.
[364] Vgl. *Gigerenzer, G. (2001)*, S. 38.

3. Ökologische Rationalität
   Passgenauigkeit zwischen der Struktur einer Heuristik und der Umweltstruktur[365], d.h. dass Entscheider ihre Entscheidungslogik mit den wahrgenommenen Erfordernissen einer Entscheidungsvorbereitung in Einklang bringen[366]

Es lässt sich folglich konstatieren, dass in der Praxis subjektive *hurdle rates* verwendet werden, die eine Abweichung von den beschriebenen Modellen der Investitionsbewertung darstellen. Es gibt Hinweise, dass mit den *hurdle rates* eine Näherung an das „optimale" Ergebnis der normativen Modelle erfolgt. Folgt man der Definition des Begriffs der beschränkten Rationalität nach *Gigerenzer* bzw. *Simon*, die durch ökologische Rationalität (*satisficing*) und Domänenspezifität gekennzeichnet ist[367], so kann von einer begrenzten Rationalität in der Investitionsbewertung gesprochen werden.

4.1.4.2 Systematische Abweichung bei Wahl des Investitionsbewertungsverfahrens

Auch bei der Entscheidung für ein bestimmtes Investitionsbewertungsverfahren lassen sich nach den Erkenntnissen von *Tiwana/Wang/Keil/Ahluwalia*[368] systematische Abweichungen feststellen. Anhand einer empirischen Studie von 88 Unternehmen wurde die These untermauert, dass Realoptionen vorwiegend dann Anwendung finden, wenn die (leicht) ermittelbaren Vorteile eines Investitionsvorhabens gering sind.[369] Nur dann sind die Entscheider bereit, das prinzipiell aufwändigere Realoptionsverfahren anzuwenden. Sie erklären diese Beobachtung damit, dass

- die Investitionsbewertung von den Entscheidern die Berücksichtigung einer Vielzahl von Faktoren verlangt, die sie an die Grenze der kognitiven Aufnahmefähigkeit bringt[370]

[365] Vgl. *Gigerenzer, G./Selten, R., (2001)*, S.9.
[366] *Magni, C. A. (2005)*, S. 6 stellt in diesem Zusammenhang die durch Literaturangaben gestützte These auf, dass Entscheider genau so vorgehen, wie sie es aus der Umwelt von anderen Entscheidern wahrnehmen („do-what-others-do"). Wenn also die Empirie nahelegt, dass in der Praxis die Kapitalkosten anhand von *hurdle rates* bestimmt werden (und nicht beispielsweise anhand des CAPM-Modells), so verhalten sich andere Entscheider ähnlich.
[367] Vgl. Kapitel 2.4.3
[368] *Tiwana, A./Wang, J./Keil, M./Ahluwalia, P. (2007).*
[369] Vgl. *Tiwana, A./Wang, J./Keil, M./Ahluwalia, P. (2007)*, S. 157.
[370] Vgl. *Tiwana, A./Wang, J./Keil, M./Ahluwalia, P. (2007)*, S. 160.

- die Bewertung einem vereinfachten heuristischen Suchmuster gleicht, bei dem nach einer ausreichend validierten Aussagekraft die Investitionsbewertung abgebrochen wird (*satisficing*)[371]

Mit dieser Begründung stehen die Autoren im Einklang mit dem Konzept der begrenzten Rationalität.

Im gleichen Forschungspapier wird ebenfalls die Frage untersucht, ob bei den verschiedenen Realoptionstypen Unterschiede festzustellen sind. Dabei stellt sich bei dem betrachteten Sample heraus, dass Wachstums-, Wechsel- und Aufgabeoptionen bei niedrigen NPV-Werten von Entscheidern dezidiert betrachtet werden, folglich eine Aussage im Einklang mit der Grundthese.

Etwas überraschend ist, dass die Erweiterungs-/Verkleinerungsoption auch bei hohen NPV-Werten besonderes Managementinteresse genießt. Diese Form der Flexibilität drückt nach Meinung der Autoren aus, dass selbst bei einer Fehleinschätzung wichtiger Bewertungsparameter eine Verbesserung der Vorteilhaftigkeit im Laufe des Investitionsprojekts möglich ist.[372]

Ebenfalls erstaunlich ist, dass die Option „Investitionen zu verzögern“ selbst bei niedrigen NPV-Werten nicht im Augenmerk der Entscheider der untersuchten Unternehmen zu liegen scheint. Vermutet werden kann hier eine untergeordnete Bedeutung der Option im Vergleich zu anderen Optionen oder das fehlende Vertrauen in die Fähigkeit einer wertsteigernden Teilung eines Investitionsprojekts in Phasen.[373]

Aus normativer Sicht stellt sich die Frage, ob und inwieweit die aus den systematischen Abweichungen resultierenden Investitionsbewertungen akzeptabel sind. Mag es für eine reine Vorteilhaftigkeitsentscheidung unwesentlich sein, wie groß der erwartete NPV tatsächlich ist, so wird außer acht gelassen, dass meistens mehrere Investitionsvorhaben um die knappen Investitionsressourcen konkurrieren. Eine verzerrte - weil zu stark vereinfachte - Abschätzung des NPV einzelner Investitionsvorhaben kann dabei zu einer suboptimalen Allokation der Investitionsmittel führen.

---

371 Vgl. *Tiwana, A./Wang, J./Keil, M./Ahluwalia, P. (2007)*, S. 161.
372 Vgl. *Tiwana, A./Wang, J./Keil, M./Ahluwalia, P. (2007)*, S. 172.
373 Vgl. *Tiwana, A./Wang, J./Keil, M./Ahluwalia, P. (2007)*, S. 172.

Anhand der zwei Beispiele (Bestimmung Kapitalkostensatz bzw. Auswahl des Investitionsbewertungsfahrens) konnte gezeigt werden, dass das Konzept der begrenzten Rationalität in Form der *optimization under constraints* seine Berechtigung bei der Erklärung des Einsatzes von Realoptionsansätzen in der Praxis hat. Ob und wie in der Biotechnologiebranche der Realoptionsansatz Anwendung finden kann, ist Thema des folgenden Kapitels.

4.1.5 Realoptionen in der Biotechnologie

In der Informations- und Pharmaindustrie sowie dem forschungsintensiven Biotechnologiesektor weisen eine Vielzahl von Geschäftsplänen junger Unternehmen wegen ihres sequenziellen Aufbaus und des dort vorherrschenden unsicheren Marktumfeldes den Charakter von Wachstumsoptionen auf.[374]

Die Biotechnologie hat sich in den letzten Jahren dynamisch entwickelt und in zahlreichen Branchen Eingang gefunden.[375] Sie beschreibt als Sammelbegriff Technologien, die sich u. a. aus der Biochemie, der Molekularbiologie, der Genetik oder Pharmakologie herleiten.[376]

Die Herstellung von Brot, Wein oder Bier mit Hilfe von Hefekulturen zählt zu den ältesten bekannten Anwendungen der Biotechnologie. Auch die Herstellung von Milchprodukten wie Käse oder Joghurt fällt in den Bereich der Biotechnologie. Die moderne Biotechnologie bedient sich dabei nicht nur an Pilzen, sondern auch an Bakterien und höheren Organismen, wie Pflanzen oder tierischen Zellen. Die daraus erwachsenden Arbeitsbereiche sind vielfältig und reichen von Antikörpertechnologien, Bioinformatik, Gentherapie über Gewebezüchtung bis hin zu kriminalistischen Anwendungen.

Prinzipiell wird die Biotechnologie in drei Kategorien unterteilt: „rot", „weiß" und „grün".[377] Während sich die „rote" Biotechnologie auf medizinische Anwendungen (z.B. Gene-

---

[374] Vgl. *Schäfer, H./Schässburger, B. (2001),* S. 251.
[375] Vgl. *BCG (2001),* S. 3.
[376] Der amerikanische Kongress (US Congress Office of Technology Assessment) definiert Biotechnologie als [...] *"any technique that uses living organisms or processes to make or modify products, to improve plants or animals, or to develop microorganisms for specific uses".* Würde man diese Definition wörtlich auslegen, würde auch das Bäcker- oder Brauereihandwerk zur Biotechnologie zählen. Zur Entwicklung der Biotechnologie vgl. auch Anhang A.
[377] Vgl. *Lavoie, B.F. (2004),* S. 9.

tik/Pharmakologie) bezieht, handelt es sich bei der „weißen“ Biotechnologie um industrielle Anwendungen (z.B. Nahrungsbearbeitung, enzymatische Prozesse) und bei der „grünen“ Biotechnologie um landwirtschaftliche Anwendungen.

Darüber hinaus existieren, wenn auch weit weniger gebräuchlich, weitere vier Bezeichnungen: „blaue Biotechnologie“ für Produkte aus dem Meer (Nutzung von Organismen aus dem Meer), „graue Biotechnologie“ für die Abfallwirtschaft (z.B. Kläranlagen, Dekontamination von Böden), „braune Biotechnologie“ für technische bzw. Umweltbiotechnologie und „gelbe Biotechnologie“ für die Herstellung von Lebensmitteln und Grundstoffen.

Die (moderne) Biotechnologieindustrie ist relativ jung; entstanden ist sie in den 70er Jahren.[378]

Geographische Schwerpunkte sind die Vereinigten Staaten, Europa und Japan.[379] Trotz der Wachstumsschwankungen der Weltwirtschaft in den letzten Jahren ist es der Branche gelungen, weltweit kontinuierlich zu wachsen.[380] Die Anzahl der Biotechnologieunternehmen stieg 2006 auf ca. 4300 an, wovon 710 börsennotiert sind.[381] Bei einem Umsatz von 41 Mrd. US-Dollar wurden 2002 22 Mrd. US-Dollar in Forschung und Entwicklung investiert.[382] 2006 erreichte der Umsatz bereits 73,5 Mrd. US-Dollar und es wurden 27,8 Mrd. US-Dollar für F&E verwandt.[383]

Europa hat das Feld der modernen Biotechnologie später als die USA betreten. Die meisten europäischen Biotechnologieunternehmen sind vergleichsweise kleiner als ihre US-Wettbewerber (vgl. Tabelle 3).

Obwohl die Anzahl der Biotechnologieunternehmen in Europa und den USA ungefähr gleich ist, beschäftigt die amerikanische Biotechnologiebranche doppelt so viele Mitarbeiter und investiert ungefähr dreimal soviel in F&E. Auch der Umsatz liegt doppelt so hoch wie in Europa.[384]

---

[378] Vgl. *Lavoie, B.F. (2004)*, S. 12.
[379] Vgl. Tabelle 3.
[380] *Ernst & Young (2007a)*, vgl. auch Anhang B.
[381] *Ernst & Young (2007a)*.
[382] *Ernst & Young (2003)*.
[383] *Ernst & Young (2007a)*.
[384] Vgl. *Jonsson, T. (2007)*, S. 7.

44% der ca. 96.500 Beschäftigten in der Biotechnologiebranche in Europa sind direkt mit F&E-nahen Tätigkeiten betraut. Unternehmen mit einem Alter zwischen 6-10 Jahren haben dabei durchschnittlich 28 Angestellte, in einem Alter von 11-15 Jahren sind es bereits 41.[385]

Tabelle 3 zeigt eindrucksvoll anhand von Umsatz- und Mitarbeiterzahlen, dass bereits einige Unternehmen eine beachtliche Größe erreicht haben.[386] Die allerdings bei den meisten Unternehmen relativ geringen Umsätze und deutlich negativen Geschäftsergebnisse sowie die in der Liste nicht erscheinenden zahlreichen Gründungsunternehmen ohne nennenswerte Außenumsätze lassen jedoch Rückschlüsse auf eine noch junge Branche zu.

Gerade in dieser Wachstumsbranche kommt der Investition in Forschung und Entwicklung eine besondere Bedeutung zu. F&E-Aufwendungen in der Biotechnologie stellen hohe, langfristige Investitionen dar, deren Erfolgsaussichten ungewiss, aber zugleich existenziell für viele der kleinen Unternehmen sind.

Europäische Biotechnologieunternehmen investierten 2004 EUR 7,6 Mrd. für F&E. Typische europäische Biotechnologieunternehmen im Alter zwischen 6-10 Jahren geben durchschnittlich EUR 3,3 Mio für F&E-Aktivitäten aus. Zählen die Unternehmen bereits 11-15 Jahre, so beträgt der durchschnittliche F&E-Aufwand bereits EUR 4,0 Mio. Der Vergleichswert amerikanischer Biotechnologieunternehmen liegt mit EUR 6,7 Mio. respektive EUR 13.3 Mio. deutlich höher. Dies kann einerseits als Indiz für die besseren Finanzierungsmöglichkeiten in den USA gesehen werden, andererseits auch ein Hinweis auf erfolgsversprechendere Arbeitsgebiete mit höherer Bewertung sein.[387]

Die folgende Tabelle 3 zeigt einen Überblick der umsatzstärksten Biotechnologieunternehmen:

[385] Im selben Jahr 2006 waren 615.000 Personen in der europäischen pharmazeutischen Industrie beschäftigt (Europa = EU 25 zzgl. Schweiz und Norwegen).

[386] 9 Unternehmen des Biotechnologierankings finden dank ihrer Größe ebenfalls Eingang in die Top 100 pharmazeutischen Unternehmen

[387] Vgl. *Jonsson, T. (2007)*, S. 21.

Rank 2006	Unternehmen	Land	Umsatz 2006 (USD mio.)	F&E 2006 (USD mio.)	Net income/ (loss) 2006 (USD mio.)	Miarbeiter 2006
1	Amgen	USA	14,268.0	3,366.0	2,950.0	20,100
2	Genentech	USA	9,284.0	1,773.0	2,113.0	10,533
3	Genzyme	USA	3,187.0	650.0	(16.8)	9,000+
4	UCB	Belgium	3,169.6	772.6	461.1	8,477
5	Gilead Sciences	USA	3,026.1	383.9	(1,190.0)	7,575
6	Serono	Switzerland	2,804.9	560.5	735.4	4,775
7	Biogen Idec	USA	2,683.0	718.4	217.5	3,750
8	CSL	Australia	2,148.3	119.1	86.8	2,895
9	Cephalon	USA	1,764.1	403.4	144.8	2,515
10	MedImmune	USA	1,276.8	448.9	48.7	2,359
11	Celgene	USA	898.9	258.6	69.0	1,864
12	Abraxis BioScience	USA	765.5	96.9	(46.9)	1,734
13	Actelion	Switzerland	754.6	169.0	192.4	1,550
14	ImClone Systems	USA	677.8	112.1	370.7	1,287
16	Amylin Pharmaceuticals	USA	510.9	222.1	(218.9)	1,100
17	Millennium Pharmaceuticals	USA	486.8	318.2	(44.0)	1,073
18	PDL BioPharma	USA	414.8	260.7	(130.0)	993
19	OSI Pharmaceuticals	USA	375.7	176.7	(582.2)	962
20	MGI Pharma	USA	342.8	100.1	(40.2)	947
21	Pharmion	USA	238.6	70.1	(91.0)	793
22	Nektar Therapeutics	USA	217.7	149.4	(154.8)	770
23	Vertex Pharmaceuticals	USA	216.4	371.7	(206.9)	760
24	Biocon	India	200.3	30.5	43.5	1,838
25	Cubist Pharmaceuticals	USA	194.7	57.4	(0.4)	746
26	Enzon Pharmaceuticals	USA	185.7	43.5	21.3	722
27	QLT	Canada	175.1	56.4	(101.6)	653
28	ViroPharma	USA	167.2	19.2	66.7	651
29	Alkermes	USA	166.6	89.1	3.8	617
30	Crucell	Netherlands	165.3	84.9	(110.0)	611
31	United Therapeutics	USA	159.6	57.6	74.0	585
32	LifeCell	USA	141.7	16.5	20.5	573
33	Ligand Pharmaceuticals	USA	141.0	41.9	(31.7)	540
34	Myriad Genetics	USA	114.3	83.8	(38.2)	511
35	Exelixis	USA	98.7	185.5	(101.5)	500
36	Cangene	Canada	96.8	22.1	11.6	498
37	InterMune	USA	90.8	103.8	(107.2)	492
38	Nabi Biopharmaceuticals	USA	89.9	37.6	(58.7)	487
39	BioMarin Pharmaceutical	USA	84.2	66.7	(28.5)	417
40	Lexicon Pharmaceuticals	USA	72.8	106.7	(54.3)	410
41	Progenics Pharmaceuticals	USA	69.9	61.7	(21.6)	410
42	Innogenetics	Belgium	67.5	32.1	(31.5)	371
43	Idenix Pharmaceuticals	USA	67.4	96.1	(75.1)	359
44	MorphoSys	Germany	66.6	21.9	7.6	336
45	Omrix Biopharmaceuticals	USA	63.8	3.4	23.1	335
46	Regeneron Pharmaceuticals	USA	63.4	137.1	(102.3)	323
47	Acambis	UK	57.0	68.2	(30.4)	285
48	Tanox	USA	56.1	53.4	(2.6)	285
49	ViaCell	USA	54.4	14.0	(21.0)	282
50	Indevus Pharmaceuticals	USA	50.5	43.2	-50.6	279

Tabelle 3: Übersicht Top 50 Biotechnologieunternehmen nach Umsatz, Quelle: MedAdNews, Juni 2007

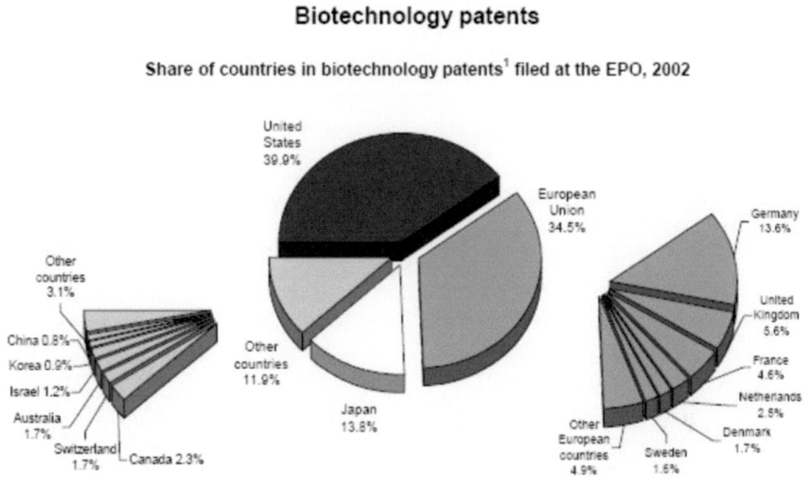

Abbildung 29: Biotechnologiepatente 2002, OECD Biotechnology Statistics 2006

Abbildung 29 zeigt, dass Deutschland innerhalb Europas angesichts der verhältnismäßig hohen Anzahl an Patenten eine besondere Rolle zukommt.[388]

Ein Vergleich der Patentanmeldungen zwischen den Jahren 1995 und 2005 verdeutlicht, dass sich die Erfinderaktivität innerhalb dieser Zeit in Deutschland mehr als verdoppelt hat. Wurden im Jahr 1995 nur rund 200 Patentanmeldungen gezählt, waren es im Jahr 2000 schon 472 und im Jahr 2005 bereits 559. Die höchsten Anmeldungen gingen dabei in den Jahren 2002 bis 2003 ein: Hier verzeichnet der Patentatlas 725 bzw. 728 Patentanmeldungen.[389]

---

[388] Vgl. *Jonsson, T. (2007)*, S. 25.

[389] Alle vier Jahre gibt das Deutsche Patent- und Markenamt (DPMA) einen statistischen Überblick über die Erfinderaktivitäten in Deutschland. Die Patentanmeldungen werden dabei bis auf die Land- und Stadtkreisebene sowie nach den unterschiedlichsten technischen Fachbereichen (Patentklassen) und Anmelderkategorien (Wirtschaft, Wissenschaft, natürliche Person) aufgeschlüsselt. Die Angaben zur Biotechnologie konzentrieren sich dabei auf eine Patentklasse (C12, die insbesondere die Bereiche Mikroorganismen und Enzyme umfasst und mit rund zwei Drittel den größten Anteil der Patente darstellen, die in der biotechnologischen Forschung angemeldet werden. Da es darüber hinaus noch weitere Klassen gibt – die Organisation für wirtschaftliche Zusammenarbeit und Entwicklung (OECD) hat beispielsweise ingesamt 30 Patentklassen identifiziert, die in der Biotechnologie eine Rolle spielen und auf dieser Basis beruht die Angabe des Bundesministeriums für Bildung und Forschung, zeigt die Anzahl der Patentanmeldungen also lediglich einen Ausschnitt.

Aus den Zahlen geht darüber hinaus hervor, dass die Unternehmen hierbei den größten Beitrag liefern und im Jahr 2005 für insgesamt 384 Anmeldungen verantwortlich waren, Wissenschaftler aus öffentlichen Forschungseinrichtungen hingegen nur für 113.[390]
Ein Blick auf die Altersstruktur der Branche verdeutlicht den Wachstumscharakter der Branche in Deutschland.

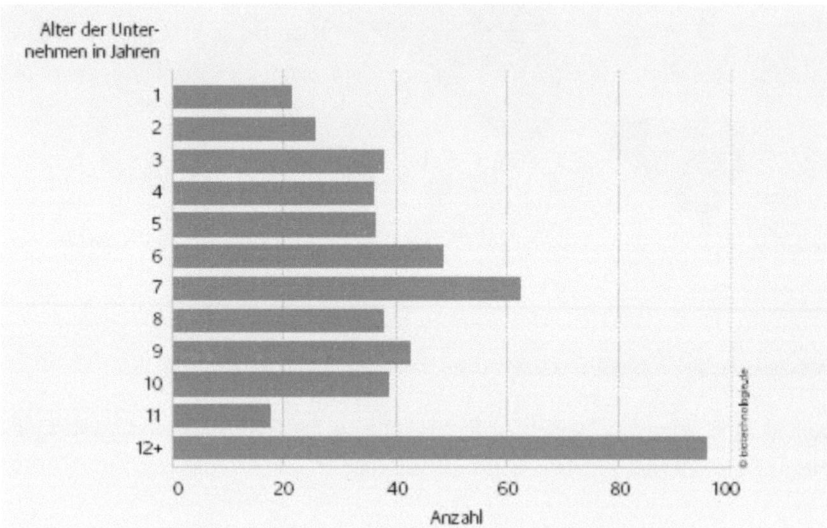

Abbildung 30: Altersstruktur der Biotechnologieunternehmen in Deutschland 2006[391]

In Deutschland gibt es Ende des Jahres 2006 391 Biotechnologieunternehmen[392], die in der Regel über finanzielle Mittel für drei bis vier Jahre Geschäftsbetrieb verfügen. Unterstellt man auch hier, dass sich die wenigsten Unternehmen über ihre Geschäftsergebnisse finanzieren können[393], so müssten demnach in jedem Jahr rund 115 Unternehmen neue Investitionen anziehen.[394]

Im empirischen Teil dieser Arbeit wird die Wirksamkeit von Realoptionen als Investitionsbewertungsverfahren geprüft. Hierzu werden aus heutiger Sicht rückblickend Forschungs-

---

[390] Vgl. *Bundesministerium für Bildung und Forschung (2007).*
[391] Quelle: *Bundesministerium für Bildung und Forschung (2007),* S. 5.
[392] *Ernst & Young (2007b)*, im Vorjahr 388. 21 Neugründungen standen 11 Insolvenzen bzw. Unternehmensauflösungen gegenüber. Weitere Abgänge resultieren aus Übernahmen und Fusionen.
[393] Selbst die meisten der in Tabelle 3 gezeigten Top 50 Biotechnologieunternehmen weisen Fehlbeträge auf, für kleinere Unternehmen, wie sie u.a. in Deutschland überwiegen, gilt dies noch im größeren Maße.
[394] FAZ vom 05.01.05, Interview mit Wolfgang Kazmierowski, Geschäftsführer bei Freyberg Close Brothers.

und Entwicklungsvorhaben der Biotechnologie beurteilt, indem das getätigte Investitionsvolumen und der zeitliche Anfall in Verbindung zum entsprechenden Marktwert des Forschungsprojekts jeweils zum Jahresende 2001, 2002, 2003 und 2005 gesetzt wird. In dem gewählten Modell wird auf eine explizite Berücksichtigung des unternehmensindividuellen Entwicklungsrisikos (technisches Risiko) verzichtet, da es sich bereits im Marktwert des F&E-Projekts widerspiegelt. Es soll die Frage beantwortet werden, ob das Realoptionsverfahren zum Zeitpunkt der Investitionsentscheidung im Basisjahr eine Entscheidungsunterstützung liefert und inwiefern diese mit der des klassischen DCF-Verfahrens vergleichbar ist.

Forschungsprojekte aus der Biotechnologiebranche eignen sich vor allem aus zwei Gründen für eine Bewertung mit Realoptionen. Zum einen handelt es sich um längerfristig geplante, kostenintensive Investitionen, die in mehreren Abschnitten ablaufen und damit dem Management vielfältige Eingriffsmöglichkeiten eröffnen (vgl. Abbildung 31).

Zum anderen besteht nicht nur eine technische, d. h. entwicklungsbezogene Unsicherheit, sondern auch ein bedeutendes marktseitiges Absatzrisiko. Die Anzahl potenzieller Abnehmer und deren Zahlungsbereitschaft schwanken nicht nur auf Grund demografischer Faktoren. Diese Unsicherheit sollte auch in dem verwendeten Investitionsbewertungsverfahren Ausdruck finden.

Ein weiterer Vorteil der Analyse gerade junger Unternehmen der Biotechnologiebranche besteht darin, dass sich die meisten Forschungsvorhaben noch in der Entwicklungsphase befinden und keine den Wert eines Unternehmens beeinflussenden Auszahlungen stattfinden. Auf der Basis der von *Ernst & Young* erhobenen Daten wird dieser Eindruck durch das folgende Bild (Abbildung 32) für die Biotechnologieunternehmen in Deutschland bestätigt.

Neben der auf einem Niveau von rund 200 Präparaten verharrenden Produktpipeline ist das hohe Investitionsvolumen augenscheinlich. Ab 2004 wird erstmalig mehr Umsatz erzielt, als für F&E ausgegeben wurde.

Die Anzahl der Wirkstoffe in der klinischen Phase III wächst über die Jahre beständig. 2003 wurde mit Eligard von MediGene das erste Medikament aus der deutschen Biotechnologie zugelassen.

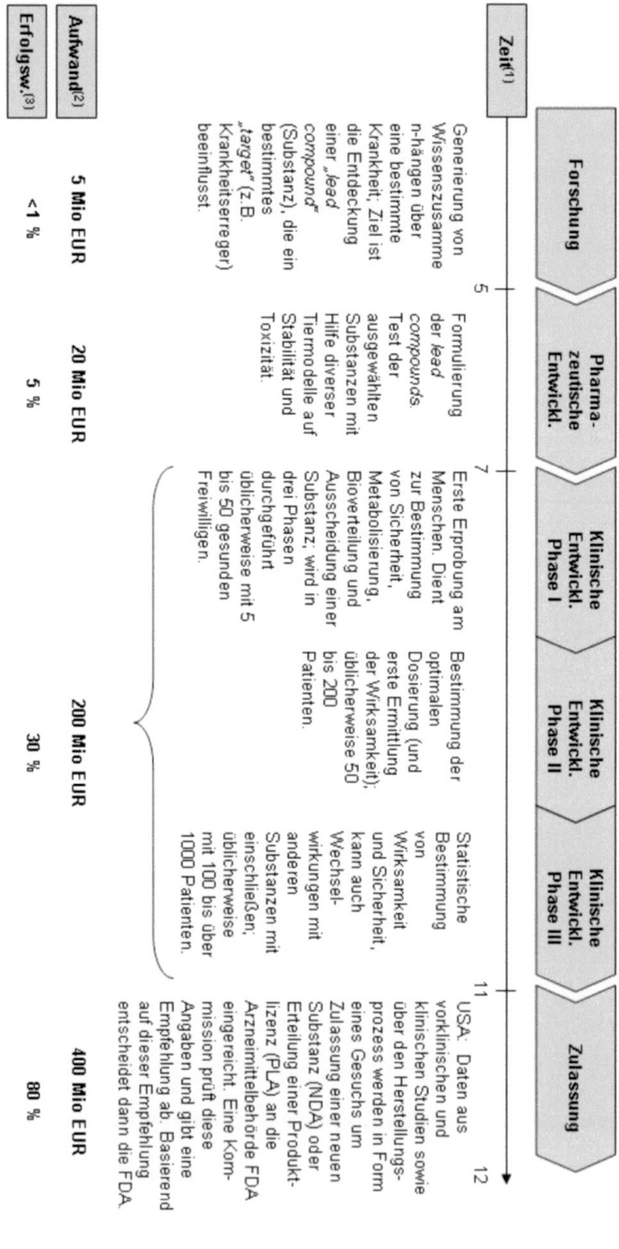

(1) Durchschnittl. Zeit in Jahren bei der Medikamentenentwicklung (2) Durchschnittl. Aufwand (3) Durchschnittl. Erfolgswahrscheinlichkeit
Quellen: *Maleck, K./Pollano, F. (2002)*: BioGenerix, *Hommel, U./Pritsch, G. (1999b)*, S. 22f.

Abbildung 31: Abschnitte im pharmazeutischen Entwicklungsprozess

	2002	2003	2004	2005	2006
Produktpipeline					
Präklinik	132	150	178	173	200
Phase I	33	35	34	37	40
Phase II	23	30	46	62	68
Phase III	4	5	10	12	16
Zulassung	1	0	1	1	0
Umsatz(1)	1.014	960	1.030	*827* (2)	*945*(2)
Ausgaben für F&E(1)	1.090	966	869	*789* (2)	*834* (2)

(1) In Mio. Euro
(2) Veränderung der Basis der einbezogenen Unternehmen, nur bedingt vergleichbar

Abbildung 32: Produktpipeline der Biotechnologieunternehmen in Deutschland [395]

Das Vorgehen in der empirischen Untersuchung bestimmt sich in Anlehnung an die von *Bonduelle/Hommel/Schmoldt* vorgeschlagenen Schritte:[396]

- **Definition des Problems**
  Bewertung der Aussagekraft von Realoptionsmodellen im Vergleich zu herkömmlichen Barwertverfahren.

- **Auswahl der Fallbeispiele**
  Auswahl von 18 Fallbeispielen anhand von Kriterien wie Vergleichbarkeit, lückenlose Nachvollziehbarkeit der Zahlungsströme und die Existenz einer Marktbewertung des Investitionsvorhabens (vgl. Kapitel 4.2).

- **Beschreibung der Modellannahmen**
  Auswahl des Berechnungsmodells in Form einer ex post Investitionsbewertung auf Grundlage der Problemstellung (vgl. Kapitel 4.3).

[395] Nach *Ernst&Young (2007b).*
[396] *Bonduelle, Y./Schmoldt, I./Scholich, M. (2003),* S. 11 f.

↳ **Zusammentragen der Daten und Einfügen in das Modell**
Darstellung der Gewinnung der Eingabeparameter (vgl. Kapitel 4.3) und der errechneten Werte (vgl. Kapitel 4.4).

↳ **Analyse und Interpretation der Ergebnisse**
Gegenüberstellung der ermittelten Realoptions- und Barwerte, sowie Diskussion der Ergebnisse (vgl. Kapitel 4.5).

4.2 Auswahl und Vorstellung von Fallbeispielen aus der Praxis

4.2.1 Auswahlkriterien

Die Existenz vieler junger Unternehmen[397] mit einer Einprodukt(gruppe) bzw. Einwirkstoff-Fokussierung legt den Rückschluss von einem Forschungsprojekt auf ein Biotechnologieunternehmen nahe.[398] Diese Interpretation gewinnt dann an Bedeutung, wenn auf vergleichbare, öffentlich zugängliche und lückenlos dokumentierte Daten zur Modellaufstellung zurückgegriffen werden soll.

Kleinere börsennotierte Biotechnologieunternehmen (vergleiche Abbildung 33) erfüllen alle drei Kriterien; zudem existiert mit der Marktkapitalisierung der Unternehmung ein Maß für den Investitions- bzw. Projekterfolg. Die in Stufen laufenden F&E-Auszahlungen der Unternehmen entsprechen einer Kette von Kaufoptionen. Bei jedem Phasenübergang und auch zwischendurch kann das Projekt abgebrochen oder fortgesetzt werden. Die Investitionen führen erst nachfolgend über die möglichen Folgeprodukte, im Anschluss an das gewonnene Wissen, zu positiven Einzahlungsüberschüssen.

---

[397] *Ernst & Young*, Pressemitteilung zum deutschen Biotechnologiereport 2004: „Der Anteil der sehr kleinen Biotech-Unternehmen ist im Jahr 2003 weiter gestiegen: 80 Prozent der Biotech-Unternehmen [in Deutschland] beschäftigten weniger als 30 Mitarbeiter […].“

[398] 2006 gab es in Deutschland laut *Ernst & Young (2007b)* 391 Unternehmen in der Biotechnologiebranche, ca. 50% davon konzentrieren sich auf die Produktentwicklung. Gleichzeitig befanden sich 324 Wirkstoffe in der Entwicklungspipeline.

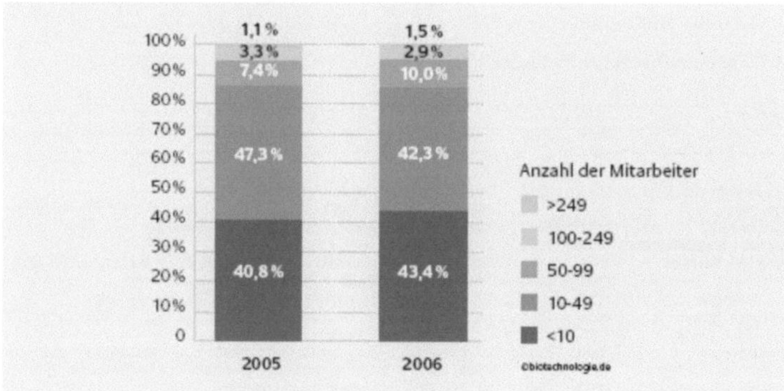

Abbildung 33: Größenstruktur deutscher Biotechnologieunternehmen 2006[399]

Für diese Untersuchung wurden die Jahresabschlüsse von 18 Biotechnologieunternehmen von der Unternehmensgründung bis 2005 ausgewertet, um die Anwendbarkeit und Aussagekraft von Realoptionsmodellen in der Praxis zu überprüfen. Dabei wurden, vor dem Hintergrund der besseren Vergleichbarkeit, möglichst Unternehmen mit einheitlichen oder zumindest ähnlichen rechtlichen Bilanzierungsvorschriften ausgewählt und damit die Zahl der Herkunftsländer eingeschränkt. Den Ausgangspunkt stellten die deutschen, börsennotierten Biotechnologieunternehmen, die aber auf Grund ihrer begrenzten Anzahl[400] nicht die alleinige Grundlage der Untersuchung sind. Berücksichtigt wurden aus Deutschland Biotissue Technologies, Co.don, Mologen, MorphoSys, November und Plamaselect, da diese von den 17 börsennotierten deutschen Biotechnologieunternehmen der Fiktion des Einproduktunternehmens am nächsten kommen und zudem kapitalmarktorientiert bilanzieren.[401]

Komplettiert werden die Fallbeispiele durch zwölf börsennotierte US-amerikanische Biotechnologieunternehmen ähnlicher Größenordnung mit vergleichbaren Produkten. Die Auswahl der Fallbeispiele kann folglich nicht den Anspruch auf Repräsentativität der Unternehmen für die Biotechnologiebranche erheben. Angesichts der Ausrichtung dieser Arbeit auf die Anwendung von Investitionsbewertungsverfahren ist dies allerdings auch nicht erforderlich.

[399] Quelle: *Bundesministerium für Bildung und Forschung (2007)*, S. 7.
[400] Vgl. Anhang C.
[401] Bilanzierung nach US GAAP bzw. IFRS.

Tabelle 4: Biotechnologieunternehmen – 18 Fallbeispiele zeigen eine Übersicht der ausgewählten Biotechnologieunternehmen.[402]

Name	Land	Gegr.	IPO[2)]	Bereich	Beschreibung Geschäftstätigkeit/Forschungsgebiet
Arena Pharmaceuticals	USA	1997	2000	MED	Proteinrezeptoren
Arqule (arql)	USA	1993	1996	HD	Techn. Plattformen zur medizinischen Entwicklung
Avigen (avgn)	USA	1992	1996	MED	Gentherapie gegen u.a. Parkinson
Biotissue Technologies[(1)]	D	1999	2000	TE	Hauttransplantate
Caliper Life Science	USA	1995	1999	HD	Apparaturen zur Analyse von Flüssigkeiten im Labor
Codon	D	1993	2001	TE	Knochen-/Knorpelzelltransplantate
Exact Sciences	USA	1995	2001	MED	DNA-Tests zur Früherkennung von Krebs
Gene Logic (glgc)	USA	1994	1997	DL	Information und Beratung zu Gendaten/Bioinformatik
ImmunoGen (imgn)	USA	1994	2001	MED	Krebsforschung
Introgen (ingn)	USA	1993	2001	MED	Biopharmazeutische Med., Geninduzierte Proteintherapie
La Jolla Pharmac. (ljpc)	USA	1989	1996	MED	Med. gegen Überreaktion von körpereigenen Antikörpern
Marcropore Biosurgery	USA	1996	2000	MED	Knochenregeneration
Mologen Holding	D	1998	1998	MED	Gentherapie
MorphoSys	D	1992	1998	MED	Antikörperbibliothek, Autoimmunreaktionen, Krebs
November	D	1996	2000	MED	Molekulare Therapie, DNA-Markierung
Pain Therapeutics (ptie)	USA	1998	2000	MED	Chronische Krankheiten, Opioide Schmerzmittel
Plasmaselect	D	1998	2000	DL	Reinigung Blutplasma
Vaxgen	USA	1995	1995	MED	Infektionskrankheiten, AIDS, Biodefense

(1) Biotissue seit Sept. 03 Insolvent (2) Börsengang (Initial Public Offering)
Bereich: MED = Medikamentenforschung, HD = Forschungsbedarf/Hardware, DL = Dienstleistung, TE = Tissue Engineering

Tabelle 4: Biotechnologieunternehmen – 18 Fallbeispiele

Aus den Geschäftsberichten der untersuchten Unternehmen wird deutlich, dass mit zunehmender Lebensdauer der Unternehmen die Anzahl der Forschungsvorhaben bzw. Wirkstofflinien verbreitert wird bzw. eine Kooperation oder gar eine Abkehr von bestimmten Aktivitäten stattfindet. So trägt die Hypothese der Einprodukt-/Einwirkstoff-Unternehmen mit den Jahren immer weniger.[403] Prinzipiell lässt sich das Produktportfolio der Fallbeispiele in drei Bereiche kategorisieren: Entwicklung von medizinischen Medikamenten (MED), Bereitstellung von Wissen und anderen Dienstleistungen zur Medikamententwicklung (DL) und als Spezialfall der Entwicklung das *tissue engineering* (TE). Im Forschungsbereich *tissue engineering*, frei übersetzt „Gewebezucht“, ist es das Ziel, krankes Gewebe oder ganze Organe durch die Implantation von künstlich hergestelltem biologischem Ersatzgewebe zu kurieren. Deutsche Firmen nehmen hierbei eine weltweite Spitzenposition ein.[404] In Anhang E werden die untersuchten Unternehmen samt Produktportfolio vorgestellt.

[402] In Anhang D befinden sich weitere Daten zu den untersuchten Unternehmen.

[403] *Ernst & Young (2004)* verweisen in ihrer Studie über die deutsche Biotechnologielandschaft darauf, dass 2003 die Generierung von kurzfristigen Umsätzen an Bedeutung gewonnen hat. Viele Unternehmen haben begonnen, ihre Geschäftsmodelle entsprechend anzupassen: Der Anteil der Unternehmen, die neben der Produktentwicklung auch Dienstleistungen anbieten, ist von 36 auf 50 Prozent gestiegen.

[404] Laut einer Studie des Joint Research Centre der EU in Sevilla sind von 113 bis 2002 gegründeten Unternehmen mit Forschungsschwerpunkt *tissue engineering* 39 in Deutschland beheimatet.

4.2.2 Gemeinsamkeiten und Unterschiede der Unternehmen

Alle 18 Biotechnologieunternehmen weisen ein bestimmtes Charakteristikum auf. Sie befinden sich noch in der Aufbau- und Entwicklungsphase. Abbildung 34 unterstreicht dies, indem die durchschnittliche Umsatzentwicklung und Profitabilität dargestellt wird.

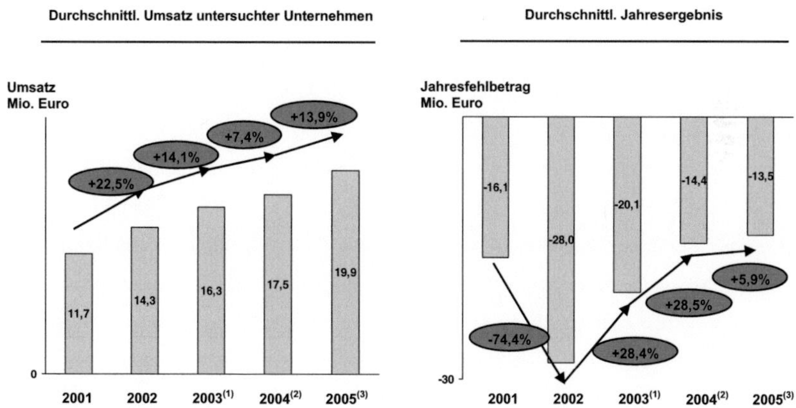

(1) Ohne Biotissue
(2) Ohne Biotissue, AVGN
(3) Ohne Biotissue, AVGN und Co.don
Quelle: Jahresabschluss

Abbildung 34: Umsatz- und Ergebnisentwicklung der untersuchten 18 Biotechnologieunternehmen

Der durch alle Unternehmen gemittelte Umsatz wächst stetig von Jahr zu Jahr mit fast durchgängig zweistelligen Wachstumsraten. Die jährlichen Ergebnisbeiträge verbleiben jedoch (noch) negativ, obwohl sich eine klare Aufwärtsentwicklung abzeichnet. Die Hauptinvestitionen in die neuen Produkte und Dienstleistungen sind offenbar bereits getätigt. Bei den beiden deutschen Unternehmen MorphoSys und Plasmaselect ist sogar im Jahre 2005 dank steigender Umsätze bei leicht sinkenden F&E-Aufwendungen ein Jahresüberschuss entstanden.

Nichtsdestotrotz zahlte keines der untersuchten Unternehmen bisher eine Dividende an seine Aktionäre aus.

Die Anzahl der Mitarbeiter entwickelte sich unterschiedlich, so dass ein detaillierter Blick auf den Umsatz je Mitarbeiter Aufschluss gibt (s. nachstehende Abbildung). Auffällig ist, dass trotz des ähnlichen Geschäftsmodells der Unternehmen – Biotechnologieunternehmen in Entwicklungsphase – der Umsatz pro Mitarbeiter sich in einem breiten Korridor befindet und zwischen den beiden Vergleichszeitpunkten 2003 und 2005 heftig schwankt. Während eine Gruppe um ARQL, AVGN, CALP. GLGC, MorphoSys und Plasmaselect regelmäßig Umsatzwerte von über 150 TEUR pro Mitarbeiter erzielt, erreichen viele Unternehmen nicht einmal die 50 TEUR-Grenze.

Eine nähere Analyse der Werte ergibt, dass bei ARQL, CALP, INGN, Mologen, November und VXGN die Änderung der Mitarbeiterzahl eine untergeordnete Rolle spielt und die Änderung der Mitarbeiterproduktivität auf Umsatzschwankungen zurückzuführen ist. Hierbei machen sich neben dem steigenden Absatz eigener Produkte bzw. der Lizenzierung von Vorprodukten auch die unregelmäßig ausgezahlten privaten oder staatlichen Förderungsmittel bemerkbar. Auffällig ist, dass einzig LJPC seit der Gründung noch keinen Umsatz erzielte.

Bei den anderen Unternehmen hat sich ein größerer Personalumbau deutlich auf den Umsatz pro Mitarbeiter ausgewirkt. Im Zuge einer Finanzmittelknappheit wurden Betriebsteile veräußert und Mitarbeiter freigesetzt (AVGN, Co.don, EXAS, LJPC) bzw. durch Unternehmensübernahmen oder Ausweitung des Tätigkeitsspektrums, wie z.B. der Neuaufnahme einer eigenen Vermarktung der entwickelten Produkte und Technologien, Mitarbeiterkapazitäten aufgebaut (ARNA, GLGC, IMGN, XPMA/CYTX, MorphoSys, PTIE, PM3).

Eine Aussage über die sich in Abwicklung befindliche Biotissue AG ist auf Grund fehlender Daten nicht möglich.

Für eine Beschreibung der untersuchten Unternehmen bietet sich auch ein Blick auf das Eigenkapital an. Bis auf XMPA/CYTX verfügen alle Unternehmen 2005 über ein positives Eigenkapital. Die Eigenkapitalquote hat sich jedoch im Vergleich zu 2003 von 74 % im Durchschnitt aller Unternehmen auf 67 % (ohne Biotissue) vermindert. Wiesen 2003 noch mehr als die Hälfte der Unternehmen eine Eigenkapitalquote von mehr als 75 % auf, sind es 2005 nur noch acht Unternehmen (AVGN, Co.don, IMGN, GLGC, LJPC, Mologen, MorphoSys und November). Die Ausstattung an Eigenkapital folgt dabei einem sägezahnkurvigen Verlauf mit jeweiligen Spitzen nach durchgeführten Kapitalerhöhungen. Die sinkende durchschnittliche absolute Eigenkapitalausstattung deutet allerdings auf entweder immer geringeren Kapitalbedarf, der durch die sinkenden Eigenkapitalquoten zumindest teilweise widerlegt wird, oder auf schwieriger werdende Finanzierungsrunden hin.

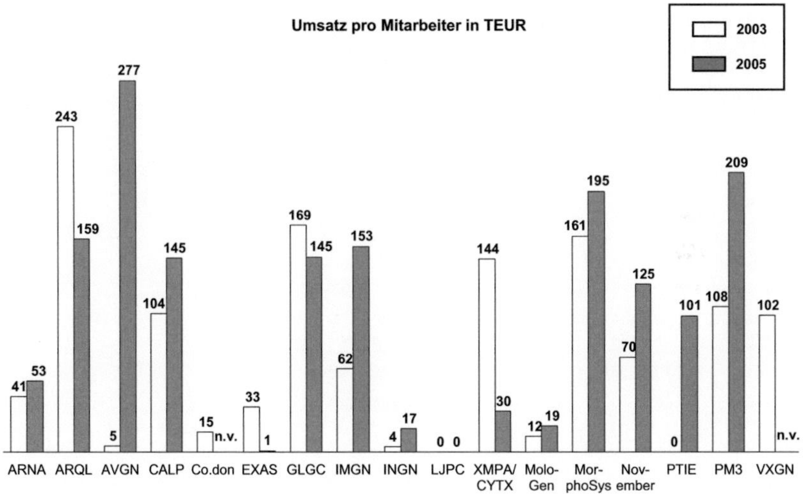

Abbildung 35: Umsatz pro Mitarbeiter 2003 und 2005

Noch scheint jedoch die Eigenkapitalausstattung kein entscheidender Faktor bei der Bewertung der Unternehmen zu sein, wie der obige Vergleich zwischen Eigenkapital und Marktkapitalisierung zeigt. Weder lässt sich ein einheitlicher Werteraum des Ratios aus Eigenkapital und Marktkapitalisierung finden, noch ist das Ratio im Zeitvergleich von 2003 und 2005 einigermaßen konstant.

Eine Einordnung der Marktkapitalisierung über das Jahresergebnis, etwa in Form eines Ertragswertverfahrens, ist auf Grund der bis auf von zwei Unternehmen ausgewiesenen Jahresfehlbeträge nicht möglich.

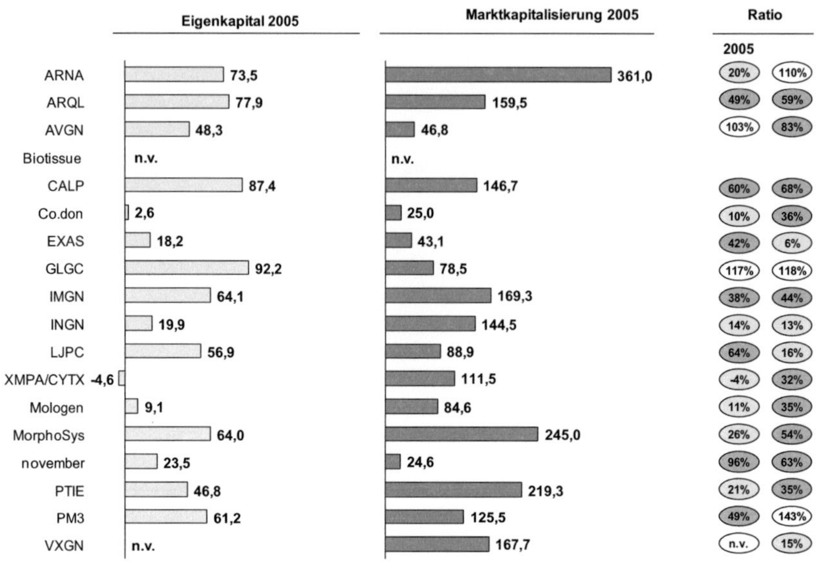

Abbildung 36: Verhältnis von Eigenkapital und Marktkapitalisierung

Mit dem Umsatz existiert eine weitere Bilanzkennzahl, die eine Aussage über die Marktkapitalisierung ermöglichen kann. Mit Multiples, d.h. dem vielfachen einer oder mehrerer Kennzahlen, unter ihnen des Umsatzes, wird häufig in der Finanzbranche der Wert eines Unternehmens geschätzt. Wird ein einfacher Multiple nur auf Basis des Umsatzes zur Marktkapitalisierung gebildet, so ergibt sich auch hier ein sehr heterogenes Bild (s. Abbildung). Zwar ist die Schwankungsbreite zwischen den Jahren 2003 und 2005 geringer als bei den Ratios zum Eigenkapital, dennoch bestehen große Unterschiede zwischen den einzelnen Unternehmen. Die berechneten Multiples reichen von 1,2 bis 1064.

Nach Myers[405] lässt sich der Wert eines Unternehmens in „*assets in place*" und „*growth options*" aufteilen. Für die meisten Biotechnologieunternehmen gilt, dass sich die aktuelle Marktkapitalisierung nur zu einem geringen Bruchteil durch die von existierenden Produkten stammenden Umsätze und Einzahlungsüberschüsse erklären lässt, während Wachstumsoptionen

[405] *Myers, S. (1977).*

den Großteil des Unternehmenswerts ausmachen.[406] Diese These erscheint auch im Falle der untersuchten Unternehmen gültig zu sein, zumal auch den Jahresfehlbeträgen erhebliche Unternehmenswerte gegenüberstehen.[407] Im Zentrum der Untersuchung soll also der Wert der Wachstumsoptionen der Biotechnologieunternehmen zum Zeitpunkt der Gründung stehen.

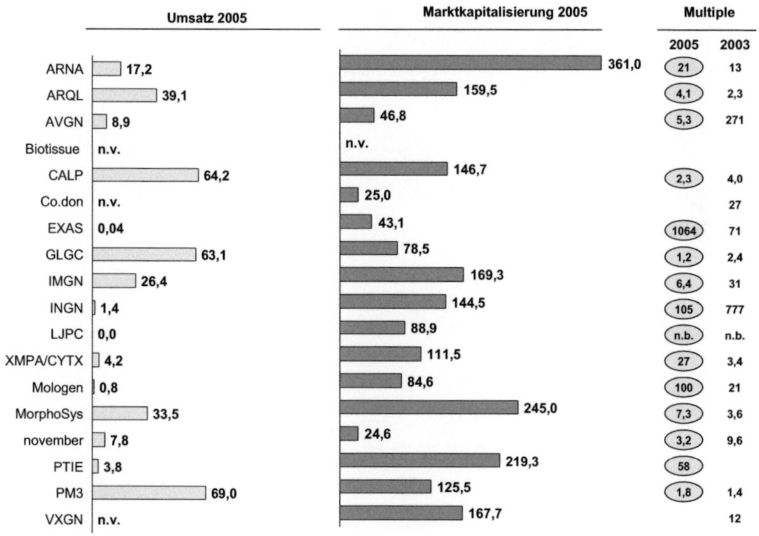

Abbildung 37: Verhältnis Umsatz zu Marktkapitalisierung

4.3 Modellbeschreibung der Annahmen und Parameter

Dieses Kapitel befasst sich mit der Herleitung des verwandten mathematischen Modells, veranschaulicht die Ermittlung der Werteparameter und die (Grenzen der) Aussagekraft.

[406] Vgl. *Kester, C.W. (1984):* Für die meisten Pharmaunternehmen setzt sich der Unternehmenswert aus 10-50 % durch den Wert der „*assets in place*" und 50-90 % aus dem Wert der Wachstumsoption zusammen. Diese Komposition scheint im Zeitablauf relativ konstant zu bleiben.

[407] Eine Übersicht der Jahresfehlbeträge der untersuchten Unternehmen findet sich in Anhang D.

4.3.1 Herleitung des Modellrahmens

Der in dieser Arbeit verwendete Modellrahmen ist nicht zur Bewertung beliebiger Projekte geeignet. Wie bereits im Kapitel zuvor beschrieben, bestehen Einschränkungen. Die in dieser Arbeit bewerteten F&E-Projekte des beispielhaft betrachteten Bereichs der Biotechnologie können durch folgende Merkmale beschrieben werden:[408]

- Mit dem technischen Wissen wird ein genau definiertes, optionsloses Innovationsprojekt durchgeführt. Optionslos bedeutet, dass Handlungswahlrechte in der Marktphase nicht berücksichtigt werden.

- Eine rein interne Verwendung des Wissens wird ausgeschlossen.

- F&E-Kosten fallen vorab an, d.h. das F&E-Projekt muss vollständig beendet sein, bevor positive Zahlungsströme anfallen.

- Die zur Wissensverwertung notwendigen Markterschließungsauszahlungen sind zumindest teilweise irreversibel und der Höhe nach nicht vernachlässigbar, d.h. Kosten von unprofitablen Aufwendungen können nicht rückgängig gemacht werden. Es bestehen Anhaltspunkte für die Schätzung zukünftiger Zahlungsströme.

- Es existiert ein sequentieller Meilensteinplan für das F&E-Projekt. Meilensteine sind dabei nicht zeitlich-deterministisch, sondern technisch-qualitativ definiert.

- Das zu generierende neue Wissen basiert auf einer Technologie mit stochastisch unabhängigen Wissenszuwächsen. Der Stand des verwertbaren technischen Wissens ändert sich an den Zeitpunkten, an denen Meilensteine erreicht werden.

- Das F&E-Projekt wird ausschließlich aus Eigenkapital finanziert.

---

[408] Die Merkmale sind in Anlehnung an *Reinhardt, H.C. (1997)*, S. 103 ff. entwickelt worden.

- Das F&E-Projekt hat keinen Einfluss auf die relativen Preise auf dem Kapitalmarkt. Durch die Auswahl im Vergleich zum Markt kleiner Unternehmen wird diesem Umstand Rechnung getragen.

- Informationen über den Fortschritt des Investitionsprojekts finden Eingang in den Aktienkurs des Unternehmens.

- Annahmen des vollkommenen Kapitalmarkts werden akzeptiert:
    - Weder Transaktionskosten, Informationskosten oder Steuern
    - Einheitliche Soll- und Habenzinsen
    - Möglichkeit unbeschränkter Kreditaufnahme und Leerverkäufe
    - Freier Marktzugang
    - Keine Beeinträchtigung der Preisbildung durch (Nennwert-)Stückelung
    - Existenz kontinuierlicher Handelsmöglichkeiten
    - Fortwährendes Kapitalmarktgleichgewicht

- Weitere Kapitalmarktannahmen werden berücksichtigt:
    - Existenz eines risikolosen Zinssatzes
    - Rationale, risikoaverse Kapitalmarktteilnehmer

In den im empirischen Teil untersuchten Fallbeispielen fällt bei den Investitionsprojekten während der Optionslaufzeit keine Dividendenzahlung an. Alle Gewinne, sofern vorhanden, werden reinvestiert. Finden keine Dividendenauszahlungen statt, dann entspricht der Wert einer amerikanischen Option dem europäischen Äquivalent, da es in diesem Fall nie optimal sein kann, die Option vor Fälligkeit auszuüben.[409] In diesem speziellen Fall liefert das Black/Scholes-Modell eine korrekte Bewertung der Kaufoption, d. h. der Vorteilhaftigkeit der Durchführung der Investition.

Auf Grund der dargelegten Besonderheiten der Aufgabenstellung und der Vorzüge im Bereich der Implementierbarkeit wird für diese Arbeit das Black/Scholes-Modell mit seinen sechs Parametern ($\sigma, r, T, \delta, X, S$) zur Berechnung der Realoptionen herangezogen. Deutlich sei an dieser Stelle darauf hingewiesen, dass beispielsweise im Falle stochastischer Dividenden-

[409] *Hull, J.C. (2000).*

ausschüttungen andere Berechnungsverfahren, wie insbesondere die nummerischen Verfahren mit einem diskreten stochastischen Wertänderungsprozess des Basisinstruments, zu verwenden sind.

Die zur Optionsbewertung erforderlichen Parameter leiten sich aus dem jeweils benutzten Berechnungsverfahren ab. Im Folgenden wird beschrieben, auf welche Weise die einzelnen Modellparameter gewonnen wurden.

4.3.2 Bestimmung der Modellparameter

Die Definition und anschließende Bestimmung der Modellparameter orientiert sich an den Erfordernissen zur Erstellung eines Black/Scholes-Modell. Für die in dieser Arbeit angestrebte vergleichende Betrachtung des Realoptionsansatzes kann ex post auf Marktdaten und Unternehmensdaten zu verschiedenen Referenzzeitpunkten zurückgegriffen und so die Parameter exakt bestimmt werden.

In der Praxis wird bei entsprechender Anwendung des Realoptionsansatzes zur Entscheidungsunterstützung einer bevorstehenden Investitionsentscheidung die im Folgenden erzielte Genauigkeit bei der Bestimmung der Modellparameter ex ante nicht erzielt werden können. Neben den nur eingeschränkt zur Verfügung stehenden Kapitalmarktdaten und Prognosen über die eigene Investitions- und Unternehmenspolitik müssen dann verstärkt weitere Verfahren wie das Entscheidungsbaumverfahren zum Einsatz kommen.

Die Ermittlung der in Abbildung 38 dargestellten Modellparameter wird in den folgenden Unterkapiteln näher erläutert.

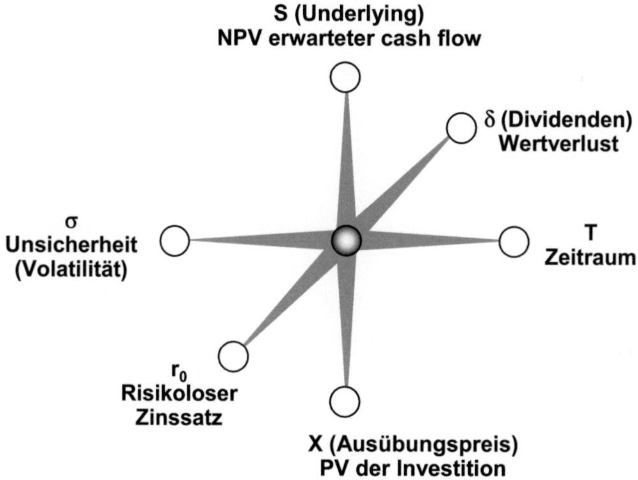

Abbildung 38: Modellparameter im Black/Scholes-Modell

4.3.2.1 Marktrisiko/Volatilität σ

Das Volatilitätsmaß drückt die mit der Realisierung der erwarteten Zahlungsströme verbundene Unsicherheit einer Investition aus.[410] Die Bestimmung ist umso einfacher, je größer die Nähe des Projekts zu den Finanzmärkten ist.[411] In den Rohstoffindustrien beispielsweise kann durch den Rückgriff auf Marktdaten auf eine Modellierung verzichtet werden.

Für die Fallbeispiele aus der Biotechnologieindustrie ist ein solches direktes Vorgehen nicht möglich. Die Forschungs- und Entwicklungsarbeit der Unternehmen zielt auf die Generierung von neuem Wissen bzw. von noch nicht auf den Märkten gehandelten Produkten ab. Insofern muss ein Konstrukt gefunden werden, das die sich im zeitlichen Wandel befindenden Erwartungen des Marktes über die Entwicklungsvorhaben der Unternehmen abbildet. Dieses Konstrukt wird auf Grund der Enge des Marktes nicht – was wünschenswert wäre – die Volatilität für jedes einzelne Biotechnologieprodukt bzw. Unternehmen widerspiegeln können, sondern sich auf einem höheren Abstraktionsniveau bewegen. Die Wahl fällt auf einen Marktindex,

[410] S. Anhang F.
[411] *Hommel, U./Pritsch, G. (1999b),* S. 35.

der die Schwankungsbreite der durchschnittlichen Markterwartungen für kleinere Biotechnologieunternehmen in Form der historischen Volatilität nachzeichnet. Eine globale Betrachtung der Anzahl privater und börsennotierter Biotechnologieunternehmen in den verschiedenen Wirtschaftsregionen ergibt, dass einzig im amerikanischen Markt ein größerer Prozentsatz aller Biotechnologieunternehmen an der Börse präsent ist.[412]

Die bekanntesten Biotechnologie-Indizes in den Vereinigten Staaten sind der *Amex Biotech* und der *Nasdaq Biotechnology Index* (^NBI). Letzterer umfasst eine breite Basis an einbezogenen Unternehmen (2005: 158) mit vielen Unternehmen der gleichen Größenklasse[413] und eignet sich besonders für das weitere Vorgehen. Die Marktkapitalisierung der im ^NBI vertretenen Biotechnologieunternehmen entspricht in etwa den Fallbeispielen, einzig Amgen als Indexschwergewicht dominierte zeitweise den Index in unzulässigem Maße (Anteil im November 2003: 18,6 %). Folglich wurde der Index für die weitere Berechnung im Zeitraum von 1993 bis 2003 um Amgen bereinigt. Auf Grund der gestiegenen Marktkapitalisierung der anderen im Index vertretenen Unternehmen und die Ausweiterung der Anzahl von 130 im November 2003 auf 159 im November 2005 wirken die Schwankungen von Amgen für die Jahre 2004 bis 2005 nicht mehr im gleichen Maße verzerrend.

Bei der Verwendung von Börsendaten zur Bestimmung zukünftiger Volatilitäten ist kritisch zu hinterfragen, ob nicht andere Einflussfaktoren als die Erfolgsaussichten der Produkte der jeweiligen Unternehmen die Börsenkurse und damit den Index in seiner Kursentwicklung beeinflussen. Gemeinhin wird angenommen, dass sich beispielsweise auch Konjunkturerwartungen in den Kursen abzeichnen. In dieser Arbeit wird davon ausgegangen, dass sich die Veränderungen der grundsätzlichen Rahmenbedingungen der Biotechnologie in den Aktienwerten widerspiegeln (z. B. demografischer Wandel, durchschnittliche Ausgaben für Arzneimittel). Sollten darüber hinaus allgemeine wirtschaftliche Erwartungen oder Spekulationen auf die Aktienkurse einwirken, so ist das Ausmaß dieser Beeinflussung nicht exakt quantifizierbar. Mit Sicherheit annehmen lässt sich jedoch, dass zu den an der Börse zu Stande gekommenen Kurswerten Unternehmen und damit auch das jeweilige Forschungs- und Entwicklungsprojekt auf dem Markt verkauft werden können. Eine Marktorientierung der Volati-

[412] Vgl. Anhang C, jedes fünfte der Biotechnologieunternehmen in den USA ist börsennotiert.
[413] Vgl. Anhang G, Mindestmarktkapitalisierung USD 100 Mio., ^NBI wird nach Marktkapitalisierung gewichtet berechnet.

lität und damit der Unsicherheit ist folglich über das Konstrukt des amerikanischen Biotechnologieindex gegeben.

Die grundsätzlich problematische Verwendung von vergangenheitsbezogenen Indexdaten zur Berechnung der Volatilitäten erweist sich bei der in dieser Arbeit vorgenommenen rückwirkenden Beurteilungen von Investitionsprojekten als adäquater Ansatz, da es ermöglicht wird, die entsprechenden Volatilitäten der Investitionszeiträume genau zu bestimmen.

Für die Berechnung der Volatilität wurde ein Excel-Werkzeug erstellt. Nach der Bereinigung der Daten des *Nasdaq Biotechnology Index* um den Kurswert Amgen wurde für zwei aufeinander folgende Börsentage über den Zwischenschritt der Wachstumsrate die Preisrelation bestimmt. Anhand der sich daraus ergebenden Standardabweichung und der Preisfrequenz (1/Anzahl der Handelstage im Jahr) wurde die historische Volatilität ermittelt. Abbildung 39 zeigt die Eingabemaske mit den einzelnen Berechnungsschritten:

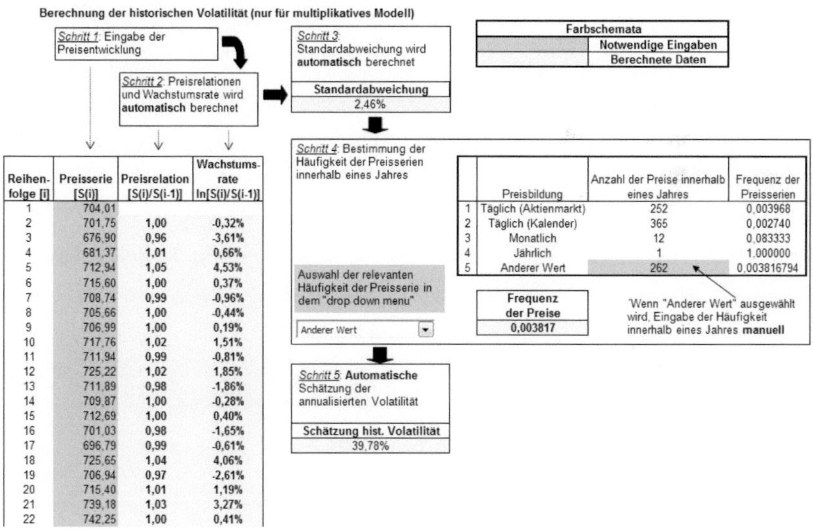

Abbildung 39: Eingabemaske zur Berechnung der historischen Volatilität

Für alle Fallbeispiele wurden die entsprechenden Standardabweichungen und Volatilitäten berechnet.

Alle Volatilitäten bewegen sich im Wertebereich von 31 bis 51 %. Tendenziell ist bei längeren Betrachtungszeiträumen, also Volatilitäten, die in die Gründungsphase der ältesten untersuchten Biotechnologieunternehmen 1993 und 1994 hineinreichen, mit niedrigeren Werten zu rechnen. Zudem fällt auf, dass sich in den letzten beiden Jahren die Schwankungen des Index und damit die zugrunde gelegte Volatilität verringern. Die höchsten Volatilitäten sind im Zeitraum von 1999 bis 2001 bzw. bis 2002 (51 bzw. 50,4 %), die geringsten von 2002 bis 2005 (30,8 %) zu beobachten. Der komplette Datenüberblick befindet sich in Anhang H.

4.3.2.2 Risikoloser Zinssatz r

Wie bereits festgestellt, basieren sowohl Realoptionsverfahren als auch Barwertverfahren auf der Annahme eines effizienten Kapitalmarkts.[414] Wird dieser Prämisse gefolgt, so führt dies zur Akzeptanz einer sicheren Anlage, "dem" risikolosen Zins r, als eine modelltheoretische Annäherung. Dies impliziert zweierlei: Eine Nichtexistenz von Zinsänderungs- und Zinsausfallrisiko und die Möglichkeit einer beliebigen Aufnahme und Investition von Beträgen zum risikolosen Zins r.

Als Approximationslösung für r soll im Modell der durchschnittliche Kapitalmarktzins im Euro-Raum (BIP-gewichtete Rendite zehnjähriger Staatsanleihen) verwendet werden:[415]

1993	1994	1995	1996	1997	1998	1999	2000	2001	2002	2003	2004	2005
8,10%	8,20%	8,75%	7,25%	5,98%	4,71%	4,63%	5,43%	4,98%	4,90%	4,13%	4,11%	3,41%

Tabelle 5: BIP-gewichtete Rendite zehnjähriger Staatsanleihen im Euro-Raum

[414] Vgl. Kapitel 3.3.2.
[415] Quelle: Deutsche Bundesbank, ab Januar 2001 Euro12.

Aufbauend auf diesen Daten wurden für die entsprechenden Betrachtungszeiträume vom Investitionszeitpunkt bis zu den Jahren 2001 - 2005 die jeweiligen Durchschnittszinssätze einmal mit und einmal ohne Zinseszinseffekt[416] berechnet. Der durchschnittliche Zinssatz sinkt hierbei von 5,7 % (8,2 % mit Zinseszinseffekt) im Zeitraum von 1993 - 2005, auf 4,1 % (4,4 % mit Zinseszinseffekt) im Zeitraum von 2002 bis 2005. Ein Überblick der „risikolosen" Zinssätze befindet sich im Anhang I.

4.3.2.3 Laufzeit T

Die Laufzeit T wurde definiert als Zeitraum vom Basisjahr (i. d. R. Jahr der Unternehmensgründung bzw. erstes Geschäftsjahr) bis zum Referenzjahr (2001–2005). Bei allen Fallbeispielen ergeben sich mindestens vier Zeitschritte bis zum Referenzjahr 2001 und maximal dreizehn bis zum Jahr 2005.

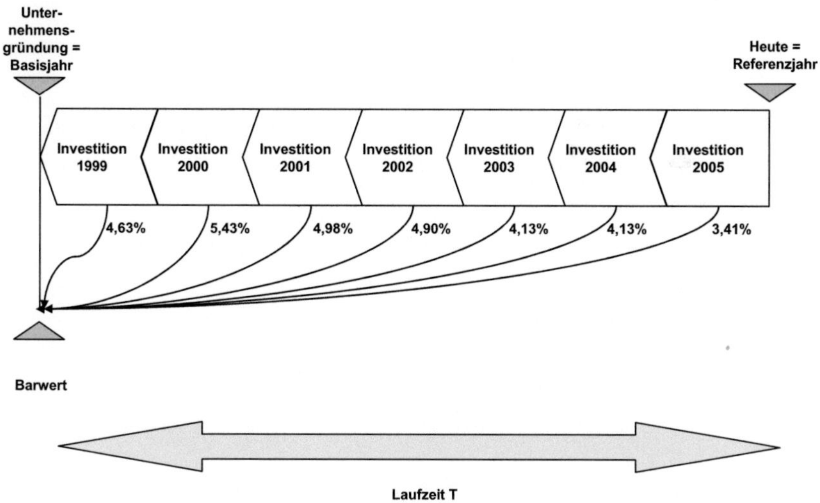

Abbildung 40: Berechnung der Laufzeit

Eine unternehmensindividuelle Restlaufzeit über das Referenzjahr hinaus wurde nicht festgelegt, da diese sich implizit in der Unternehmensbewertung widerspiegelt.

416 „Zinseszinseffekt" wird so verstanden, dass nicht das arithmetische Mittel der Durchschnittszinssätze gewählt wurde, sondern das geometrische Mittel.

Eine über das Referenzjahr hinausgehende konkret bestimmte Laufzeit wäre auch für die Betrachtung unerheblich, da das erstellte Modell eine ex post Bewertung einer Investitionsentscheidung vom Gründungsjahr bis zum gewählten Referenzjahr vornimmt.

4.3.2.4 Dividende δ

Dividenden bzw. dividendenähnliche Auszahlungen können dazu führen, dass die Nichtausübung von Realoptionen mit Opportunitätskosten verbunden ist. Hauptsächlich handelt es sich dabei um entgangene Gewinne in Form von Zinsnachteilen durch später zufließende Zahlungsströme oder Wettbewerbseffekte. Eine Einbindung von Wettbewerbseffekten in die Modellierung ist nur anhand von spieltheoretischen Ansätzen möglich, auf deren Darstellung hier jedoch verzichtet wird. Aber auch die Opportunitätskosten der Nichtausübung spielen für die weitere Betrachtung keine Rolle.

Alle im Rahmen der Fallbeispiele betrachteten Unternehmen befinden sich in der Entwicklungsphase und reinvestieren mögliche Zahlungsüberschüsse. Diese sind bisher erst bei Plasmaselect bzw. MorphoSys entstanden. Es werden keine Dividenden gezahlt, ein Tatbestand der bei der Auswahl des geeigneten Berechnungsverfahrens der Realoption von entscheidender Bedeutung ist.

4.3.2.5 Ausübungspreis X

Der Ausübungspreis der Option bezeichnet die Zahlungen, die dafür aufgewendet werden müssen, um in Besitz einer Option zu bekommen. Im Falle der in dieser Arbeit betrachteten F&E-Projekte sind dies die Investitionen, die die Unternehmen für ihre Entwicklungsarbeit aufbringen. Auch hier wird wieder von Einprodukt-(gruppen)/Einwirkstoffunternehmen ausgegangen und die Unternehmensinvestitionen als Investition in ein F&E-Projekt interpretiert. Diese werden zwar von einigen Unternehmen in den Geschäftsberichten separat im freien Teil ausgewiesen, doch bestehen Unterschiede in der Definition des Begriffs der Investitionsaufwendungen (z. B. über den Grad der Einbeziehung des Personalaufwands). Um diese Problematik zu umgehen, wird auf das im Rahmen des Konzernabschlusses veröffentlichungspflichtige *cash flow statement* zurückgegriffen. Die dort aufgeführten Zahlungsströme unterliegen den Aufstellungsrichtlinien der jeweiligen Bilanzvorschriften und sind untereinander am ehesten vergleichbar. Eine Orientierung nicht an bilanziellen Größen sondern an Zahlungsströmen entspricht zudem der Ratio der dynamischen Investitionsbewertungsverfahren.

Das *cash flow statement* unterteilt die Zahlungen in drei Kategorien: Zahlungsströme für laufende Geschäftstätigkeit, für Investitionstätigkeit und für Finanzierung. Als Investition im Sinne dieser Arbeit werden alle Zahlungsströme der laufenden Geschäftstätigkeit sowie alle auf das Kerngeschäft gerichteten *cash flow* der Investitionstätigkeit einbezogen. Dies schließt die bei kleineren Biotechnologieunternehmen üblichen Käufe bzw. anschließenden Verkäufe von Wertpapieren oder Immobilien nach Finanzierungsrunden, Börsengängen oder Kapitalerhöhungen als vorübergehende Finanzanlage ausdrücklich aus.
Die folgende Abbildung beschreibt die Berechnungslogik der Zahlungsströme:

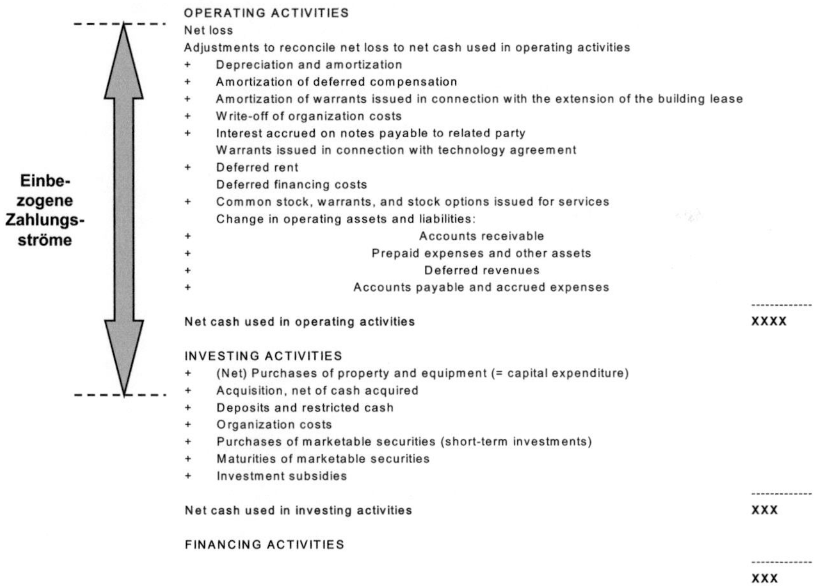

Abbildung 41: Berechnungslogik des *cash flows*

Wendet man diese auf die untersuchten Unternehmen an und rechnet die sich ergebenen Werte in EUR[417] um, so ergibt sich das folgende Bild:

[417] Die angesetzten Umrechnungskurse finden sich in Anhang J

Name	Cashflow in T Euro aus Kapitalflussrechnung (operating Activities)												
	1993+	**1994**	**1995**	**1996**	**1997**	**1998**	**1999**	**2000**	**2001**	**2002**	**2003**	**2004**	**2005**
arena pharmaceuticals Inc.						-7930	-7426	-4103	-1737	-19307	-32927	-31125	-31640
Arqule Inc.	-1093	-3216	**372**	**589**	**479**	-6976	**10923**	**6412**	**4713**	**2772**	**4212**	**4687**	**2579**
avigen	-1468	-2093	-2053	-2192	-4233	-7458	-7799	-11607	-16092	-47633	-18407	-17309	-4477
Biotissue Technologies							-1165	-3385	-6068	-4954	n.a.	n.a.	n.a.
Caliper Life Science				-2955	-3748	-2073	-4494	-9629	-23971	-11667	-29568	-14299	-5636
Co.don					-158	**142**	-793	-3128	-5187	-4341	-2840	-2025	n.a.
Exact Sciences Corp.				-495	-1399	-2775	-3947	-7928	-16810	-13360	-13208	-16620	-11798
Gene Logic		-91	-549	-1503	-2680	-8470	-10707	-2002	-18215	-22552	-7428	-223	**301**
ImmunoGen Inc.		-19121	-13299	-13671	-6293	-5459	-3032	**2350**	-6949	-17939	-20840	-3987	-1524
Introgen Therapeutics Inc.		-468	-396	-616	-782	-1727	-1671	-5498	-9296	-38123	-14231	-17098	-16055
La Jolla Pharmac.	-14923	-8592	-5792	-8640	-185	-6564	-10009	-11860	-25496	-42787	-38100	-28557	-21691
Citorix (Macropore Biosurgery) Inc					-429	-1393	-4375	-2958	-8833	-7719,7	-6899	-9994	-813
Mologen Holding AG							-700	-1300	-3400	-3164	-2032	-1763	-3092
MorphoSys AG					-656	-387	-6603	-46	-3598	-15245	**5813**	**4676**	**4446**
november AG					-291	-506	-2744	-4679	-7598	-7418	**2015**	-1045	-2797
Pain Therapeutics						-292	-2308	-7326	-13132	-17374	-19529	-25885	**83591**
Plasmaselect AG					1	-415	-3835	-11974	-11489	-10966	-1680	**762**	-202
Vaxgen				-3319	-591	-10803	-16415	-22146	-21217	-32556	-18930	n.a.	n.a.

Abbildung 42: Errechnete Zahlungsströme, nicht kumuliert

Anhand dieser Zahlungsströme wird mittels der entsprechenden „risikolosen" Basiszinssätze der Bundesbank[418] durch Diskontierung der Barwert der Investitionsausgaben im Basisjahr berechnet. Dieser dient im Modell als Ausübungspreis.

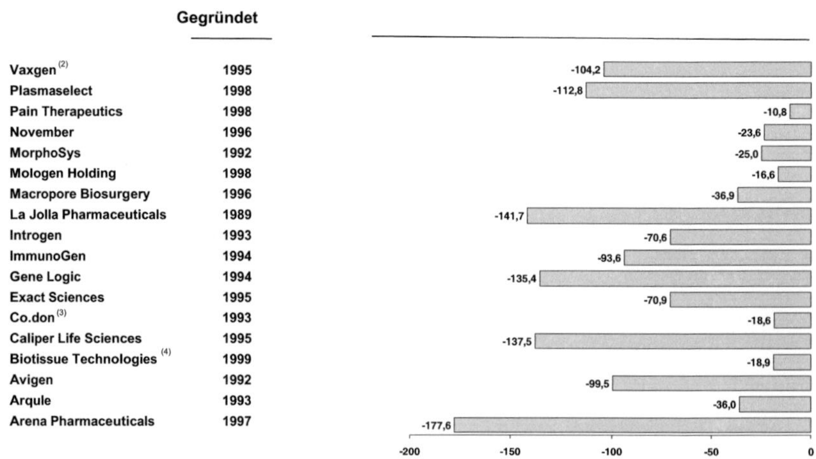

(1) In Mio. Euro, Barwert, Investitionen = Auszahlungen im operativen Geschäft u. forschungsbezogene Auszahlungen
(2) Daten bis 2003, alle folgenden Jahreabschlüsse werden derzeit revidiert
(3) Daten bis Jahresabschluss Juni 2005 (Geschäftsjahr 2004)
(4) Daten bis 2002, 2003 Insolvenz und Abwicklung
Diskontierungszins = Kapitalmarktzins (Ermittlung s. Backup Folie)
Quellen: Jahresabschluss, Wallstreet Online, eigene Berechnungen

Abbildung 43: Investitionen (Ausübungspreis) bis 2005

[418] Vgl. Kapitel 4.3.2.2.

Wie die Abbildung der Barwerte der Investitionen belegt, sind die höchsten Aufwendungen für F&E der untersuchten Unternehmen von den amerikanischen Firmen (VXGN, LJPC, CALP, GLGC, VXGN) getätigt worden, die deutschen Vertreter (Biotissue, November, Mologen, Co.don, MorphoSys) verwandten bis 2005 weniger Mittel. Einen Zusammenhang von Investitionsmittel und Gründungsjahr lässt sich anhand der Daten nicht nachweisen. Im Kapitel 4.4 wird untersucht werden, ob mit diesen Investitionen entsprechende Werte geschaffen werden konnten.

4.3.2.6 Underlying S

Das *underlying* bezeichnet den Barwert der aus einer F&E-Investition erwarteten Zahlungsströme.

Im Modell wird das *underlying* über den Unternehmenswert der Biotechnologieunternehmen ermittelt. Die Marktkapitalisierung der Einprodukt-(gruppen)/Einwirkstoffunternehmen ergibt sich aus dem Börsenkurs multipliziert mit der Zahl der Aktien. In diesem „Endwert" der Investition spiegeln sich alle Erwartungen über zukünftige Zahlungsüberschüsse der Unternehmung wider. Entsprechend der Vorgehensweise bei der Bestimmung des Ausübungspreises wird auch der Unternehmenswert von heute auf das Basisjahr mittels der „risikofreien" Zinssätze abgezinst, um den Barwert des *underlying* zu erhalten. Einen Überblick über die Marktkapitalisierung der Biotechnologieunternehmen und die Barwerte der Marktkapitalisierung Ende 2005 zeigt die folgende Abbildung 44.

Die linke Seite der Abbildung zeigt, dass die Entwicklung der durchschnittlichen Marktkapitalisierung der untersuchten Unternehmen im Laufe der Jahre einem starken Wandel unterlag. Diese Fluktuation lässt sich allerdings nur zum Teil aus allgemeinen Marktbewegungen herleiten, wie das Liniendiagramm des Leitindexes der Biotechnologie, der Nasdaq Biotech belegt.

Ebenso wie bei den berechneten Barwerten des Ausübungspreises liegt ARNA mit EUR 268 Mio. an der Spitze der Unternehmen. Interessanterweise folgt nun mit MorphoSys bereits das erste deutsche Unternehmen, gefolgt von PTIE. Beim Underlying lässt sich keine

Dominanz der amerikanischen Unternehmen konstatieren, vielmehr gibt es Anzeichen für einen effizienteren Mitteleinsatz.

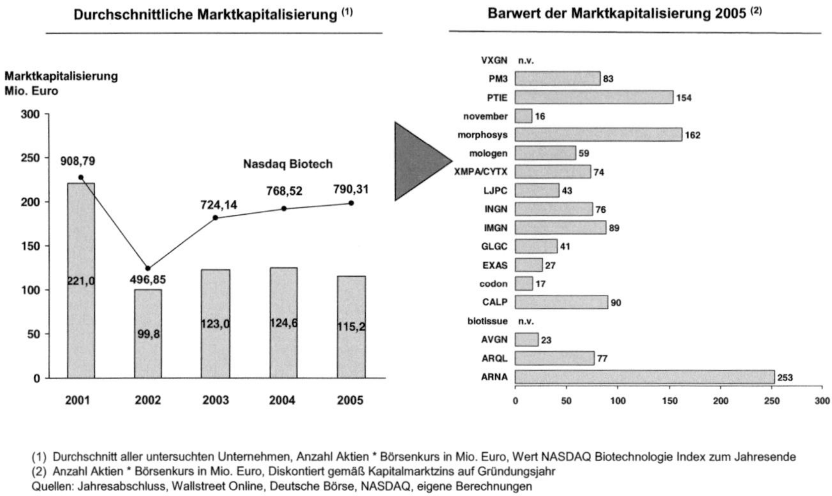

Abbildung 44: Marktkapitalisierung (Underlying) 2005

Nicht in die Bewertung für 2003 konnten VXGN und Biotissue mit einbezogen werden. Biotissue wurde Ende 2005 mit EUR 0,22 Mio., VXGN mit EUR 84,6 Mio. (Stand Mai 2005) bewertet, beide Unternehmen konnten jedoch für die Jahre 2004 und 2005 keinen ordnungsgemäßen Jahresabschluss erstellen. Die Begründung bei der Biotissue AG liegt in der Veräusserung aller Aktiva im Rahmen der Abwicklung, bei VXGN machten Transaktionen in Südkorea eine rückwirkende Neuerstellung der Jahresabschlüsse erforderlich.

4.4 Realoptionswerte der Fallbeispiele

Für das Referenzjahr 2005 lassen sich nach der im Kapitel 4.3 dargelegten Vorgehensweise folgende Modellparameter bestimmen (Tabelle 6):

Auffällig sind die bei den deutschen Unternehmen[419] geringeren Investitionszahlungen (Barwert des Ausübungspreis X im Basisjahr) aber auch der geringere Wert des Investitionsvorhabens selbst (Barwert von S) im Vergleich zu den amerikanischen Pendants.

Name	BJ - 2005 in TSD Euro					
	S (Bar)	X (Bar)	r [(4)]	Div.	Varianz	T
arena pharmaceuticals Inc.	253.135	-177.550	5,33%	0	38,37%	8
Arquile Inc.	77.349	-36.000	8,17%	0	32,29%	13
avigen	22.683	-99.482	8,17%	0	32,29%	13
Biotissue Technologies[(1)]	n.v.	n.v.				
Caliper Life Science	90.472	-137.505	6,21%	0	35,76%	10
Co.don [(2)]	17.105	-18.546	5,77%	0	38,37%	8
Exact Sciences Corp.	26.607	-70.864	6,21%	0	35,76%	10
Gene Logic	41.161	-135.427	7,56%	0	33,61%	12
ImmunoGen Inc.	88.746	-93.578	7,56%	0	33,61%	12
Introgen Therapeutics Inc.	75.772	-70.637	7,56%	0	33,61%	12
La Jolla Pharmac.	43.100	-141.666	8,17%	0	32,29%	13
Macropore Biosurgery Inc	73.758	-36.927	5,68%	0	36,94%	9
Mologen AG	59.315	-16.559	5,33%	0	38,37%	8
MorphoSys AG	162.091	-24.952	5,68%	0	36,94%	9
November AG	16.257	-23.623	5,68%	0	36,94%	9
Pain Therapeutics	153.745	-10.805	5,33%	0	38,37%	8
Plasmaselect AG	83.007	-112.823	5,68%	0	36,94%	9
Vaxgen [(3)]	n.v.	n.v.				

(1) In Abwicklung (2) Geschäftsjahr schließt im Juni ab, Daten für 2004/05 (3) Überarbeitung aller Jahresabschlüsse bis rückwirkend bis 2003
(4) Zinseszins
Quelle: Eigene Berechnungen

Tabelle 6: Eingabeparameter Realoptionen 2005

Bereits auf den ersten Blick wird anhand der Differenz von S und X deutlich, dass sich Investitionen in bestimmte Unternehmen über den betrachteten Zeitraum nicht ausgezahlt haben. Der ermittelte feste Zinssatz orientiert sich an der betrachteten Spanne vom Basisjahr bis 2005 und ist daher bei dem Vorliegen einer gleichen Anzahl von Zeitschritten (T) identisch. Gleiches gilt auch für die Volatilität (σ), die sich auf einem verhältnismäßig hohen Niveau zwischen 31 % und 51 % bewegt. Dividendenzahlungen (δ) fielen keine an.

Für die Ermittlung der Realoptionswerte wurde ein Excel Tool entwickelt. Aus der unten stehenden Abbildung lässt sich der Rechnenweg ersehen:

---

[419] Nationalität der Unternehmen in Tabelle 3 aufgeführt.

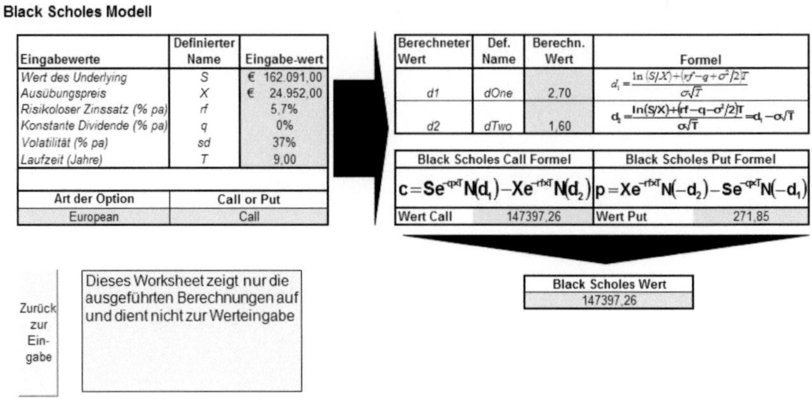

Abbildung 45: Berechnungstool Black/Scholes-Modell

Darauf basierend ergeben sich die folgenden Werte :[420]

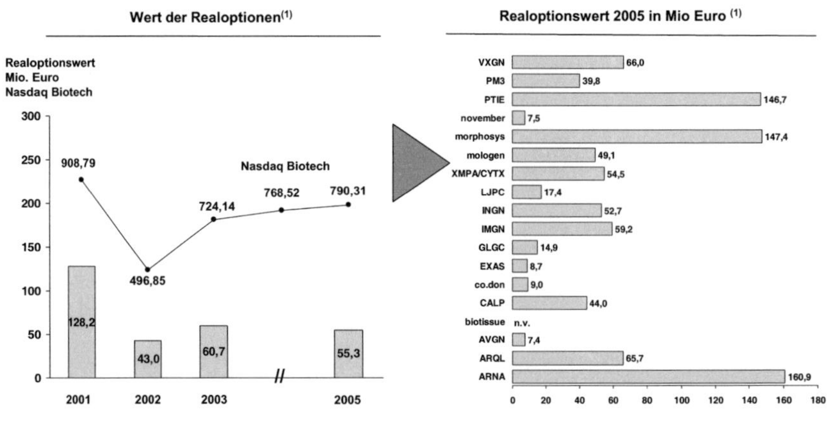

(1) Berechnung anhand eines Black/Scholes Modell, r_f = Zinseszins-Modell, Volatilität = ^NBI, Daten für Biotissue bis 2002, für VGXN bis 2003 und Co.don bis Jahresabschluss Juni 2005 (Geschäftsjahr 2004)
Quellen: Eigene Berechnungen

Abbildung 46: Realoptionswerte Basisjahr bis 2005

[420] Die Ausgangswerte für die Berechnung der Realoptionen der Unternehmen im Referenzjahr 2003 befinden sich im Anhang

Die Realoptionswerte der betrachteten Unternehmen unterliegen je nach Referenzjahr der Betrachtung (2001, 2002 oder 2003) starken Schwankungen. Während für den Zeitraum vom Basisjahr bis 2001 die höchsten Werte erzielt werden konnten, erschien eine Investition im Basisjahr mit der Perspektive bis 2002 weit weniger attraktiv. Wird berücksichtigt, dass sich zwischen 2001 und 2005 der Barwert der Investitionsauszahlungen (Ausübungspreis) zwar kontinuierlich, aber nur in geringerem Maße erhöhte, die Schwankungen des risikolosen Zinssatzes und der Volatilität eine gewisse Bandbreite nicht überschritten, so lässt sich ein Großteil der Bewegung des durchschnittlichen Realoptionswerts auf Bewegungen in der Marktkapitalisierung (underlying) zurückführen. Hinterlegt man die Änderung des durchschnittlichen Realoptionswerts der untersuchten 18 Unternehmen mit der Entwicklung des Nasdaq Biotech mit 130 Unternehmen des Biotechnologiesektors, so wird dieser Eindruck bestätigt (s. Linie auf der linken Seite der Grafik in Abbildung 46).

Diese beobachtete starke Abhängigkeit des berechneten Realoptionswerts von diskontinuierlichen Entwicklungen auf den Kapitalmärkten liegt in der Form der gewählten ex post Betrachtung begründet, nach der explizit zur Bestimmung des Werts einer Unternehmung und damit eines F&E-Investitionsprojekts auf den Börsenwert zurückgegriffen wurde. In der Praxis wird hingegen im Rahmen einer ex ante Betrachtung der Wert einer Investition bestimmt. Dabei kann sich natürlich nicht auf den zukünftigen Börsenwert gestützt werden, sondern es ist eine separate Modellierung des Werts erforderlich. In diesem Regelfall kann der Realoptionswert auch zur Überprüfung der aktuellen Marktbewertung herangezogen und Hinweise auf eventuelle Über- oder Untertreibungen identifiziert werden.

Der auf der rechten Hälfte von Abbildung 46 für die Fallbeispiele dargestellte Realoptionswert beschreibt vom Standpunkt des Gründungsjahres aus, welchen Wert die Option einer Investition in das jeweilige Unternehmen und damit in das jeweilige F&E-Projekt bis zum Jahre 2005 hatte. Abgesehen von einer Investition in Biotissue, einem Unternehmen, das im September 2003 Insolvenz anmelden musste, erscheint aus Sicht des jeweiligen Gründungsjahres, wenn auch in unterschiedlichen Ausmaßen, jede Option werthaltig. Anders formuliert, es wären alle Investitionsvorhaben außer bei Biotissue zum Zeitpunkt der ursprünglichen Ingangsetzung im Basisjahr bei einer Berechnung mit dem Realoptionsmodell zunächst befürwortet worden. Allerdings zeigen sich anhand der Realoptionswerte auch deutliche Unterschiede zwischen den einzelnen Unternehmen und damit der Vorteilhaftigkeit der F&E-Investitionen.

Bei sechs der bewertbaren 17 Unternehmen bewegt sich der Realoptionswert in einer Bandbreite von EUR 7,4 Mio. bis EUR 17,4 Mio. Dies erscheint ob des erforderlichen hohen Bedarfs an Investitionsmitteln (insbesondere bei AVGN, EXAS, GLGC und LJPC) und der langen Laufzeit von bis zu 13 Jahren als eine niedrige Bewertung der Realoption. Auf der anderen Seite weisen Unternehmen wie ARNA, MorphoSys oder PTIE einen hohen Realoptionswert von über EUR 140 Mio. aus. Für die verbleibenden acht Unternehmen lassen sich Realoptionswerte in einer verhältnismäßig engen Spanne von EUR 39 Mio. bis EUR 66 Mio. berechnen. Ob dieses Ergebnis auch durch andere Investitionsbewertungsverfahren bestätigt werden kann, wird in Kapitel 4.5 näher untersucht.

Betrachtet man nicht mehr nur die durchschnittliche Entwicklung der Realoptionswerte im Zeitverlauf, sondern analysiert die Unternehmen einzeln, so treten deutliche Unterschiede im Vergleich zur allgemeinen Marktentwicklung (Nasdaq Biotech) auf.

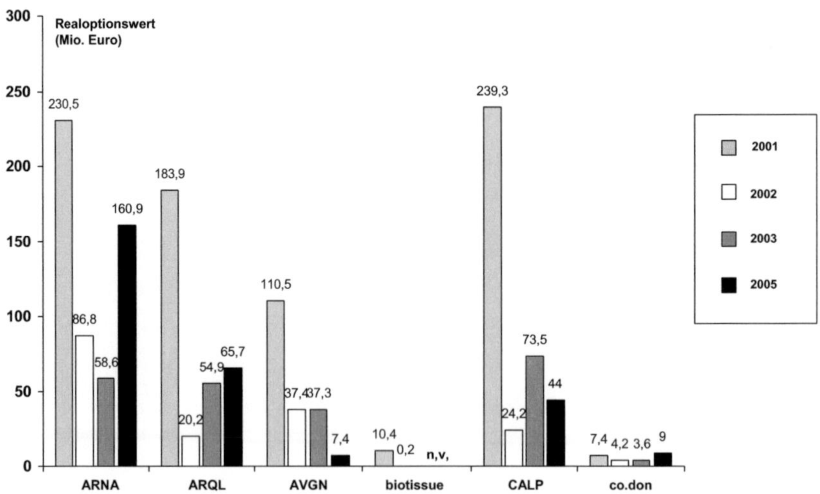

Berechnung anhand eines Black-Scholes Modell, r_f = Zinseszins-Modell, Volatilität = ^NBI
Quellen: Eigene Berechnungen

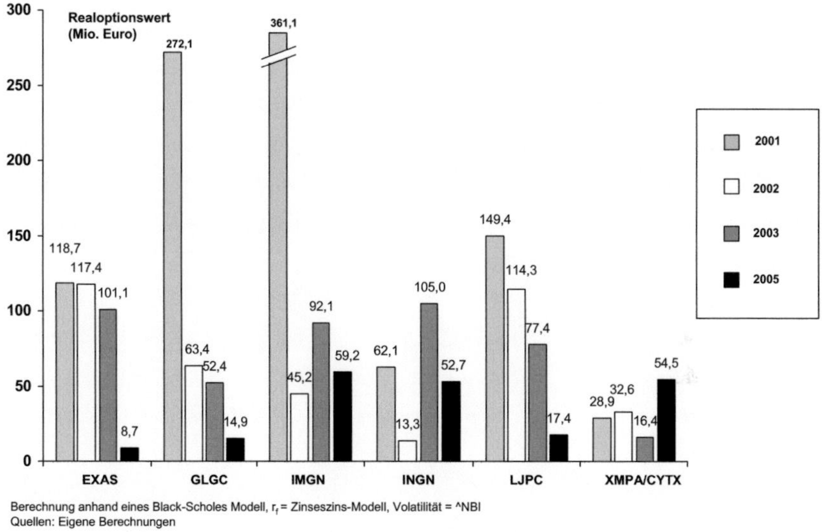

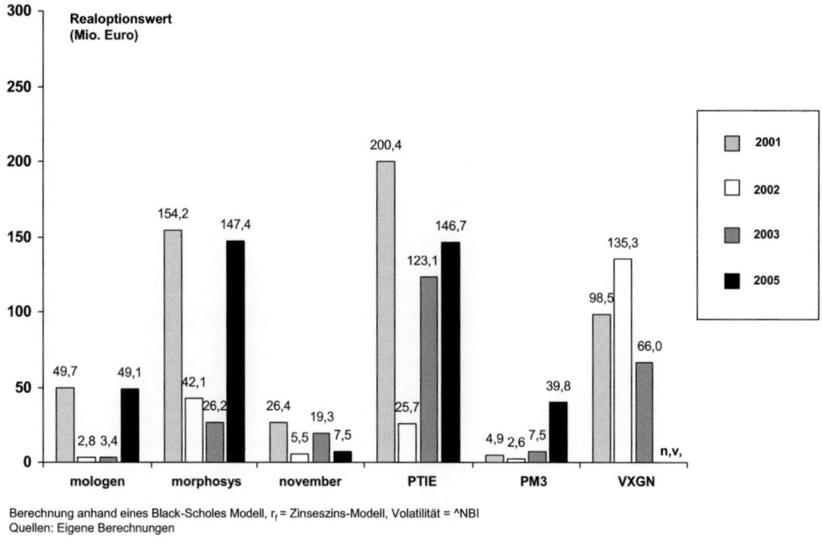

Abbildung 47: Veränderung Realoptionswert im Zeitverlauf

Deutlich werden zunächst einmal die z. T. heftigen Schwankungen der Werte bei Veränderungen des Referenzjahres. Eine Bewertung einer im Gründungsjahr des Unternehmens ausgeübten Realoption „gründe ein Unternehmen, um ein F&E Projekt durchzuführen" kann je nach Beurteilungszeitraum (bis 2001, 2002, 2003 oder 2005) zu wechselnden Ausprägungen einer Vorteilhaftigkeit führen. Entscheidend ist jedoch die Frage, ob diese unterschiedlichen Ausprägungen maßgeblich durch eine allgemeine Marktstimmung beeinflusst werden oder im Unternehmen selbst begründet liegen. Nur im letzteren Fall ist eine ex post Bewertung von Realoptionen auf der Basis von Marktkapitalisierung sinnvoll.

Folgt AVGN bis zum Jahre 2003 noch dem allgemeinen Markttrend, so ist 2005 ein regelrechter Absturz des Realoptionswertes zu konstatieren. Auch CALP, EXAS und LJPC weisen ihre schlechtesten Werte 2005 auf, obwohl der Nasdaq Biotech Index sich auf hohem Niveau stabilisieren konnte.

Eine umgekehrte Tendenz lässt sich bei ARNA, Mologen, MorphoSys und PTI feststellen, die 2005 eine deutliche Steigerung ihres Realoptionswertes erzielen können. Bei Co.don, XMPA/CYTX und PM3 wird sogar der höchste Wert des Betrachtungszeitraums in 2005 gemessen.

Die notwendige Voraussetzung einer unternehmensindividuellen Entwicklung scheint gegeben, sprich die immer wieder neu zu beurteilende Erfolgswahrscheinlichkeit der Wachstumsoption einer erfolgreichen Produktentwicklung bestimmt maßgeblich den Kursverlauf.
Werden die ermittelten Realoptionswerte mit den Merkmalsausprägungen der entsprechenden Unternehmenswerte[421] verglichen, so legt schon der erste Augenschein eine Beziehung nahe. Grundsätzlich verwundert das nicht, da die Marktkapitalisierung in dem der Arbeit zugrunde liegenden Modell als Maß für den Unternehmenswert den erwarteten Erfolg eines F&E-Projekts am Markt kennzeichnet. Je deutlicher ein Investitionserfolg erkennbar wird, desto höher der Unternehmenswert und desto geringer der Einfluss der Investitionsaufwendungen. In Abbildung 48 wird diese These anhand einer Korrelationsstudie einer Prüfung unterzogen.

[421] Eine Darstellung der Unternehmenswerte, berechnet anhand der Marktkapitalisierung, befindet sich in Kapitel 4.3.2.6.

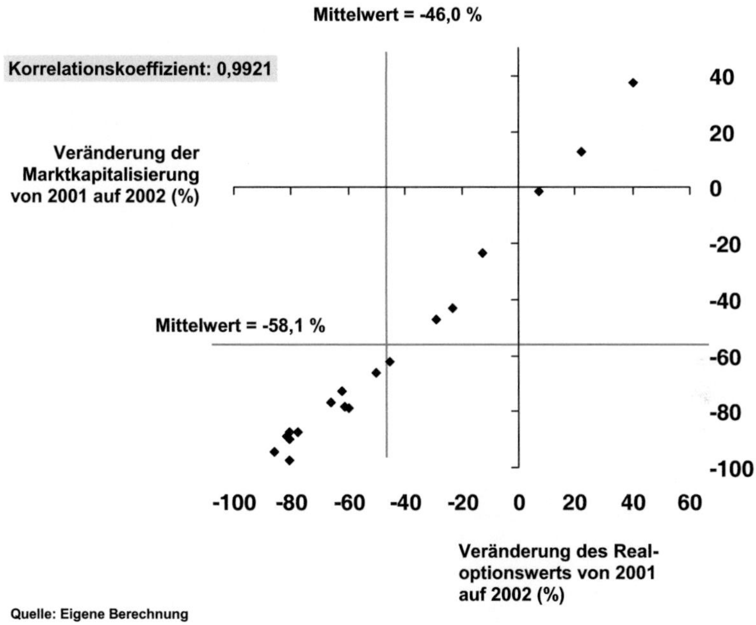

Abbildung 48: Korrelation von Marktkapitalisierung und Realoptionswert

Setzt man die Veränderung des Realoptionswerts von 2001 auf 2002 in Beziehung zur Veränderung der Marktkapitalisierung im gleichen Zeitraum, lässt sich ein hoher Korrelationsgrad feststellen. Eine Veränderung der Marktkapitalisierung bewirkt sowohl bei einer Unternehmenswertsteigerung (Macropore Biosurgery +22,4 % und Vaxgen +40,4 %) eine entsprechende Verbesserung des Realoptionswerts, als auch bei einer Verminderung des Unternehmenswerts eine entsprechende Senkung des Realoptionswerts. Auffällig ist der Wert von Exact Sciences (+7,1 % Marktkapitalisierung, -1,1 % Realoptionswert), der sich weder im ersten noch im dritten Quadranten der Abbildung befindet. Exact Sciences stellt einen Sonderfall dar, bei dem die Veränderung des Realoptionswerts nicht mit der Marktkapitalisierung in Einklang steht. Hier lässt sich die bereits geäußerte Vermutung aufgreifen, dass bei kleineren Veränderungen des Unternehmenswerts die Effekte auf den Wert einer Realoption von anderen Einflussfaktoren (z. B. Steigerung des Ausübungspreises) überlagert werden können. Es bleibt jedoch zu konstatieren, dass eine deutliche Veränderung der Marktkapitalisierung andere Modellparameter zu überlagern scheint und direkt auf den Realoptionswert durchschlägt.[422] Wie groß dieser Effekt tatsächlich ist, wird in Form einer Sensivitätsanalyse bei Arena Pharmaceuticals zu ergründen versucht, die in Abbildung 49 dargestellt ist.

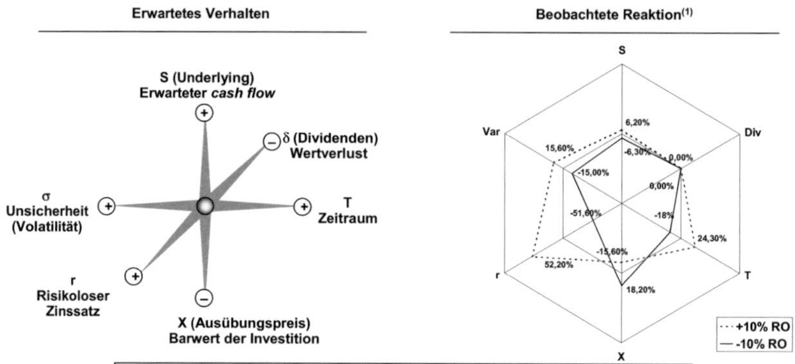

Sensivitätsanalyse Arna	S	X	r	Div	Var	T
arena pharmaceuticals Inc.	119585	128437	5,4%	0%	44,7%	6
RO Wert + 10%	6,2%	-15,6%	52,2%	Na	15,6%	24,3%
RO Wert - 10%	-6,3%	18,2%	-51,6%	Na	-15,0%	-18,0%

(1) Jeweilige Veränderung der Parameter in Prozent um eine jeweils 10%ige Erhöhung bzw. Verringerung des Realoptionswerts zu erreichen
Quellen: Eigene Berechnungen

Abbildung 49: Sensivitätsanalyse Realoptionswert

Abbildung 49 verdeutlicht den Einfluss aller Modellparameter auf den Realoptionswert. Um eine 10%ige Erhöhung des Realoptionswerts für 2003 zu erzielen, muss unter sonst gleichen Bedingungen die Volatilität um 15,6 % auf 51,7 % erhöht werden. Eine größere Schwankungsbreite der Volatilität erhöht gleichermaßen die Chance auf höhere Einzahlungen bzw. das Risiko geringerer Einzahlungen. Im Gedankengebäude der Realoptionen, die ein Recht aber nicht die Pflicht zur Ausübung beinhalten, wird davon ausgegangen, dass die stufenweise Investition nur bis zum Ende ausgeführt wird, wenn sich die höheren Einzahlungen abzeichnen. So lässt sich erklären, dass ein mehr an Volatilität auch ein mehr an Realoptionswert bedingt.

Eine Verlängerung der in Phasen ablaufenden Investitionsperiode ermöglicht es den Investoren, mehr laufende Informationen über das F&E-Projekt in ihr Entscheidungskalkül einzube-

[422] Für den Zeitraum von 2001-2003 befindet sich eine Korrelationsanalyse von Unternehmenswert und Realoption in Anhang L.

ziehen und im Rahmen ihrer Handlungsflexibilitäten gestaltend einzugreifen. Daher steht auch der Modellparameter Zeitraum (T) in positiver Beziehung zum Realoptionswert.

Auffällig ist die positive Relation von Zins und Optionswert. Durch einen höheren Zins wird gleichermaßen der Barwert zukünftiger Einzahlungen (S) aber auch der Auszahlungen für Investitionen (X) gesenkt. Zu beachten ist, dass der risikolose Zins nicht durch den einzelnen Investor beeinflusst werden kann.

Das Verhältnis von Ausübungspreis und Realoption ist hingegen unmittelbar einsichtig; je höher die Ausgaben für eine Investition unter gleichen Rahmenbedingungen, desto unattraktiver erscheint das F&E-Projekt.

Um eine Erhöhung des Realoptionswerts um 10 % zu erreichen, muss das *underlying*, also die Marktkapitalisierung am wenigsten verändert werden, was den bereits diskutierten signifikanten Einfluss erklärt. Eine wichtige Erkenntnis ist also, dass es bei der Bewertung durch Realoptionen besser ist, sich auf eine Erhöhung der Einzahlungen zu konzentrieren, als die Investitionsausgaben zu drücken.

Das eingesetzte optionsbasierte Modell der Unternehmensbewertung ist so konzipiert, dass die Spezifika der zugrunde gelegten Geschäftsmodelle hinreichend abgebildet werden. Die Optionsbewertung kann darüber hinaus nun stufenweise erweitert und ergänzt werden:

- Zukunftsgerichtete Betrachtung der F&E-Investition durch Verzicht auf Ermittlung (bzw. Schätzung) des Marktwerts zugunsten einer expliziten Modellierung der Zahlungsströme basierend auf dem technischen Entwicklungsrisiko.

- Berücksichtigung mehrerer den Unternehmen vorliegender Realoptionen und deren Interaktion untereinander. In den betrachteten 18 Unternehmen liegt meist nicht ausschließlich *eine* eindeutig zu identifizierende Investition mit Optionscharakter vor, sondern mehrere Wachstums- und Flexibilitätsoptionen mit Kauf- oder Verkaufsoptionscharakter.

- Berücksichtigung des „privaten Risikos".[423] Unternehmensindividuelle Fehlentscheidungen des Managements, wie etwa eine Ausübung bestehender Option zum falschen Zeitpunkt,[424] können berechnete Realoptionswerte nachträglich beeinflussen.

- Berücksichtigung von Dividendenzahlungen und Bewertungssprüngen bei erfolgreicher Durchführung einer Entwicklungsphase oder Zulassung eines Medikaments. Erweiterung bzw. Abkehr vom Black/Scholes-Modell mit unterstellter Normalverteilung.

- Berücksichtigung eingeschränkter Exklusivität bei Realoptionen. Das Verhalten von Wettbewerbern kann zu einer Modifikation der Modellparameter und damit der Managemententscheidungen führen.

4.5 Einordnung der Ergebnisse des Realoptionsverfahren

Nach der Berechnung des Wertes der Realoptionen stellt sich die Frage nach der Relevanz dieser Werte. Der Vergleich mit traditionellen Investitionsbewertungsverfahren soll Aufschluss darüber geben, ob und inwieweit die Aspekte einer Investition im Realoptionsverfahren abgebildet werden können.

Gängige Bewertungsverfahren von Wirtschaftsprüfern umfassen derzeit die klassischen dynamischen Kapitalwert-/DCF-Verfahren und in den letzten Jahren verstärkt auch das *capital asset pricing model* (CAPM).[425] Auch im Investmentbanking und hier besonders bei Börseneinführungen spielen Unternehmensbewertungen auf NPV- und CAPM-Basis eine zentrale Rolle.[426] Beide Verfahren kämpfen allerdings mit dem Problem, dass sich für die Anfangsinvestition kein adäquater Kalkulationszinssatz bezüglich der zukünftigen Zahlungsströme finden lässt, da sich durch die laufende Verbesserung der Informationsbasis während des Projekts auf Grund zwischenzeitlich eingetretener Umweltzustände oder proaktivem Manage-

[423] Mit der Unterteilung in „*private risk*" und „*market risk*" beschäftigen sich u. a. *Amram, M./Kulatilaka, N. (1999a),* S. 54 f.
[424] *Copeland, T./Tufano, P. (2004),* S. 91.
[425] Vgl. Hauptfachausschuss des IDW: Grundsätze zur Durchführung von Unternehmensbewertungen.
[426] Vgl. *Schäfer, H./Jakobs, M. (2000).* In einer empirischen Erhebung der Bewertungspraxis bei Börseneinführungen von IPOs am Neuen Markt wurde eine Dominanz von DCF-Verfahren konstatiert.

ment der Entscheidungsträger das Risiko (und damit der risikoangepasste Zinssatz) der nächsten Investitionsphasen ändert.[427]

4.5.1 CAPM

Akzeptiert man trotz aller fundamentalen Kritik an CAPM für empirische Zwecke Modell und Paradigma, so ergeben sich bei der Ermittlung von Beta-Faktoren für Wachstumsunternehmen der Biotechnologiebranche mehrere Probleme. *Schäfer* und *Schässburger* zeigen am Beispiel des Nasdaq Biotech-Schwergewichts Amgen[428], dass

- nur zeitlich sehr instabile Beta-Werte berechnet werden können, die darüber hinaus nur eine vergleichsweise geringe statistische Güte aufweisen;
- teilweise Beta-Werte von nahe oder vollständig Null vorkommen, die mit der umfassenden Forschungs- und Entwicklungstätigkeit der Unternehmen interpretiert werden können.[429]

Beide Autoren stellen darüber hinaus in empirischen Erhebungen fest, dass diese Probleme auch für andere vergleichbare Unternehmen auf den amerikanischen Aktienmärkten gelten und schlussfolgern, dass die Verwendung reiner CAPM-basierter Marktmodelle für die Bewertung junger forschungsintensiver, wachstumsstarker Unternehmen auf Grund der fehlenden empirischen zuverlässigen Beta-Werte nur eingeschränkt möglich ist.[430] Die Arbeit konzentriert sich daher im Folgenden auf einen Vergleich der Realoptionsverfahren mit dynamischen Kapitalwertverfahren.

---

[427] Vgl. *Schäfer, H./Schässburger, B. (2001),* S. 252.
[428] Amgen ist 2003 das Biotechnologieunternehmen mit der größten Marktkapitalisierung weltweit. Auf Grund seiner Größe und des Gewichts im zur Volatilitätsberechnung herangezogenen ^NBI zählte Amgen nicht zu den im Rahmen der Fallbeispiele betrachteten Unternehmen und wurde aus dem Index herausgerechnet.
[429] Vgl. *Schäfer, H./Schässburger, B. (2001),* S. 251 ff.
[430] Vgl. *Schäfer, H./Schässburger, B. (2001),* S. 257 f.

4.5.2 NPV

Aufgrund der in den Modellannahmen festgelegten vollständigen Eigenkapitalfinanzierung[431] erübrigt sich eine differenzierte Betrachtung nach den verschiedenen DCF-Verfahren zur expliziten Berücksichtigung des Fremdkapital(zinsen) und es kann sich im Folgenden auf den Kern des DCF-Verfahrens, der *net present value* Methode, konzentriert werden.

Ausgangspunkt der Berechnung der NPV-Werte bilden die in Kapitel 4.5 getroffenen Begriffs- und Berechnungsbestimmungen der Modellparameter. Analog zu den dort ermittelten Auszahlungen für F&E und dem Marktwert (Endwert) wurde mittels des ermittelten risikolosen Zinssatzes diskontiert, um eine Vergleichbarkeit der berechneten Barwerte mit den Realoptionswerten zu erzielen.

Bei den dargestellten NPV-Werten der untersuchten Unternehmen lassen sich nicht nur deutliche Unterschiede zwischen den Unternehmen, sondern auch im Zeitablauf konstatieren.

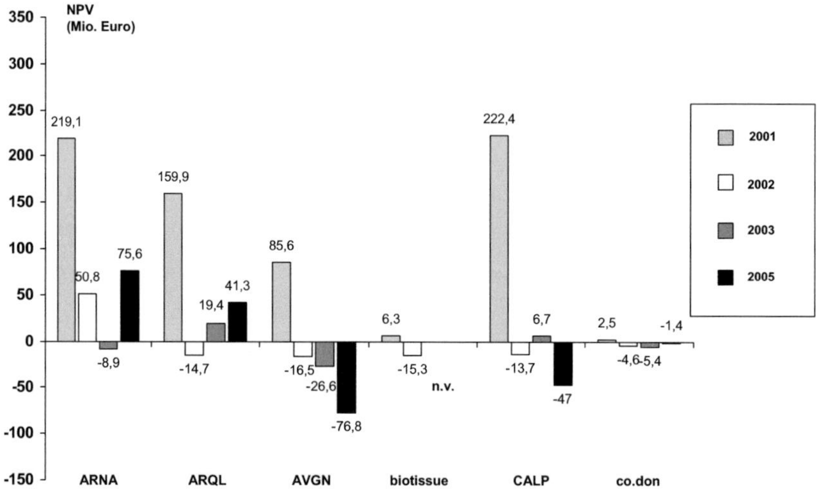

Berechnung: Differenz des Barwerts von Investitionen und Marktkapitalisierung
Quelle: Jahresabschluss, eigene Berechnung

[431] Vgl. Kapitel 4.3.1.

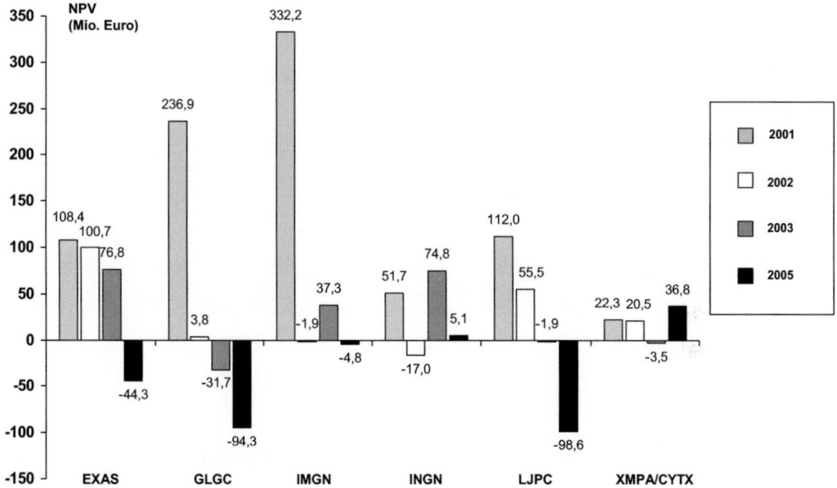

Berechnung: Differenz des Barwerts von Investitionen und Marktkapitalisierung
Quelle: Jahresabschluss, eigene Berechnung

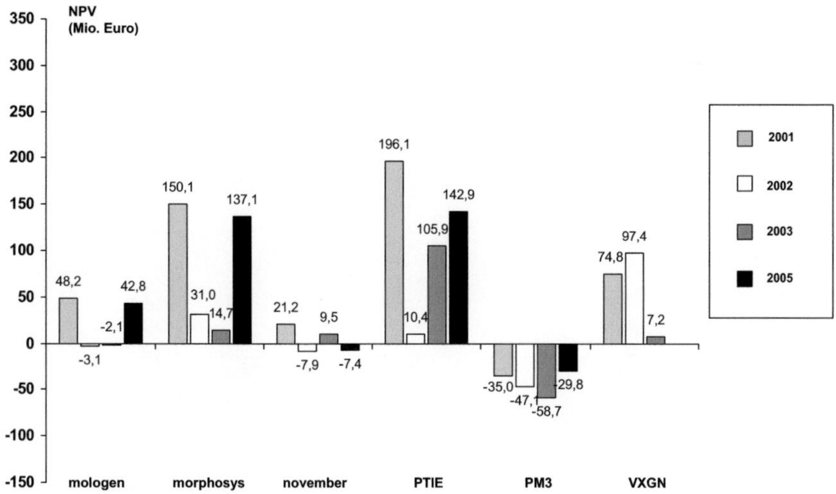

Berechnung: Differenz des Barwerts von Investitionen und Marktkapitalisierung
Quelle: Jahresabschluss, eigene Berechnung

Abbildung 50: NPV-Werte im Zeitverlauf

Zunächst fällt auf, dass ebenso wie beim Realoptionsverfahren die NPV-Werte deutlichen Schwankungen unterliegen. Im Gegensatz zum Realoptionsverfahren treten auch negative Werte zu Tage: Bei neun der 16 im Jahre 2005 bewertbaren Unternehmen ist der NPV im Jahr 2005 negativ (AVGN, CALP, Co.don, EXAS, GLGC, IMGN, LJPC, November, PM3) und bei INGN nur unwesentlich im positiven Bereich. Insgesamt ist der durchschnittliche NPV von einem sehr hohen Niveau in 2001 (durchschnittlich EUR 112 Mio.) deutlich gesunken (2003: EUR 13 Mio., 2005: EUR 5 Mio.).

Verläuft beispielsweise bei EXAS die Wertentwicklung noch relativ konstant (abwärts), so sind bei Unternehmen wie ARNA, MorphoSys und weiteren dramatische Schwankungen zu erkennen. Bis auf VXGN und XMPA/CYTX wird der höchste NPV-Wert im Jahre 2001 erreicht. Danach beginnt eine durch die Kursverluste an den Aktienmärkten eingeleitete Talfahrt, die bei vier Unternehmen bis 2005 anhält. Es stellt sich die Frage, wie sich die Veränderungen der NPV-Werte im Vergleich zu den Realoptionswerten verhalten. Lässt sich eine ähnliche Tendenz erkennen und falls ja, ist das Ausmaß der Schwankungen ähnlich hoch? Die folgende Abbildung gibt mit der Gegenüberstellung der ermittelten NPV-Werte mit den Realoptionswerten für die Investitionsspanne vom Basisjahr bis 2001 eine erste Antwort auf diese Frage:

Realoptionswert in Mio. Euro und Anteil NPV an RO (in %) 2001

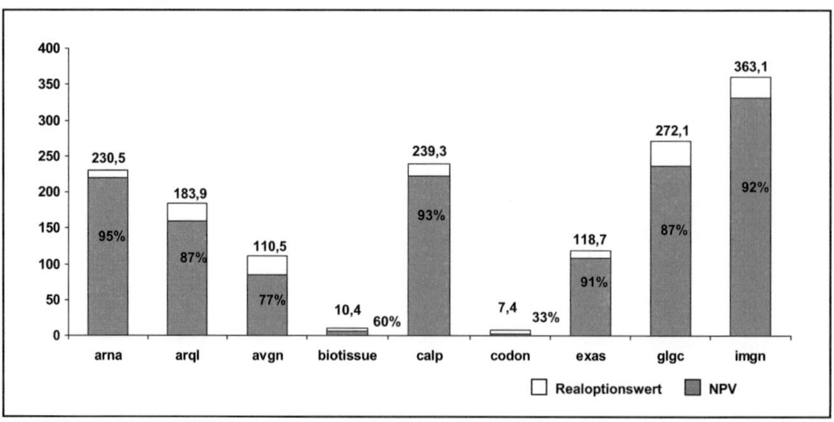

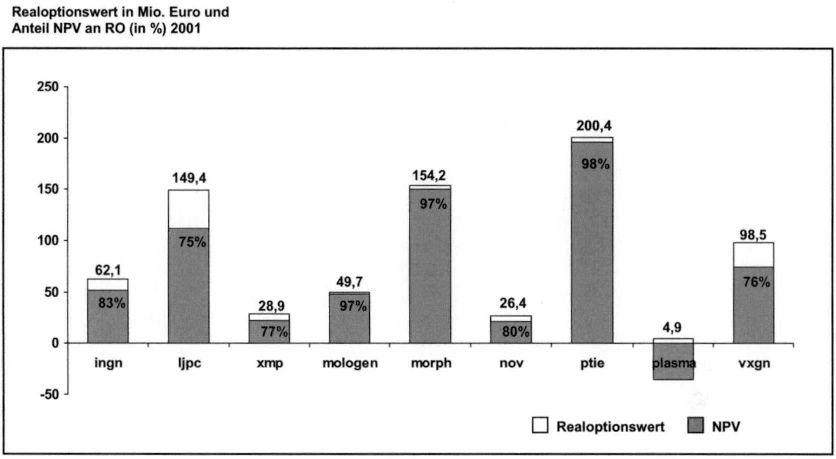

Abbildung 51: Bar- und Realoptionswert im direkten Vergleich, Basisjahr bis 2001[432]

Bis auf den NPV-Wert von PM3 (Plasmaselect) sind alle berechneten Kapitalwerte positiv. Auffällig ist, dass die ermittelten Realoptionswerte in allen Fällen über den Barwerten liegen. Das entspricht der Erwartung, dass die in den Barwertverfahren nicht abgebildeten Handlungsflexibilitäten den F&E-Projekten zusätzlichen Wert verleihen. Die Höhe der NPV-Werte nimmt eine Spanne von 77 % bis 98 % der Realoptionswerte ein, die im Jahre 2001 nur von drei Ausnahmen durchbrochen wird. Bei den niedrigen NPV-Werten von Biotissue (60 %) und Co.don (33 %) wird diese Spanne z. T. merklich unterschritten. Eine Besonderheit im positiven Bewertungsumfeld für Biotechnologieunternehmen des Jahres 2001 stellt PM3 dar, das bei einem negativen NPV einen noch knapp positiven Realoptionswert aufweist. Eine Investitionsbewertung auf Basis des Realoptionsansatzes würde in diesem Falle eine andere Entscheidung nahe legen, als eine Entscheidung auf Basis des NPV-Werts. Diese oben beschriebenen Beobachtungen treten bei einer Verlängerung der Betrachtungsperiode vom Basisjahr bis nun 2003 noch stärker in Erscheinung:

[432] Quelle: eigene Berechnungen, Abkürzungen: arna = Arena Pharmaceuticals, arql = Arquile, avgn = Avigen, calp = Caliper Life Science, exas = Exact Sciences, glgc = Genen Logic, imgn = ImmunoGen, ingn = Introgen Therapeutics, ljpc = La Jolla Pharmaceuticals, xmp = Macropore, nov = November, ptie = Pain Therapeutics, vxgn = Vaxgen

Realoptionswert in Mio. Euro und
Anteil NPV an RO (in %) 2003

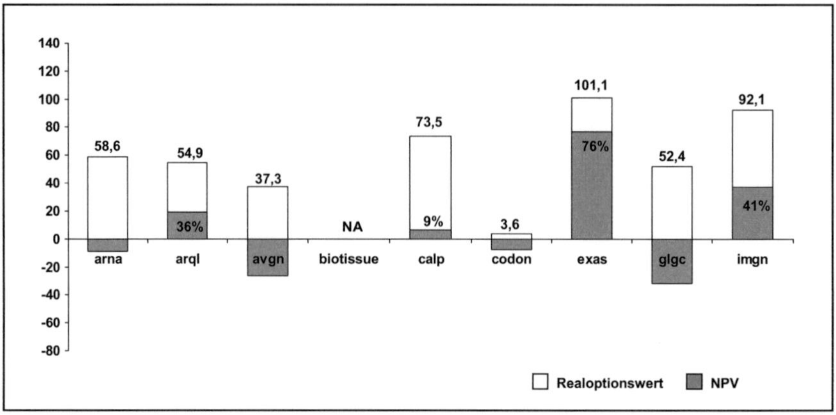

Realoptionswert in Mio. Euro und
Anteil NPV an RO (in %) 2003

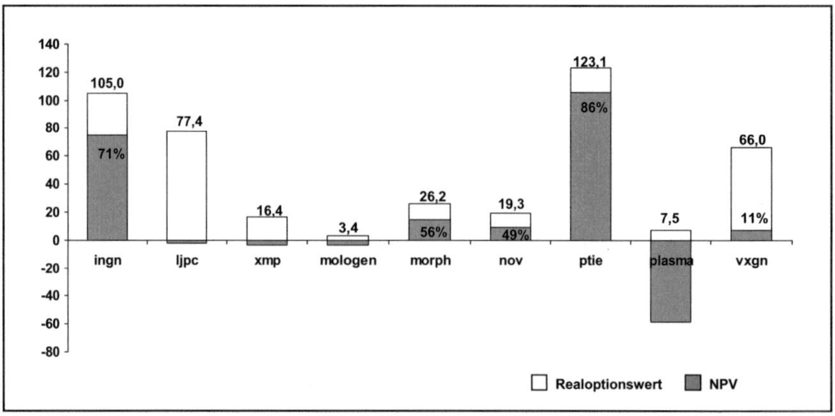

Abbildung 52: Bar- und Realoptionswert im direkten Vergleich, Basisjahr bis 2003

Auf Grund der im Jahre 2003 wesentlich niedrigeren Börsenbewertung von Biotechnologieunternehmen sinkt der NPV einer Investition vom Gründungsjahr bis 2003 im Vergleich zu 2001 bei weiter laufenden Auszahlungen für F&E merklich. Zwar ist der Realoptionswert davon ebenso wie der NPV betroffen, doch gelingt es ihm, im Positiven zu verbleiben. Eine längere Laufzeit, einhergehend mit einer Ausweitung der Entscheidungspunkte, wirkt im Realoptionsansatz positiv auf den Wert. Bei der Betrachtung der Zeitspanne vom Basisjahr bis

2003 würde es in acht (respektive neun, zieht man die Daten 2002 von Biotissue mit ein) Fällen zu einer divergierenden Beurteilung von Realoptions- und NPV-Verfahren kommen.[433]

In der folgenden Abbildung wird die Veränderung von Realoptions- und NPV-Wert einer näheren Prüfung unterzogen. Der Wert von Biotissue bezieht sich dabei auf 2002, da das Unternehmen Ende 2003 insolvent wurde.

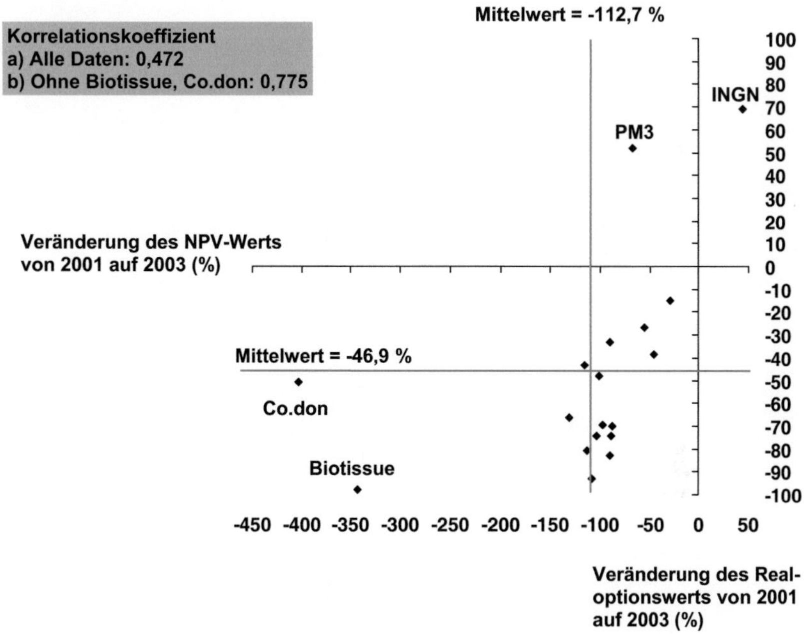

Quelle: Eigene Berechnung, für Biotissue Werte von 2001 auf 2002

Abbildung 53: Korrelation von Bar- und Realoptionswert, 2001 bis 2003

Es lässt sich aus den Daten eine positive Korrelation zwischen NPV- und Realoptionswert herleiten, die zunimmt, wenn man die Werte der Underperformer Biotissue und Co.don herausnimmt.

Selbst mit einem verlängerten beobachteten Zeitraum von 2001 - 2005 lassen sich diese Korrelationsdaten bestätigen, wie die folgende Abbildung zeigt. Wie in der Vorperiode liegt

[433] Eine Gegenüberstellung von Realoptions- und NPV-Wert für das Jahr 2005 befindet sich im Anhang

Co.don außerhalb des erwarten Quadranten. Anstelle des durch Datenmangel nicht darstellbaren Wertes von Biotissue ist nun PM3 getreten, das ebenfalls den Korrelationskoeffizienten maßgeblich beeinflusst - 0,449 inklusive PM3, 0,755 ohne Berücksichtigung von PM3.

Besondere Beachtung verdient auch Co.don. Trotz einer Verringerung des NPV-Werts ergibt sich eine Steigerung des Realoptionswerts. Die Begründung liegt in dem verlängerten Zeithorizont (T), dessen grundsätzlich eher schwacher Effekt durch das niedrige Niveau des Realoptionswerts leicht zum Tragen kommt.

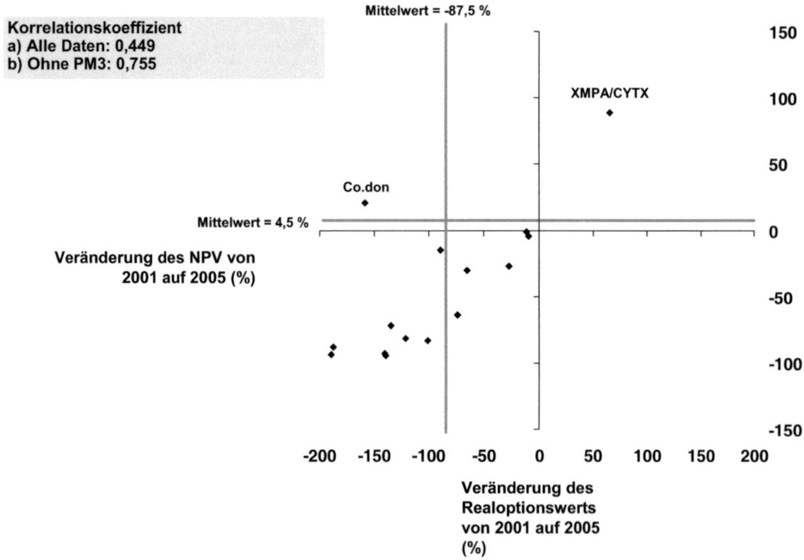

Quelle: Eigene Berechnung, untersuchte Unternehmen ohne Biotissue und VXGN,
RO-Wert Veränderung von PM3 mit 710,4% (Delta NPV-Wert=-14,7%) ausserhalb der Skala

Abbildung 54: Korrelation von Bar- und Realoptionswert, 2001 bis 2005

Bei einer verkürzten Betrachtung (Zeitspanne von 2001 - 2002) ergibt sich ohne die beiden Unternehmen sogar eine noch höhere Korrelation von 0,92.[434]

[434] S. Anhang N.

Anhand der berechneten Durchschnittswerte der Veränderung des NPV (-112,7 % bzw. -87,5 %) respektive des Realoptionswerts (-46,9 % bzw. +4,5 %) wird zudem offensichtlich, dass der NPV-Wert erheblich sensibler auf Marktveränderungen reagiert. Führen also externe Effekte, wie beispielsweise die massive Abwertung der Aktienkurse von 2002, zu einer Verschlechterung der wirtschaftlichen Perspektive eines Unternehmens, so wird dies erheblich rascher und deutlicher durch eine Änderung des NPV-Werts ausgedrückt. Der Realoptionswert reagiert zwar auch, kann aber dank der zusätzlichen Berechnungsparameter stärker den langfristigen Wert einer Investition berücksichtigen.

4.5.3 Interner Zinsfuß

Als weiteres dynamisches Instrument im Rahmen der Kapitalwertmethoden zur Investitionsbewertung bietet sich, nicht zuletzt dank der bereits vorliegenden Parameter, der interne Zinsfuß an. Er beschreibt die Verzinsung des in das jeweilige Unternehmen eingesetzten Kapitals. Ein Projekt ist dann vorteilhaft, wenn der interne Zinsfuß größer als die gewünschte Mindestverzinsung ist. Zu beachten ist, dass eine Entscheidung auf Basis des internen Zinsfußes bei unterschiedlichem Kapitaleinsatz nicht immer vermögensoptimal ist, sofern keine Ergänzungsinvestition zum risikolosen Zinssatz möglich ist.

Die interne Zinsfuß-Methode (IZM) geht als Kapitalwertverfahren von einer starren Durchführung der Investition aus. Die Unsicherheit wird einseitig als Beeinträchtigung der Vorteilhaftigkeit eines Projekts gewertet und findet Eingang in eine wahrscheinlichkeitsgewichtete Darstellung der Zahlungsstruktur bzw. der gewünschten Mindestverzinsung.

Die Abbildung der realen Zinsfüße zeigt nicht nur deutliche Unterschiede zwischen den untersuchten Unternehmen, sondern auch zwischen den einzelnen Betrachtungszeitpunkten. Die größte Bewegung zeigte dabei EXAS auf, die 2003 noch einen internen Zinsfuß von 18,3 % aufwies und an Position 2 im Vergleich der Unternehmen stand, im Jahre 2005 mit -6,3 % aber das Schlusslicht aller noch bewertbaren Unternehmen bildete. Aufsteiger dieses Zeitraums ist Mologen, das seine Rendite von -5,1 % auf 32,3 % steigern und damit den dritten Rang einnehmen konnte. Um die Positionsveränderungen auch grafisch zu verdeutlichen, ist in der folgenden Abbildung der Zinsfüße der Jahre 2002 und 2001 die Reihenfolge des Jahres 2003 beibehalten worden.

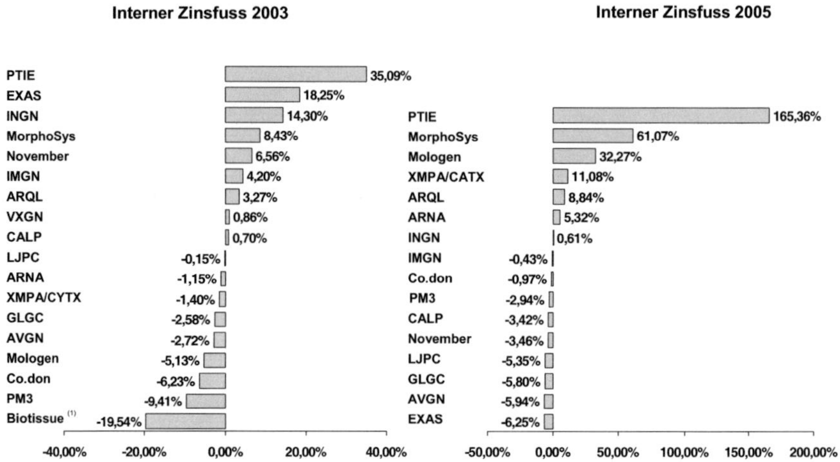

Von der Unternehmensgründung bis 2003 respektive 2005, Berechnung aus Barwertvergleich von Investition u. Marktkapitalisierung
Für Biotissue und VXGN 2005 unzureichende Daten
Quellen: Jahresabschluss, NASDAQ, eigene Berechnungen

Abbildung 55: Fallbeispiele bewertet mit der IZM, Zeitraum Basisjahr 2003 bzw. 2005

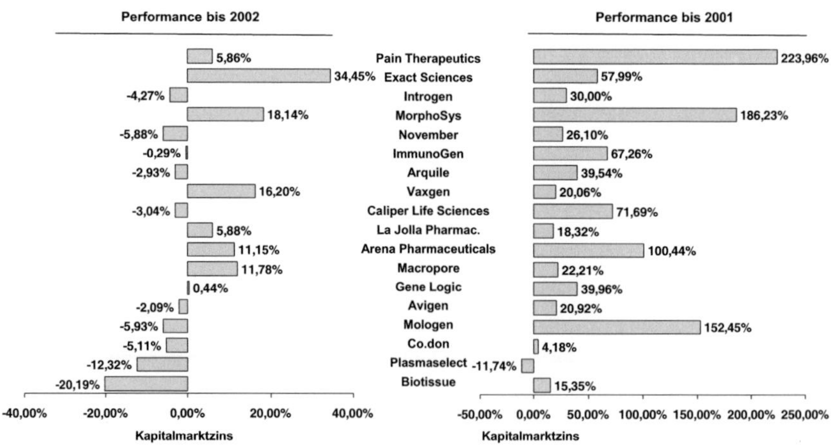

Berechnung aus Barwertvergleich von Investitionen u. Marktkapitalisierung
Quellen: Jahresabschluss, Wallstreet Online, eigene Berechnungen

Abbildung 56: Fallbeispiele bewertet mit der IZM, Zeitraum Basisjahr 2001 bzw. 2002

Vergleicht man die Ergebnisse der internen Zinsfuß-Methode mit den Realoptionswerten, so erkennt man an der Spitze und am Ende des Unternehmensfeldes Gemeinsamkeiten, jedoch deutliche Unterschiede bei den Platzierungen. Während beim Realoptionsansatz noch (fast) jede Investition in ein Unternehmen respektive Forschungsprojekt vorteilhaft erscheint, zieht die IZM eine klare Grenze. Unterhalb dieser befinden sich, kaum überraschend, genau wie beim NPV-Verfahren 2005 sieben Unternehmen (2003 neun Unternehmen), da beide Verfahren mathematisch ineinander überführbar sind. Nimmt man den durchschnittlichen Kapitalmarktzins 2000 von knapp 5 %[435] als Maßstab für die gewünschte Mindestverzinsung, so sind es nur sechs (2003: fünf) der dargestellten Unternehmen, die diesen Anspruch erfüllen können. Schon an dieser Stelle wird deutlich, dass eine Bewertung mit dem Barwert oder der IZM zu einer vorsichtigeren Investitionspolitik führt. Sie trägt darüber hinaus bereits den Charakter einer Unterbewertung in sich, da die aus Unsicherheit erwachsenden Chancen nicht berücksichtigt werden.

Im Zeitvergleich der Referenzjahre 2001 und 2002 in der Rangfolge von 2003 werden die bereits zum NPV-Verfahren angesprochenen Wertschwankungen besonders deutlich. Eine Investitionsentscheidung auf der Basis des IZM mit den hier vorgenommen Parameterdefinitionen würde ständige Korrekturen erfordern, hätte also fast ein erratisches Verhalten zur Folge.

4.5.4 Entscheidungsbaumverfahren

Das Entscheidungsbaumverfahren (*decision tree analysis*, DTA) ermöglicht eine explizite Modellierung möglicher, wahrscheinlichkeitsgewichteter Zukunftsszenarien. Die Beziehung von DTA und optionspreistheoretischen Verfahren ist in der Literatur ausführlich beschrieben worden.[436] Mit beiden Verfahren können simultan ein Wert und eine davon wechselseitig abhängige im Zeitablauf optimale Handlungsstrategie bestimmt werden. Beim Entscheidungsbaumverfahren unter Unsicherheit werden entweder risikobehaftete Zahlungen mit ihrem Sicherheitsäquivalent bewertet oder der Erwartungswert der Zahlungen wird mit einem risikoangepassten Zinssatz diskontiert. Bei der Annahme vollkommener Märkte und einem regel-

[435] Durchschnittl. Kapitalmarktzins im Euro-Raum (BIP-gewichtete Rendite zehnjähriger Staatsanleihen), Quelle Bundesbank.

[436] Vgl. *Ballwieser, W. (2002), Fischer, T.R./Hahnenstein, L./Heitzer, B. (1999).*

mäßig im Zeitablauf angepassten Diskontierungsfaktor liefern DTA- und RO-Verfahren gleiche Werte und identische Handlungsstrategien.[437] Entfällt die Anpassung des Diskontierungsfaktors oder sind die denkbaren Zukunftsszenarien zu komplex, weist der Optionsansatz anwendungsbezogene Vorteile auf. Die Stärke des Entscheidungsbaumverfahrens kommt dann zum Tragen, wenn die Annahme effizienter Märkte aufgehoben wird und ein hoher Anteil an unternehmensindividuellen, privaten Risiken besteht. Je weniger handelbare Vermögensgegenstände als *underlying* die Unsicherheit eines F&E-Projekts ausdrücken können, desto ungenauer werden die durch einen Realoptionsansatz berechneten Werte.[438] Auf die Fallbeispiele bezogen bedeutet dies, dass die Richtigkeit der dem *underlying* zugrunde liegenden Annahme von Einproduktunternehmen für die Qualität der berechneten Realoptionswerte von entscheidender Bedeutung ist.

Wird diese Prämisse akzeptiert, so könnte ein Einsatzfeld des Entscheidungsbaumverfahrens in der Erweiterung des in dieser Arbeit beschriebenen ex post Modells in der expliziten Einbeziehung der Entwicklungsrisiken von F&E-Projekten in die Berechnung der Realoptionsmodellparameter bestehen. Anstelle des direkten Rückgriffs auf den Unternehmenswert bzw. der im Geschäftsbericht veröffentlichten Investitionsauszahlungen werden explizite Ereignis- und Entscheidungsbäume für den technischen Fortschritt und/oder die Zahlungsströme modelliert. Die berechneten Werte, für die allerdings wieder Eintrittswahrscheinlichkeiten geschätzt werden müssen, finden anschließend Eingang in die Berechnung des Realoptionswerts.

4.5.5 Fazit

Fasst man die anhand der 18 Fallbeispiele aus der Biotechnologiebranche empirisch fundierten Ergebnisse der verschiedenen Bewertungsverfahren zusammen, so ergibt sich ein gemischtes Bild.

Der Schwachpunkt beim Einsatz von CAPM basierten Verfahren zur Bewertung von F&E-Projekten ist die nur unzureichend durchführbare Berechnung der Beta-Werte. Eine Bestimmung des Werts einer F&E-Investition ist daher nicht möglich.

[437] *Friedl, G. (2003b),* S. 383 f.
[438] *Dangl, T./Kopel, M.O. (2003)* sprechen von Wertober- bzw. -untergrenzen.

Eine Bewertung im Rahmen einer Kapitalwertmethode bereitet vor allem deshalb Probleme, weil der berechnete Wert, der NPV-Wert, auf einer ex ante vorgegebenen Strategie mit starrer normal verteilter Streuung der erwarteten Projektbarwerte beruht. Hieraus resultiert eine inadäquate Bewertung bei solchen Investitionsprojekten, bei denen proaktives Management die Dichtefunktion von Zahlungsströmen verändern kann. Die Folgen können Bewertungsverzerrungen in Form von

- systematischer Unterbewertung langfristig angelegter Investitionsprojekte und
- mangelnder Berücksichtigung der Flexibilität von vor allem sequenziellen Investitionsvorhaben sein.[439]

Entscheidungsbaumverfahren berücksichtigen ebenso wie Realoptionsverfahren Handlungsflexibilitäten und führen unter Optimalbedingungen zu gleichen Ergebnissen. Da diese in der Praxis meist nicht gegeben sind, eignen sie sich besonders zur Validierung von Realoptionsmodellen. Diese Überprüfung erscheint umso notwendiger, wie die positive Einschätzung jedes der vorgestellten 18 Fallbeispiele, inklusive der in der Zwischenzeit insolvent gegangenen Biotissue AG, zu einer gewissen Portion Skepsis gegenüber den berechneten Werten anregt. Der in den Fallbeispielen berechnete Realoptionswert stellt einen Idealfall dar, in dem alle sich bietenden Chancen des F&E-Projekts zum optimalen Zeitpunkt ausgeübt werden. Doch auch das Management ist fehlbar.

[439] Vgl. u.a. *Copeland, T./Keenan, P.T. (1998a).*

5 Fazit

In dieser Arbeit werden Investitionsbewertungsverfahren zum optimalen Einsatz der begrenzten finanziellen Mittel einer Unternehmung einer genaueren Beurteilung zugeführt. Grundlage ist ein Controlling-Ansatz, der Abweichungen vom modelltheoretischen Idealbild der Neoklassik (in wesentlichen Aspekten) berücksichtigt.

Dabei zeigt sich, dass der Einsatz von Realoptionen bei korrekter Definition der Modellparameter viele Schwächen traditioneller Verfahren umgehen kann. Das Problem der Wahl des risikoadäquaten Kapitalkostensatzes wird durch eine risikoneutrale Bewertung vermieden. Je stärker eine Realoption „aus dem Geld ist“, anders ausgedrückt, je mehr die Investitionsausgaben die zukünftigen Einzahlungen übertreffen, desto größer ist der Bewertungsfehler der NPV-Methode sowie der meisten traditionellen Ansätze. Auch die fehlende Fundierung der quantitativen Erfassung von Flexibilität im Bereich der Wachstumsstrategien schränkt traditionelle Investitionsbewertungsverfahren ein.

Deutlich wird jedoch auch, dass die Abbildung einer realen Investitionsgelegenheit mit dem Realoptionsansatz durch eine große Anzahl denkbarer Optionen und umfangreicher mathematischer Berechnungsweisen eine hohe Komplexität erreicht. Die zu Verfügung stehenden Ressourcen (Zeit, Kosten), aber auch die kognitiven Fähigkeiten des Bewertenden geraten rasch an ihre Grenzen. Vor diesem Hintergrund und einem geringen Kenntnisstand der noch verhältnismäßig jungen Bewertungsmethode ist der noch geringe Verbreitungsgrad in der Praxis zu sehen.

Darüber hinaus wird in dieser Arbeit auch das Problem der Scheingenauigkeit thematisiert. Als Ausweg werden entweder eine Verkürzung der Realoptionsansätze auf eine konzeptionelle Betrachtung oder eine Konzentration auf die wichtigste Option und die Wahl eines bewährten, aber möglicherweise nicht ganz exakten Berechnungsverfahrens (Black/Scholes-Methode) vorgeschlagen. Dieses kann wahlweise noch gemäß dem Ansatz von *Luehrmann* vereinfacht werden.

Die dargestellten Fallbeispiele aus dem Bereich der Biotechnologie belegen, dass auf diese Weise die Erstellung von Realoptionsmodellen zur Investitionsbewertung in der Praxis ohne größeren Aufwand möglich ist, insofern gewisse Unschärfen in Kauf genommen werden. Trotz der unterschiedlichen mathematischen Berechnungsweisen differieren die Bewertungsparameter nicht wesentlich zu den traditionellen dynamischen Kapitalwertverfahren. Es stellen sich ähnliche Probleme der Ableitung der Parameter, wobei bei den Optionspreisverfahren die beschriebenen Vorteile der fundierten Wertermittlung bei der Wahl des adäquaten Zinssatzes bestehen.

Die Stärke eines Einsatzes von Realoptionswerten liegt in praktisch ableitbaren Konsequenzen für die Gestaltung eines F&E-Investitionsprojekts und geht einher mit der Vermittlung eines besseren Verständnisses hinsichtlich der Werttreiber:

- Risiko als Chance: Erhöhung der (marktseitigen) Unsicherheit der zukünftigen Einzahlungsströme
- Erhöhung der Einzahlungsströme mit größerem strategischen Einfluss als die Reduktion des Barwerts der Investitionsausgaben
- Verlängerung der Dauer der Investitionsgelegenheit
- Erhöhung des risikofreien Zinssatzes ist durch den einzelnen Marktteilnehmer nicht möglich

Besteht bei DCF-Verfahren die Gefahr einer strukturellen Unterbewertung von Investitionsprojekten, so legen die deutlich positiven Realoptionswerte aller 18 untersuchten Unternehmen die Vermutung nahe, dass mit der Einbeziehung von Handlungsflexibilitäten Projekte tendenziell überbewertet werden. Die berechneten Realoptionswerte vermitteln den Eindruck, weniger ein exaktes Abbild der Realität als strategische Hinweise zu geben, die das Erfahrungswissen des Managements über zukünftige F&E-Projekte bereichern können.

Wird nicht wie in den Fallbeispielen ex post auf die Marktkapitalisierung als Maßstab des Investitionswerts zurückgegriffen, sondern wird dieser Wert gemäß dem marktseitigen Risiko ex ante zum Investitionszeitpunkt berechnet, so kann der Realoptionswert zudem schwerwiegende Fälle einer Über- oder Unterbewertung am Aktienmarkt aufzeigen. Vor dem Hintergrund der schweren Umbrüche der vergangenen Jahre, insbesondere am deutschen Kapitalmarkt, ein nicht zu unterschätzender Vorteil.

Die erforderliche angemessene Berücksichtigung von Kapitalmarktüber- bzw. untertreibungen bedarf jedoch weiterer Forschungsaktivitäten. Hier steht die berechtigte Frage im Raum, inwieweit nicht unmittelbar mit dem Unternehmen oder dem Unternehmenszweck zusammenhängende externe Effekte, die den Kapitalmarkt beeinflussen, identifiziert werden können bzw. Eingang in die Bewertung eines Investitionsvorhabens finden sollen.

Wurden im Verlaufe der Arbeit bereits Ansätze der Zusammenführung von Erkenntnissen der Sozialforschung mit der Theorie der Investitionsbewertung aufgezeigt, so gibt es noch mehrere Aspekte, die einer unmittelbaren Vereinbarkeit entgegenstehen. Für die Zukunft wäre eine intensive Beschäftigung mit der Wirkung der dem Konzept der begrenzten Rationalität gewonnenen Einblicke für die Gestaltung praxisnaher Investitionsbewertungsverfahren wie das der Realoption wünschenswert.

Diese Arbeit zeigt, dass sich schon mit einfachen Mitteln und geringem Aufwand dank einer am Black/Scholes-Modell orientierten Berechnungsweise mit Realoptionen in der Praxis wertvolle Erkenntnisse über potentielle F&E-Projekte gewinnen lassen. Optionspreismodelle werden sicherlich angesichts der unbestreitbaren Vorteile nach und nach mehr Anhänger gewinnen. Ein prominenter Vertreter des Realoptionsansatzes, *Alexander J. Triantis* von der Universität Maryland, fasste es wie folgt in Worte:

„It took decades for NPV to become widely accepted in practice. Real options is an even more sophisticated tool. It's going to take a few decades as well to be well integrated in corporations." [440]

Ob der vermehrte Einsatz von Realoptionsverfahren zur Investitionsbewertung dank der Berücksichtigung der Handlungsflexibilität zu höheren Investitionswerten und damit zu mehr Innovationsprojekten führt, sei dahingestellt. Gerade dem Forschungsstandort Deutschland ist dies jedenfalls zu wünschen, denn ohne Zukunft wird auch die Herkunft bedeutungslos werden.

[440] Interview mit Prof. Triantis, nachzulesen bei *Teach, E. (2003).*

Anhang

Anhang A: Wichtige Meilensteine der Biotechnologie

1953	Watson/Crick/Franklin	Entdeckung der DNA-Struktur: Doppelhelix
1966	Khorana/Nirenberg	Entschlüsselung des genetischen Kodes
1974	Milstein/Kohler	Herstellung von Hybridomazellen als Grundlage monoklonaler Antikörper
1976	Boyer/Swanson	Gründung von Genentech, 1977 Klonierung eines Wachstumshormons, 1980 erster Biotech IPO
1977	Maxam/Gilbert	DNA-Sequenzierung
1978		Gründung von Biogen
1980		Gründung von Amgen
1982	Eli Lilly (Genentech)	Zulassung gentechnisch hergestelltes Insulin
1985		Beginn des Humangenomprojekts
1994	Calgene	Zulassung genetisch modifizierter Tomaten
1997	PPL Therapeutics	Klonschaf „Dolly"
2001	HUGO	Entschlüsselung des menschlichen Genoms
2005	Marktentwicklung	Genentech und Amgen unter den 10 wertvollsten Pharmaunternehmen nach Marktkapitalisierung

Anhang B: Steigende Bedeutung der Biotechnologie bei der Medikamentenentwicklung

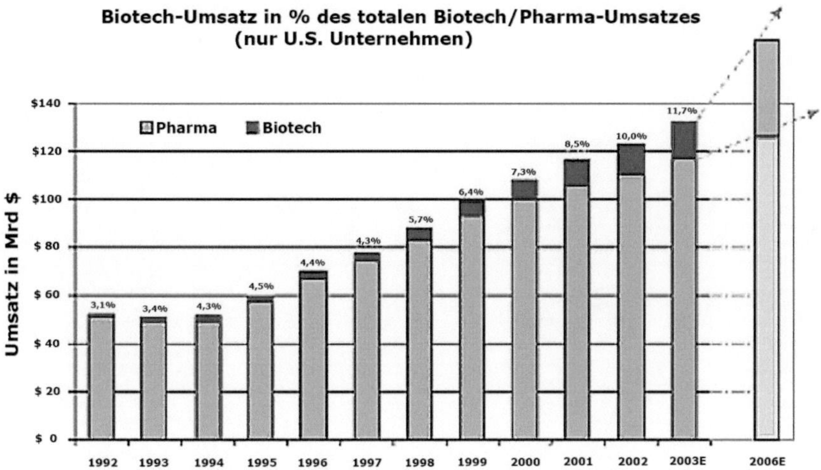

Quelle: FAZ vom 25.06.2003/BB Biotech AG

Anhang C: Anzahl privater und börsennotierter Biotechnologieunternehmen 2006

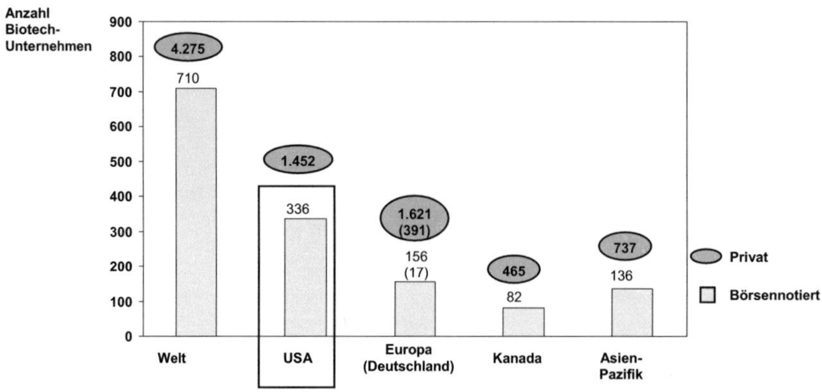

Quelle: *Ernst&Young (2007a)*

Anhang D: Nähere Informationen zu den untersuchten Unternehmen

Name	Kürzel	ReWe	Umsatz	Ergebnis	Dividende	EK-Quote	Mitarbeiter	Homepage
Arena Pharmaceuticals	ARNA	GAAP	17,2	-50,1	0	50,2	323	www.arenapharm.com
Arqule	ARQL	GAAP	39,1	-5,6	0	67,4	246	www.arqule.com
Avigen	AVGN	GAAP	8,9	-10,8	0	85,8	32	www.avigen.com
Biotissue Technologies		IFRS	n.v.	n.v.	0	n.v.	n.v.	www.biotissue-tec.com
Caliper Life Science	CALP	GAAP	64,2	-10,7	0	74,9	443	www.calipertech.com
Co.don		GAAP	n.v.	n.v.	0	83,8	22	www.codon.de
Exact Sciences	EXAS	GAAP	0,1	-17,3	0	65,1	49	www.exactsciences.com
Gene Logic	GLGC	GAAP	63,1	-35,7	0	77,7	434	www.genelogic.com
ImmunoGen	IMGN	GAAP	26,4	-8,1	0	78,9	172	www.immunogen.com
Introgen	INGN	GAAP	1,4	-19,3	0	62,8	80	www.introgen.com
La Jolla Pharmac.	LJPC	GAAP	0	-20,2	0	95,3	88	www.ljpc.com
Marcropore / Cytori	XMPA	GAAP	4,2	-19,6	0	-22,1	137	www.macropore.com
Mologen Holding	MGN	IFRS	0,8	-4,4	0	90,8	44	www.mologen.com
MorphoSys		GAAP	33,5	4,7	0	79,9	172	www.morphosys
November		IFRS	7,8	-1,1	0	88,7	62	www.november.de
Pain Therapeutics	PTIE	GAAP	3,8	-22,6	0	29,4	37	www.paintrials.com
Plasmaselect	PM3	GAAP/IFRS	69,0	4,6	0	55,9	331	www.plasmaselect.de
Vaxgen	VXGN	GAAP	n.v.	n.v.	0	n.v.	133	www.vaxgen.com

ReWe: Bilanzierungsmethode, GAAP = US GAAP, Umsatz: 2005 in Mio. Euro, Ergebnis nach Steuern: 2005 in Mio. Euro, Ek-Quote: 2005 in Prozent, Mitarbeiter: Stichtag 31.12.2005
Quelle: Geschäftsberichte

Anhang E: Vorstellung der Unternehmen

Arena Pharmaceuticals Inc.

Adresse:

6166 Nancy Ridge Drive
San Diego, CA 92121
Telefon: +1-858-453-7200, Fax: +1-858-453-7210
Web Site: http://www.arenapharm.com

Kurzbeschreibung:

Arena Pharmaceuticals Inc. ist ein biopharmazeutisches Unternehmen mit einer Spezialisierung auf die Entdeckung, Entwicklung und Vermarktung von Medikamenten im Bereich Stoffwechsel-, Herz- und Kreislauferkrankungen, Entzündungen und Krankheiten des zentralen Nervensystems.

Die Produktpalette beinhaltet APD356, einen Wirkstoff zur Behandlung von Fettsucht, der die Phase II - klinischer Test - abgeschlossen hat. APD668 befindet sich in der Phase I - klinischer Test - und soll in Zukunft Diabetes behandeln. APD125, das die Phase I - klinischer Test - bereits abgeschlossen hat, wendet sich gegen Schlafstörungen. Niacin, derzeit in Phase I - klinischer Test -, ist ein Wirkstoff zur Behandlung von Arteriosklerose und wird in Zusammenarbeit mit Merck & Co. erforscht.

Das Unternehmen wurde gemeinsam von Dominic P. Behan und Jack Lief gegründet und 1997 in eine Aktiengesellschaft (Inc.) umgewandelt.

Wichtige Unternehmensnachrichten:

2005 Kapitalerhöhung um USD 48,2 Mio. durch Ausgabe von neuen Aktien

Umsatz in Tausend Euro:

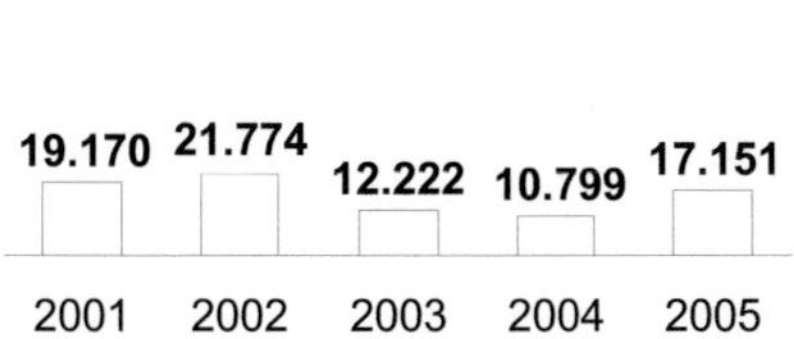

Börsenkapitalisierung in Tausend Euro:

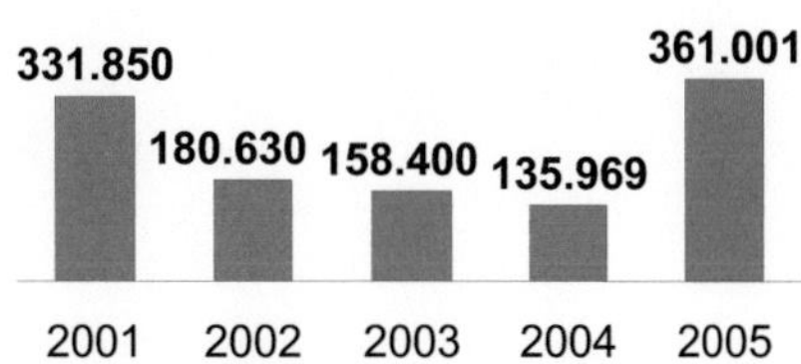

Die Aktie ist an der Nasdaq als „Common Stock“ (Symbol: ARNA) notiert.

Arqule Inc.

Adresse:

19 Presidential Way
Woburn, MA 01801
Telefon: +1-781-994-0300, Fax: +1-781-376-6019
Web Site: http://www.arqule.com

Kurzbeschreibung:

ArQule Inc. ist ein Biotechnologieunternehmen, das sich der Forschung und Entwicklung von Behandlungsmethoden gegen Krebs verschrieben hat.

Das Produktportfolio umfasst den Wirkstoff ARQ501, der sich in Phase II der klinischen Tests befindet und auf der proprietären "Activated Checkpoint Therapy platform" zur Stärkung der natürlichen Abwehrkräfte gegen genetische Veränderungen basiert. ARQ 197 befindet sich in Phase I klinischer Versuche und soll Prozesse innerhalb von Krebszellen blockieren und damit das Absterben von Krebszellen begünstigen. In der vorklinischen Phase befinden sich u.a. ARQ-450RP, ein Aktivator für mitotische Rezeptoren und ARQ-350RP, ein Hemmstoff für die B-Raf Kinase.

ArQule ist eine Kooperation mit Hoffmann-LaRoche eingegangen, um im Umfeld von E2F Wirkstoffe zu entdecken und zu entwickeln.
Das Unternehmen wurde 1993 gegründet.

Wichtige Unternehmensnachrichten:

2006 Ausbau des Servicegeschäfts in der chemischen Technologie, damit einhergehender Umbau des Management Boards
2005 Kapitalerhöhung um USD 30 Mio. durch Ausgabe von neuen Aktien

Umsatz in Tausend Euro:

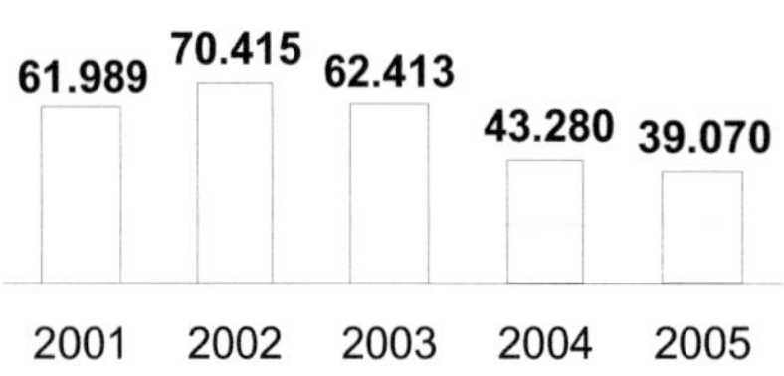

Börsenkapitalisierung in Tausend Euro:

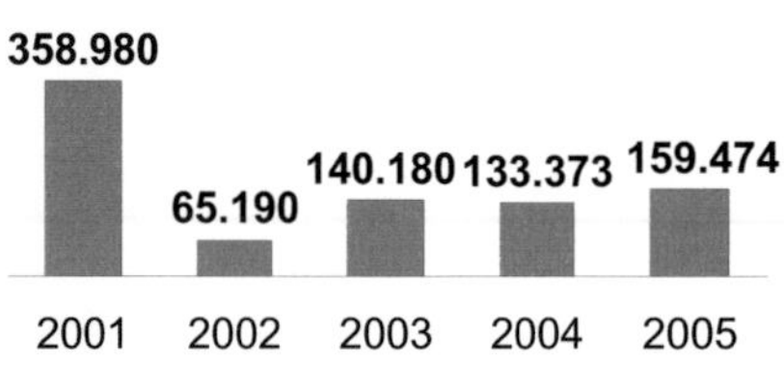

Die Aktie ist an der Nasdaq als „Common Stock" (Symbol: ARQL) notiert.

Avigen Inc.

Adresse:

1301 Harbor Bay Parkway
Alameda, CA 94502
Telefon: +1-510-748-7150, Fax: +1-510-748-7155
Web Site: http://www.avigen.com

Kurzbeschreibung:

Avigen Inc. beschäftigt sich mit der Entwicklung und Vermarktung von molekularen Therapien zur Behandlung von neurologischen und neuromuskularen Beschwerden.

Der wichtigste Wirkstoff AV650 wird für den nordamerikanischen Markt unter einer Lizenzvereinbarung mit Sanochemia Pharmazeutika AG entwickelt und richtet sich gegen Krämpfe und spastische Lähmungen. Die anderen Entwicklungsvorhaben des Unternehmens umfassen Wirkstoffe zur Behandlung von Nervenschmerzen und anderen neurologischen Beschwerden (AV411) sowie Wirkstoffe zur Behandlung von Blutungen, inklusive der Hämophilie (AV513).

Avigen wurde 1992 gegründet.

Wichtige Unternehmensnachrichten:

2005 Verkauf Gentherapie-Sparte an Genzyme
2005 Fokussierung auf traditionelle pharmazeutische Produkte

Umsatz in Tausend Euro:

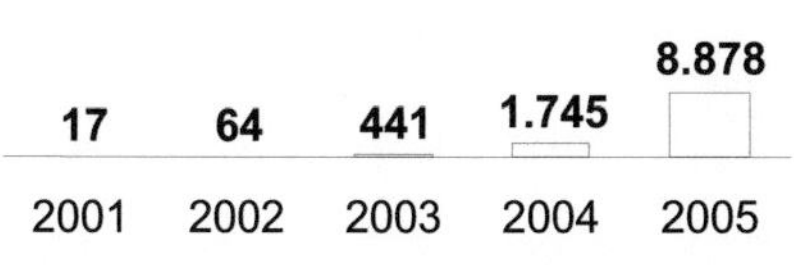

Börsenkapitalisierung in Tausend Euro:

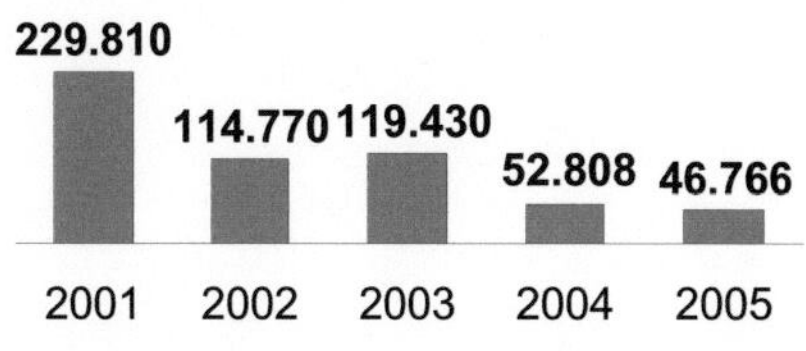

Die Aktie ist an der Nasdaq National Market (Symbol: AVGN) notiert.

BioTissue Technologies GmbH
(BTT Abwicklungsgesellschaft)

Adresse:

BioTissue Technologies GmbH
Engesserstraße 4b
D-79108 Freiburg
Web Site: http://www.biotissue-tec.de

Kurzbeschreibung:

Die BioTissue Technologies AG wurde 1997 als Spin-off des Universitätsklinikums Freiburg gegründet. Das Unternehmen ist auf dem Gebiet des Tissue Engineering tätig, das heißt der Züchtung von menschlichem Gewebe aus körpereigenen Zellen im Labor. Dabei werden patienteneigene Zellen entnommen, im Labor vermehrt und später wieder transplantiert.

Zur Zeit befinden sich fünf Produkte auf dem Markt:

- BioSeed-S (körpereigener Hautersatz)
- MelanoSeed (körpereigener Pigmentzellersatz)
- BioSeed-M (körpereigener Mundschleimhautersatz)
- BioSeed-Oral Bone (körpereigener Knochenersatz)
- BioSeed-C (körpereigener Knorpelersatz)

Wichtige Unternehmensnachrichten:

2006 Berufung eines neuen kaufmännischen Leiters
2003 Übertragende Sanierung mit einer Investorengruppe unter der Führung der Deutschen Industrie Holding, Verkauf wesentlicher Betriebsgrundlagen, Liquidation
2003 Insolvenz

Umsatz in Tausend Euro:

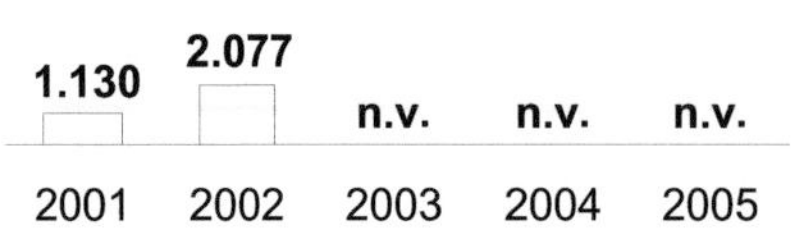

Börsenkapitalisierung in Tausend Euro:

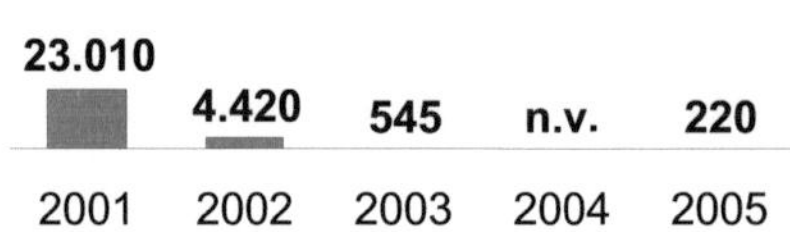

Die Aktien werden an der Deutschen Börse als BTT Abwicklungsgesellschaft gehandelt.

Caliper Life Science Inc.

Adresse:

68 Elm Street
Hopkinton, MA 01748
Telefon: +1-508-435-9500, Fax: +1-650-623-0500
Web Site: http://www.calipertech.com

Kurzbeschreibung:

Caliper Life Sciences Inc. bietet Lösungen zur Erforschung von Medikamenten für die pharmazeutische, biotechnologische und gentechnische Industrie an.

Das Portfolio umfasst micro-fluids, liquid handling und Laborautomatisierungstechnologien wie auch Forschungsmethodiken zur Forschung und Entwicklung in pharmazeutischen, biotechnischen oder gentechnischen Laboren. Das Portfolio wird durch den Vertrieb von typischen Verbrauchsgegenständen in Laboren wie LabChip devices, Pipetten oder Filter ergänzt. Auch werden einzelne Schritte der Wertschöpfungskette, wie z.B. Screening oder Testreihen als outsourcing Dienstleistung, angeboten.
Das Portfolio von Caliper LifeSciences wird sowohl über Distributoren als auch direkt vertrieben. Das Unternehmen verfügt über strategische Allianzen mit Affymetrix Inc.; Agilent Technologies Inc.; Bio-Rad Laboratories Inc.; Wako Pure Chemical Industries Ltd.; und Amphora Discovery Corp.

Caliper LifeSciences wurde 1995 gegründet.

Wichtige Unternehmensnachrichten:

2006 Zusammenschluss mit Xenogen
2005 Akquisition von NovaScreen (in vitro Dienstleistungen) für USD 4,6 Mio.
2003 Akquisition von Zymark für USD 52,4 Mio.

Umsatz in Tausend Euro:

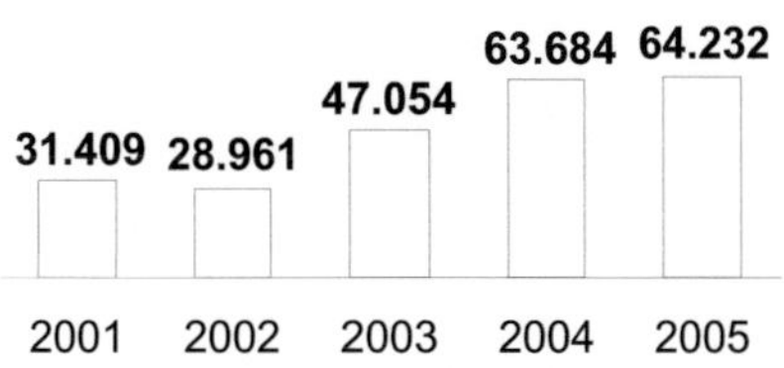

Börsenkapitalisierung in Tausend Euro:

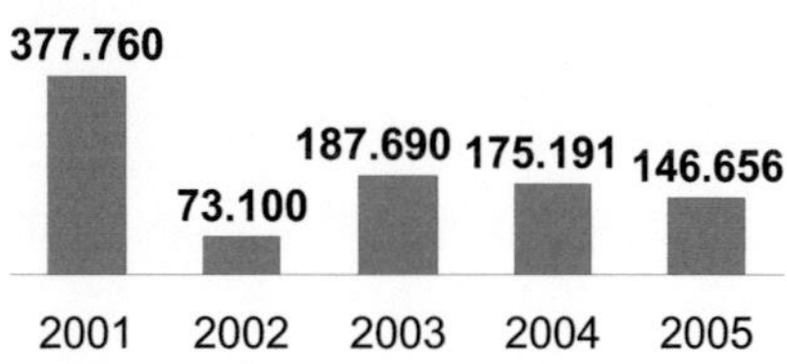

Die Aktie ist an der Nasdaq National Market (Symbol: CALP) notiert.

Co.don AG

Adresse:

Warthestrasse 21
D-14513 Teltow
Telefon: 49-3328-434630, Fax: +49-3328-434649
Web Site: http://www.codon.de

Kurzbeschreibung:

Im November 1993 wurde das Unternehmen als co.don GmbH von Dr. Olivera Josimovic-Alasevic und Dr. Karl-Gerd Fritsch gegründet. 1999 wurde die co.don GmbH in die co.don AG umgewandelt. Seit Februar 2001 ist die co.don AG unter der WKN 517360 börsennotiert.

Die co.don AG ist an der Schnittstelle zwischen dem klassischen Pharmageschäft und der Biotechnologie positioniert und auf dem Gebiet der regenerativen Medizin – Tissue Engineering – tätig. Dabei ist co.don spezialisiert auf die Entwicklung und Vermarktung von zellbasierten Produkten höchster Qualität für die Behandlung der geschädigten Gelenkknorpel, Bandscheiben und Knochen.

Herkunft des Namens: Die genetische Information jeder Zelle ist in so genannten Codons in den Genen kodiert. Codon ist eine spezifische Abfolge von drei auf einander folgenden Nucleotiden, die den genetischen Code enthalten.

Wichtige Unternehmensnachrichten:

2005 Strategischer Investor übernimmt 30% des Aktienkapitals
2005 Umbau des Vorstands
2005 Verlust von über 50% des Grundkapitals
2003 Umbau des Vorstands
2002 Insolvenzgefahr, verzögerter Jahresabschluss

Umsatz in Tausend Euro:

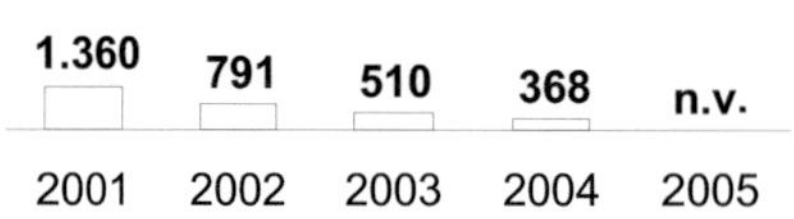

Börsenkapitalisierung in Tausend Euro:

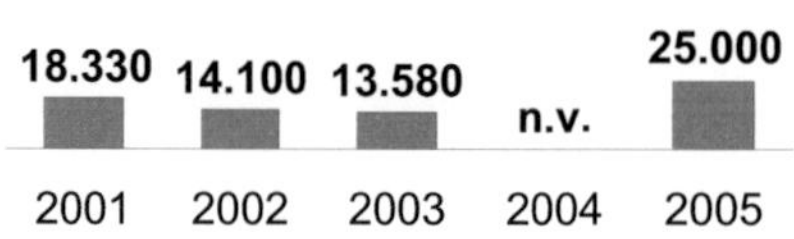

Die Aktie wird an der Wertpapierbörse in Frankfurt im General Standard Segment gehandelt (ISIN DE0005173603).

Exact Sciences Corp

Adresse:

100 Campus Drive
Marlborough, MA 01752
Telefon: +1-508-683-1200
Fax: +1-978-897-3481
Web Site: http://www.exactsciences.com

Kurzbeschreibung:

EXACT Sciences Corporation entwickelt proprietäre DNA-basierte Technologien zur Erkennung von Krebs.

Das Unternehmen lizenziert seine Technologien an andere Unternehmen und vermarktet sie selbst unter dem Namen PreGen-Plus. PreGen-Plus ist ein nicht invasives, stuhlbasiertes DNA-Testverfahren zur Erkennung von kolorektalen Tumoren.

EXACT Sciences wurde 1995 gegründet.

Wichtige Unternehmensnachrichten:

2005 Abbau von Mitarbeitern
2004 Strategische Allianz mit LabCorp zur Vermarktung und Vertrieb der Exact Sciences Produkte

Umsatz in Tausend Euro:

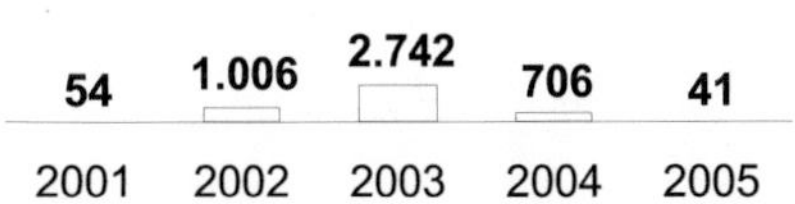

Börsenkapitalisierung in Tausend Euro:

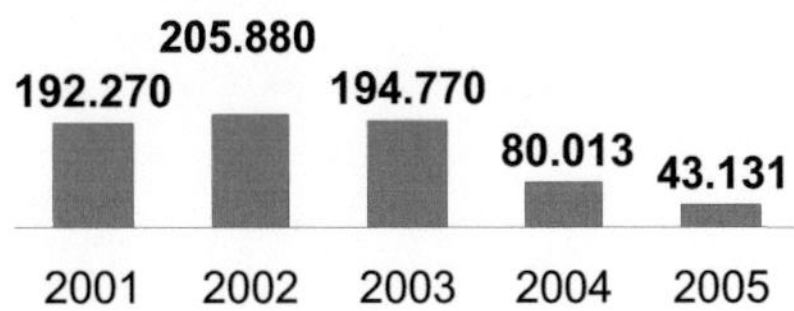

Die Aktie ist am Nasdaq National Market als „Common Stock“ (Symbol: EXAS) notiert.

Gene Logic Inc.

Adresse:

610 Professional Drive
Gaithersburg, MD 20879
Telefon: +1-301-987-1700, Fax: +1-301-987-1701
Web Site: http://www.genelogic.com

Kurzbeschreibung:

Gene Logic Inc. bietet Lösungen zur Erforschung und Entwicklung von Medikamenten für pharmazeutische und biotechnologische Unternehmen an. Das Unternehmen ist in drei Segmenten aufgestellt: “genomics”, “preclinical” und “drug repositioning”.

Das Segment “genomics” bietet Dienstleistungen um die proprietären Gendatenbanken an, die es den Kunden ermöglichen, Angriffspunkte für Wirkstoffe zu entdecken und zu priorisieren sowie Biomarker zu identifizieren, Voraussagen über die Toxizität zu treffen und erste Einblicke in die Wirksamkeit von bestimmten Wirkstoffkomponenten zu erhalten.
Das Segment “preclinical” bietet in vivo Forschungsstudien an, die generelle und spezielle Untersuchungen zur Toxizität umfassen. Diese Dienstleistung ermöglicht es den Kunden, die Sicherheit und Wirksamkeit von entwickelten Medikamenten bestätigen zu lassen, um eine Zulassung von Versuchsreihen an Menschen durch die amerikanische Gesundheitsbehörde FDA zu erwirken.
Das Segment “drug repositioning” umfasst eine Reihe von molekularen Technologien zur Unterstützung bei der Suche nach alternativen Wirkstoffkomponenten.
Gene Logic wurde 1994 gegründet.

Wichtige Unternehmensnachrichten:

2003 Akquisition von TherImmune Research Corporation (Contract Research Services)
1998 Akquisition von Oncormed Inc (Tissue handling und Microarray Technologie)

Umsatz in Tausend Euro:

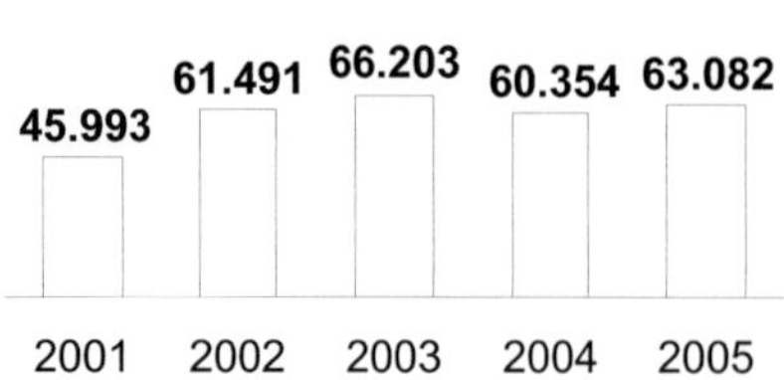

Börsenkapitalisierung in Tausend Euro:

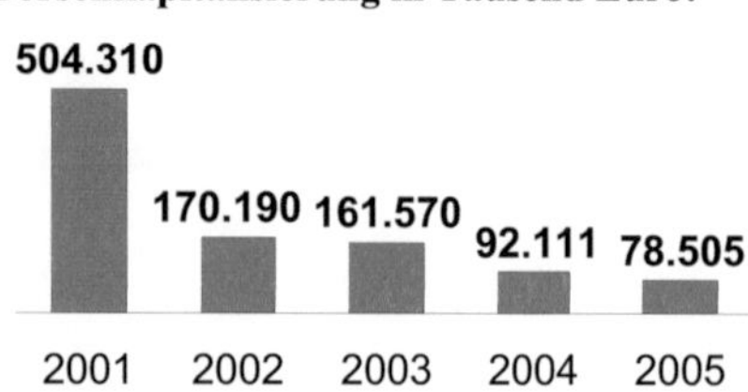

Die Aktie ist an der Nasdaq National Market als „Common Stock“ (Symbol: GLGC) notiert.

ImmunoGen Inc.

Adresse:

128 Sidney Street
Cambridge, MA 02139
Telefon: +1-617-995-2500
Fax: +1-617-995-2510
Web Site: http://www.immunogen.com

Kurzbeschreibung:

ImmunoGen Inc. hat sich auf die Erforschung und Entwicklung von therapeutischen monoklonalen Antikörpern und Behandlungsansätzen im Bereich der Onkologie in den USA und Großbritannien spezialisiert.

Das Unternehmen entwickelt neuartige Behandlungsmethoden, die auf der so genannten "tumor-activated prodrug (TAP)" Technologie basieren. Diese verwendet monoklonale Antikörper zu Gewinnung von körpereigenen Fresszellen. Die beiden wichtigsten Produktkandidaten sind huN901-DM1 und huC242-DM4, die sich beide in der klinischen Testphase befinden.

ImmunoGen lizensiert auch die TAP Technologie an andere pharmazeutische und biotechnologische Unternehmen. Das Unternehmen verfügt über Partnerschaftsverträge mit Sanofi-Aventis; Biogen Idec Inc.; Boehringer Ingelheim International GmbH; Centocor Inc.; Millennium Pharmaceuticals Inc.; Abgenix Inc.; Genentech Inc.; GlaxoSmithKline Plc.

Das Unternehmen wurde 1981 gegründet.

Umsatz in Tausend Euro:

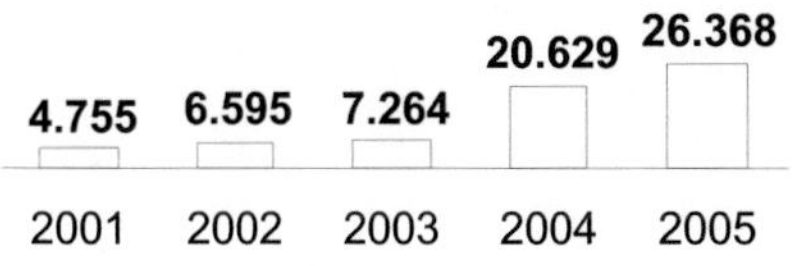

Börsenkapitalisierung in Tausend Euro:

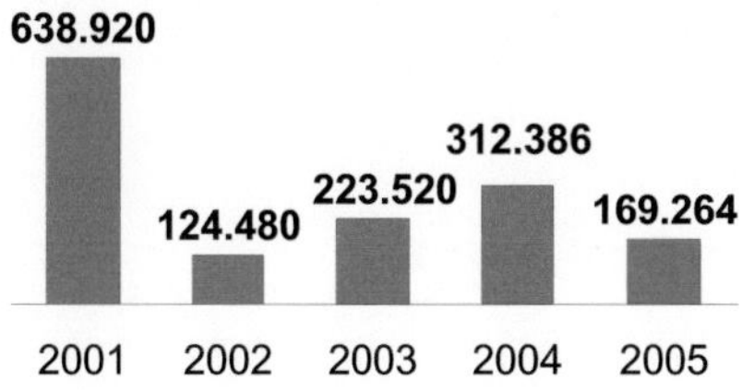

Die Aktie ist am Nasdaq National Market (Symbol: IMGN) notiert.

Introgen Therapeutics Inc.

Adresse:
301 Congress Avenue
Suite 1850
Austin, TX 78701
Telefon: +1-512-708-9310
Fax: +1-512-708-9311
Web Site: http://www.introgen.com

Kurzbeschreibung:

Introgen Therapeutics Inc. erforscht, entwickelt und vermarktet Therapien zur Behandlung von Krebs und anderen Krankheiten. Das Unternehmen bedient sich dabei molekularer Therapien wie Cytokinen, Tumorunterdrücker.

Das Hauptprodukt ist die ADVEXIN Therapie, die sich derzeit in der klinischen Testphase III befindet. Weitere Entwicklungen sind: INGN 241, das sich in Phase II der klinischen Tests befindet, dient zur Behandlung von größeren Tumoren und Melanomen; INGN 225, das ebenfalls in Phase II der klinischen Tests ist, stimuliert das Immunsystem zur Abwehr von Krebszellen; INGN 234 (klinische Phase II) dient der Vorbeugung und Behandlung von Rachenkrebs.

Introgen hat eine strategische Partnerschaft mit VirRx Inc. geschlossen, um mit INGN 007 eine replizierbare Virustherapie zu entwickeln. Darüber hinaus besteht eine Allianz mit Colgate-Palmolive zur Entwicklung und Vermarktung von oralen Healthcare Produkten.

Das Unternehmen wurde 1993 gegründet.

Umsatz in Tausend Euro:

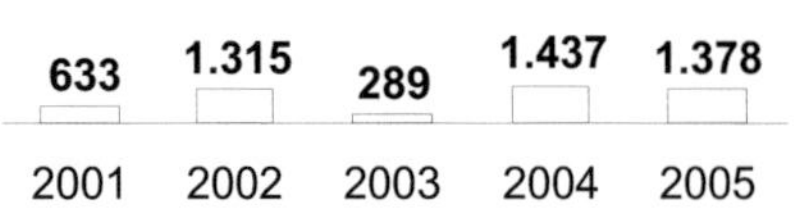

Börsenkapitalisierung in Tausend Euro:

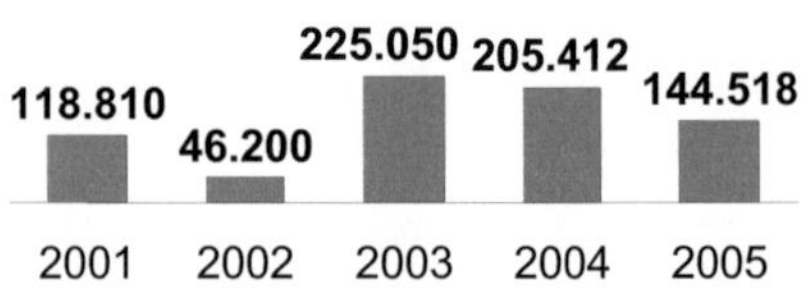

Die Aktie ist am Nasdaq National Market (Symbol: INGN) notiert.

La Jolla Pharmaceutical Co.

Adresse:

6455 Nancy Ridge Drive
San Diego, CA 92121
Telefon: +1-858-452-6600
Fax: +1-858-452-6893
Web Site: http://www.ljpc.com

Kurzbeschreibung:

La Jolla Pharmaceutical Company, ein biopharmazeutisches Unternehmen, hat sich auf die Erforschung und Entwicklung von therapeutischen Produkten zur Behandlung von durch Antikörper verursachten lebensbedrohlichen Krankheiten spezialisiert.

Das Unternehmen investiert derzeit in die Erforschung eines proprietären Wirkstoffes names Toleragens, der die Produktion von krankheitsverursachenden Antikörpern unterdrücken soll ohne gleichzeitig die Schutzfunktion des Immunsystems zu beeinträchtigen. Die Medikamentkandidaten des Unternehmens in den klinischen Tests der Phase III umfassen Riquent zur Behandlung von Nierenkrankheiten, LJP 1082 zur Behandlung von durch Antikörper verursachter Thrombose und kleinere Wirkstoffmoleküle zur Behandlung von Autoimmunreaktionen und Entzündungen.

La Jolla Pharmaceutical Company wurde von Andrew Wiseman 1989 gegründet.

Wichtige Unternehmensnachrichten:

2005 Restrukturierungsplan zur Reduzierung der laufenden Kosten (enthält Abbau von 60 Mitarbeitern)

Umsatz in Tausend Euro:

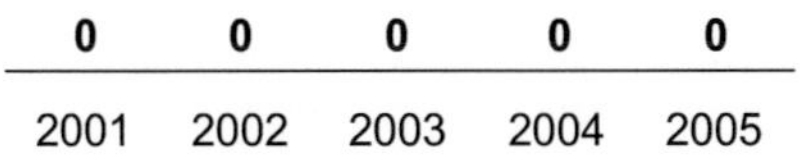

Börsenkapitalisierung in Tausend Euro:

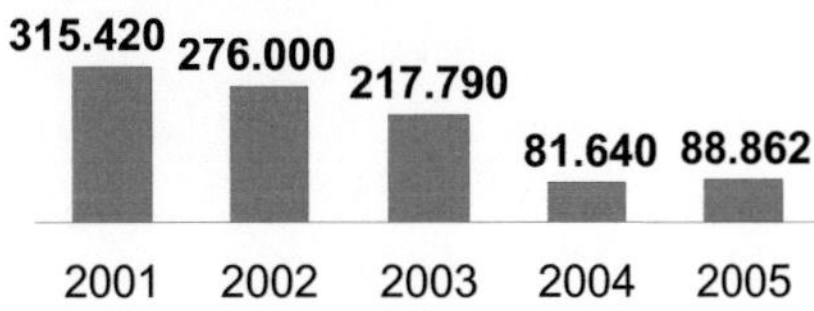

Die Aktie ist an der Nasdaq (Symbol: LJPC) notiert.

Citorix Therapeutics Inc. (ehemals: Macropore)

Adresse:
3020 Callan Road , San Diego, CA 92121
Telefon: +1 - 858 - 458-0900, Fax: +1 - 858 - 458-0994
Web Site: http://www.cytoritx.com

Kurzbeschreibung:
Cytori Therapeutics befasst sich mit der Erforschung und Entwicklung eigentumsrechtlich geschützter zellbasierter Therapeutika unter Verwendung von aus Fettgewebe gewonnenen adulten Stammzellen. Die von dem Unternehmen erforschten Behandlungsweisen sind auf Herz-Kreislauf-Erkrankungen, Wirbelsäulen- und orthopädisch bedingten Erkrankungen, Magen-Darm-Erkrankungen sowie neue Verfahren im Bereich der Schönheits- und plastischen Chirurgie ausgerichtet.
Um die Verarbeitung und Bereitstellung adipöser Stammzellen zu erleichtern, entwickelt Cytori derzeit das Celution-System, mit dem die eigenen Stammzellen von Patienten innerhalb etwa einer Stunde isoliert und konzentriert werden können. Dieses System wird die Geschwindigkeit, mit der individuell abgestimmte zellbasierte Behandlungen für Patienten bereitgestellt werden können, verbessern. Cytori beabsichtigt, sich die Rechte auf die Therapieentwicklung seiner Stammzellen zur Behandlung von Myokardinfarkten und anderen herzkreislaufbedingten Erkrankungen vorzubehalten. Für ausgewählte Indikationen und Anwendungen außerhalb des Gebiets der Herz-Kreislauf-Erkrankungen verfolgt das Unternehmen strategische Bündnisse mit Firmen in den Bereichen Biotechnologie, medizinische Geräte und Pharmazie, um die therapeutische Entwicklung zu beschleunigen und auszuweiten. Die endgültige kommerzielle Verwendung der geschützten Behandlungsweisen hängt von dem Verkauf eines Systems und den damit verbundenen Verbrauchsgütern an Pflegeeinrichtungen ab.
Cytori's Geschäftsbereich MacroPore Biosurgery entwickelt und produziert bioresorbierbare chirurgische Implantate. MacroPore Biosurgery stellt die von der FDA, der US-amerikanischen Nahrungsmittel- und Medikamentenbehörde, zugelassene Produktfamilie HYDROSORB her, welche bioresorbierbare Wirbelsäulen- und orthopädische Implantate umfasst, die weltweit exklusiv von Medtronic Inc. vertrieben werden. Außerdem entwickelt MacroPore Biosurgery bioresorbierbare Thin Film-Implantate exklusiv für Senko Medical Trading Co., die die Alleinvertriebsrechte für Japan besitzt.

Wichtige Unternehmensnachrichten:
2005 Notierung an der Nasdaq
2005 Umbenennung von MacroPore Biosurgery Inc.in Cytori Therapeutics Inc.

Umsatz in Tausend Euro:

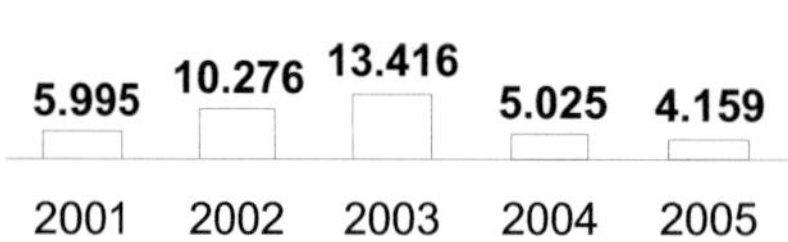

Börsenkapitalisierung in Tausend Euro:

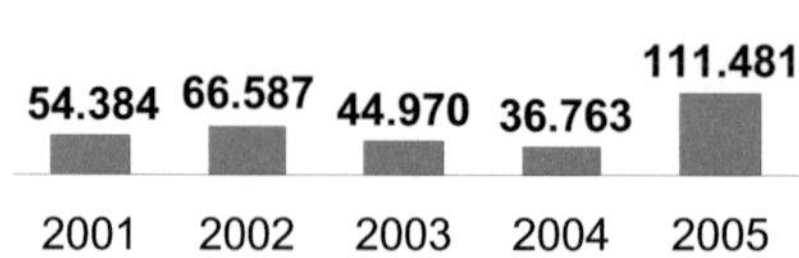

Die Aktie ist an der Nasdaq (CYTX) und an der Börse in Frankfurt (XMPA) notiert.

Mologen Holding AG

Adresse:

Fabeckstr. 30
D-14195 Berlin
Telefon +49-30-84 17 88 - 0
Fax +49-30-84 17 88 – 50
Web site: www.mologen.com

Kurzbeschreibung:

Mologen ist auf den Gebieten der molekularen Medizin und der Bioinformatik tätig und entwickelt Methoden und Produkte für die Gentherapie und die genetische Impfung, die in Zusammenarbeit mit etablierten Pharmaunternehmen vertrieben werden sollen.

Mologen›s erste Produktentwicklungen werden sich auf das Gebiet der Impfstoffe für den veterinär-medizinischen Markt konzentrieren. Langfristig sollen auch humanmedizinische Impfstoffe und Pharmaka entwickelt werden. Da die Entwicklung von humanmedizinischen Pharmaka allerdings viel mehr Zeit kostet, will Mologen über Anwendungen im Haus- und Nutztierbereich früh mit Produkten Umsätze erzielen. Entscheidend für das Konzept von Mologen ist die enge Kooperation mit der Freien Universität Berlin.

Wichtige Unternehmensnachrichten:

2005 Kapitalerhöhung um EUR 7,3 Mio.
2004 Kapitalerhöhung um EUR 1,1 Mio.

Umsatz in Tausend Euro:

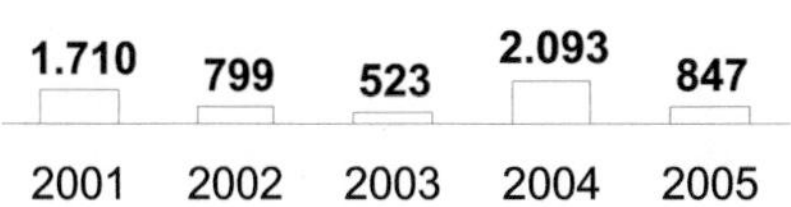

Börsenkapitalisierung in Tausend Euro:

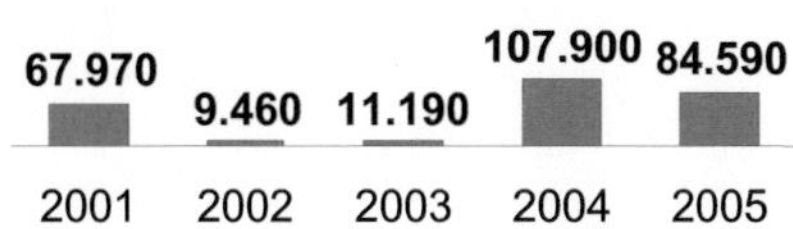

Die Aktie wird an der Wertpapierbörse in Frankfurt im geregelten Markt gehandelt (Symbol MGN, ISIN DE0006637200).

MorphoSys AG

Adresse:
Lena-Christ-Straße 48, D-82152 Martinsried/Planegg
Tel. +49-89 899 27 0,Fax +49-89 899 27 222
Web site: www.morphosys.com

Kurzbeschreibung:
MorphoSys verfügt über eine der führenden Technologien im Bereich humane Antikörper, die sowohl für Forschungszwecke und in der Diagnostik als auch für die Herstellung von präzise wirkenden Antikörpermedikamenten eingesetzt werden können. Aktuell ist MorphoSys in zwei Geschäftssegmenten aktiv.
Im Segment "Therapeutische Antikörper" entwickelt MorphoSys therapeutische Antikörper für die eigene Medikamenten-Entwicklung sowie für Partnerunternehmen. MorphoSys hat erfolgreich zahlreiche Partnerschaften mit namhaften Biotechnologie- und Pharma-Unternehmen abgeschlossen und auf diese Weise die eigenen Technologien validiert und am Markt etabliert. Kooperationspartner, die auf humane therapeutische Antikörper setzen oder die eine humane Antikörpertechnologie für ihre Medikamentenforschung einsetzen wollen, können durch Lizenzvereinbarung Zugang zu den Technologien von MorphoSys erlangen. Zusätzlich hat MorphoSys einige präklinische Antikörperkandidaten entwickelt, die an einen Partner für die weitere klinische Entwicklung und die spätere Vermarktung auslizenziert werden sollen.
Das zweite Geschäftssegment "Forschungsantikörper", vermarktet monoklonale Antikörper für nicht-therapeutische Einsatzbereiche, vor allem im Bereich der Forschungsanwendungen. Diese Einheit operiert aktuell unter den Namen "Antibodies by Design" und "Biogenesis". Die kürzlich übernommene Biogenesis-Gruppe, die über einen umfangreichen Antikörper-Katalog und langjährige Erfahrung im Geschäft mit industriellen Kunden verfügt, stärkt MorphoSys's Position im Markt für Forschungsantikörper. Die kombinierte Geschäftseinheit ist in allen Bereichen des Forschungs- und Diagnostik-Marktes aktiv.

Wichtige Unternehmensnachrichten:
2006 Stärkung des Geschäftes mit Forschungsantikörpern durch Übernahme von Serotec
2005 Kapitalerhöhung EUR 17,4 Mio.
2005 Aufbau des Geschäftes mit Forschungsantikörper, Übernahme Biogenesis Gruppe

Umsatz in Tausend Euro:

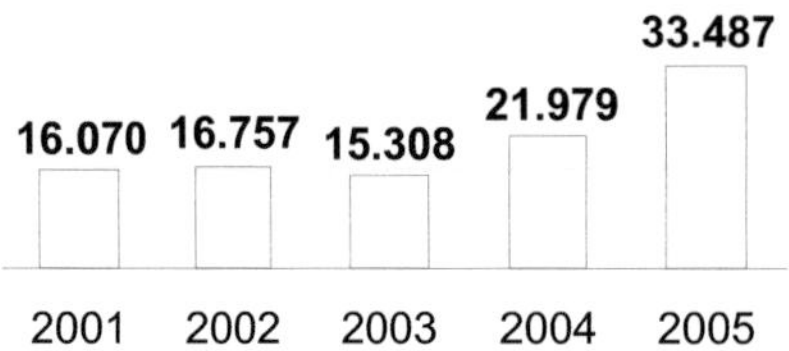

Börsenkapitalisierung in Tausend Euro:

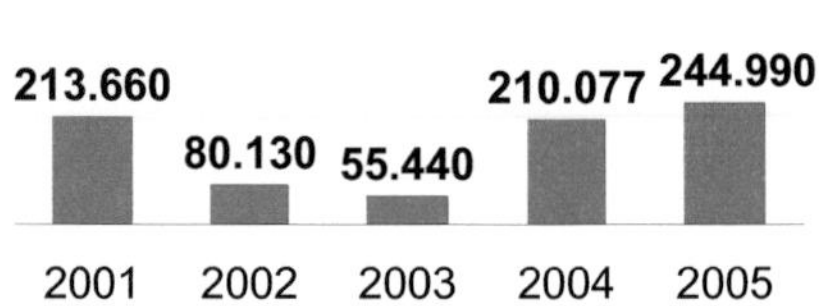

Die Aktie wird an der Wertpapierbörse in Frankfurt im TecDax gehandelt (ISIN DE0006632003).

November AG

Adresse:

Ulrich-Schalk-Str. 3, D-91056 Erlangen
Telefon: +49-9131 750 88 0, Fax: +49-9131 750 88 999
Web site: www.november.de

Kurzbeschreibung:

Die November AG ist ein börsennotiertes Biotechnologie-Unternehmen mit weiteren Entwicklungsschwerpunkten auf dem Gebiet der Nanotechnologie. Zur November Gruppe gehören außerdem die Tochterunternehmen identif GmbH (Produktsicherheit & Markenschutz), directif GmbH (laborunabhängige Nukleinsäurediagnostik) und PEQLAB Biotechnologie GmbH (Produkte für die molekularbiologische Forschung). Erste Produkte im Bereich Produktsicherheit sind seit Ende 2002 auf dem Markt.

Im Bereich Diagnose entwickelt die directif GmbH auf der Basis eines neuartigen, patentierten Nachweisverfahrens das weltweit erste voll integrierte Nukleinsäurediagnostik-Gerät und ermöglicht so den schnellen, kostengünstigen Nachweis von Krankheitserregern direkt am Krankenbett oder in der Arztpraxis. Auf vertraglicher Basis bestehen darüber hinaus Gewinnbeteiligungsoptionen an der Entwicklung einer neuen Krebstherapie des ehemaligen Geschäftsbereichs Therapie (Management-Buy-Out 2003, jetzt: responsif GmbH).

Wichtige Unternehmensnachrichten:

2005 Erwerb von 5% an Attophotonics Biosciences GmbH
2004 Beteiligung an Gründung der ZAFENA AB (Beteiligungshöhe 22,4 Prozent); Übertragung Patente zur Selbstkontrolle der Blutgerinnung
2003 Umgestaltung in Holdingstruktur

Umsatz in Tausend Euro:

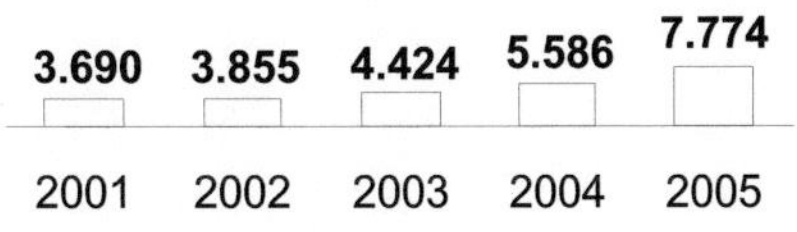

Börsenkapitalisierung in Tausend Euro:

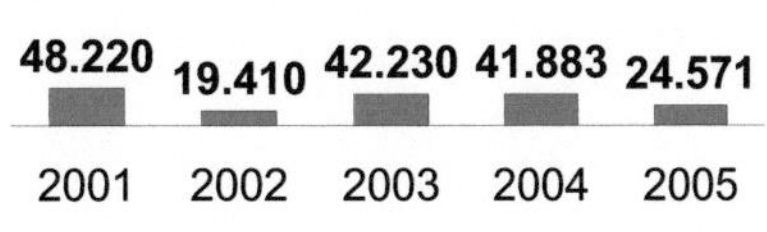

Die Aktie wird an der Wertpapierbörse in Frankfurt im Prime Standard Segment gehandelt (ISIN DE0006762909).

Pain Therapeutics, Inc.

Adresse:

416 Browning Way
South San Francisco, CA 94080
Telefon: +1-650-624-8200
Fax: +1-650-624-8222
Web Site: http://www.paintrials.com

Kurzbeschreibung:

Pain Therapeutics Inc. ist ein biopharmazeutisches Unternehmen, das sich der Forschung und Entwicklung von Medikamenten zur Schmerzbekämpfung verschrieben hat. Dabei konzentriert sich das Unternehmen auf opiotide Schmerzmittel in den Vereinigten Staaten. Die Präparate in den klinischen Tests der Phase III umfassen Remoxy, eine langwirkende Variante der Wirkstoffe Oxycodone und Oxytrex sowie ein opiotides Schmerzmittel zur Behandlung von chronischen Schmerzen.

Pain Therapeutic ist im Rahmen einer strategischen Allianz mit King Pharmaceuticals Inc. zur Entwicklung und Vermarktung von Remoxy und anderer opiumhaltiger Schmerzmittel verbunden.

Das Unternehmen wurde 1998 gegründet

Wichtige Unternehmensnachrichten:

2005 Strategische Allianz zur Finanzierung, Vermarktung und Vertrieb des opiotiden Schmerzmittels Remoxy mit King

Umsatz in Tausend Euro:

Börsenkapitalisierung in Tausend Euro:

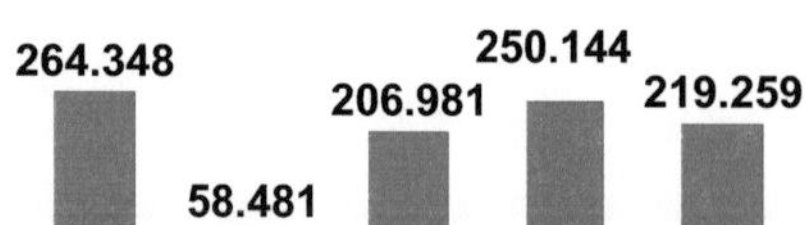

Die Aktie ist an der Nasdaq als „Common Stock“ (Symbol: PTIE) notiert

Plasmaselect AG

Adresse:
Pettenkoferstraße 22, D-80336 München
Telefon: +49-89/810 29-152, Fax: +49-89/810 29-201
Web Site: http://www.plasmaselect.de

Kurzbeschreibung:

Die PlasmaSelect-Gruppe bietet eine breite Palette von Produkten an. Dazu gehört ein umfassendes Portfolio an Infusions-, Rehydratations- und Spüllösungen inklusive solcher zur parenteralen Ernährung, womit der Bedarf von Krankenhäusern, Ambulanzen und im Home Care Bereich vollumfänglich gedeckt werden kann. Des Weiteren gehören zum Produktprogramm generische Antibiotika, Antiinfektiva, Lokalanästhetika und Narkotika, außerdem noch Mittel für die Intensiv- und Notfallmedizin und für die Schmerztherapie. Der Bedarf im Bereich Dialyse wird durch das Angebot von Hämodialyse- und Hämofiltrationsfiltern gedeckt.
Mit seiner Tochtergesellschaft DeltaSelect gehört PlasmaSelect in Deutschland zu den drei größten Anbietern von Standardinfusionslösungen und ist der größte Anbieter für generische Infusionslösungen. Die PlasmaSelect AG soll sich zu einem breiter aufgestellten Gesundheitskonzern entwickeln, der sowohl den Krankenhaus- und den ambulanten Bereich abdeckt, sowohl mit Produkten als auch insbesondere im HomeCare Bereich mit patientenindividuellen Servicekonzepten.

Wichtige Unternehmensnachrichten:
2005 Kapitalerhöhung bei institutionellen Anlegern i.d.H. von EUR 7 Mio.
2004 Übernahme aller Aktiva der CuraMED Pharma GmbH (generische Injektabilia für den Bereich Anästhesie, Intensivmedizin und Schmerztherapie)
2004 Erwerb des Produktbereiches Haemaccel® der Aventis Pharma
2003 Übernahme der RenaSelect, Pirna
2003 Erwerb des Geschäftsbereiches AINS der curasan AG durch die DeltaSelect
2002 Verkauf der Adsorbertechnologie
2001 Erwerb der DeltaPharma (DeltaSelect) in Pfullingen
2001 Erwerb der Firma Klemenz (Infusionslösungsfabrik) in Pfullingen

Umsatz in Tausend Euro:

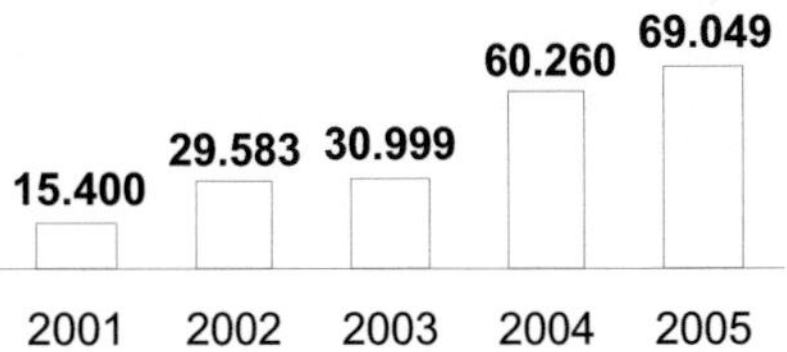

Börsenkapitalisierung in Tausend Euro:

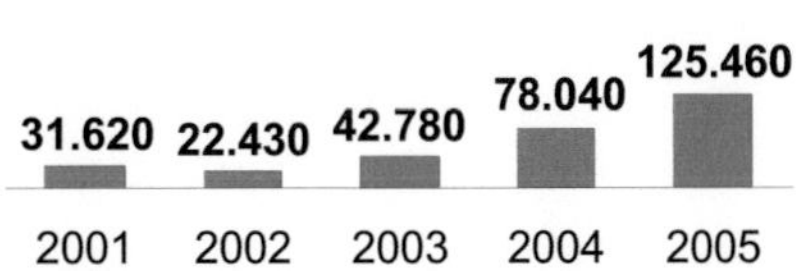

Die Aktie wird an der Wertpapierbörse in Frankfurt im Prime Standard Segment gehandelt (Symbol: PM3).

VaxGen Inc.

Adresse:

1000 Marina Boulevard Suite 200 Brisbane, CA 94005
Telefon: +1-650-624-1000, Fax: +1-650-624-1001
Web Site: http://www.vaxgen.com

Kurzbeschreibung:

VaxGen Inc. entwickelt, produziert und vermarktet Biotechnologie zur Vorbeugung und Behandlung von humanen Infektionskrankheiten. Das Unternehmen konzentriert sich auf die Entwicklung und Vermarktung von Produkten gegen biologische Waffen; Impfstoffe gegen Anthrax, Pest oder Pocken. Zudem wird an einem monoklonalen Antikörper für die Behandlung und kurzfristige Vorbeugung von Anthrax geforscht. Bereits zwei klinische Tests der Phase III wurden für zwei Formulierungen von AIDSVAX abgeschlossen, einem Impfstoff, der Infektionen mit dem HIV-Virus vorbeugen soll. Das Unternehmen schloss zudem placebo-kontrollierte, klinische Tests der Phase I mit dem Präparat rPA102 ab, einem Impfstoffkandidaten gegen Anthrax. In Zusammenarbeit mit dem Chemo-Sero Therapeutic Research Institute wird LC16m8 entwickelt, ein potentieller Impfstoff gegen das Pocken-Virus.
Vaxgen verfügt über ein gegenseitiges Lizenzierungs- und Forschungsabkommen mit AVANIR.

Das Unternehmen wurde 1995 gegründet.

Wichtige Unternehmensnachrichten:

2006 Neuerstellung der Jahresabschlüsse ab 2003
2006 Kapitalerhöhung i.d.H.von USD 27 Mio.
2004 Auftrag der US-Regierung über den Kauf von 75 Dosen des Antrax Impfstoffs, rPA102 im Wert von USD 877,5 Mio.

Umsatz in Tausend Euro:

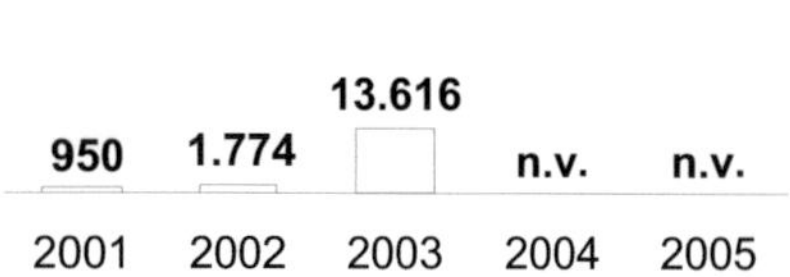

Börsenkapitalisierung in Tausend Euro:

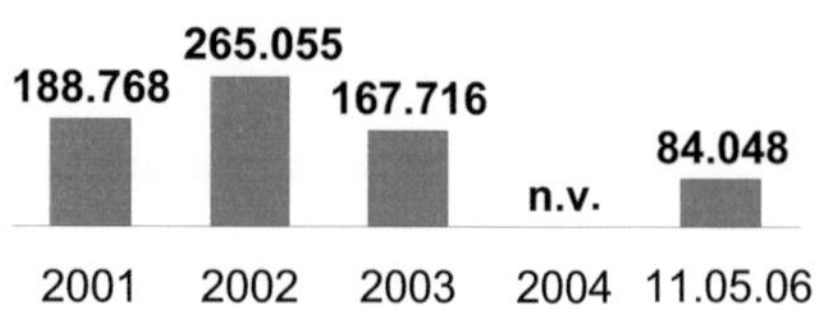

Die Aktie ist am Nasdaq unter den „Pink Sheets“ (Symbol: VXGN) notiert.

Anhang F: Volatilität als Maß des Marktrisikos

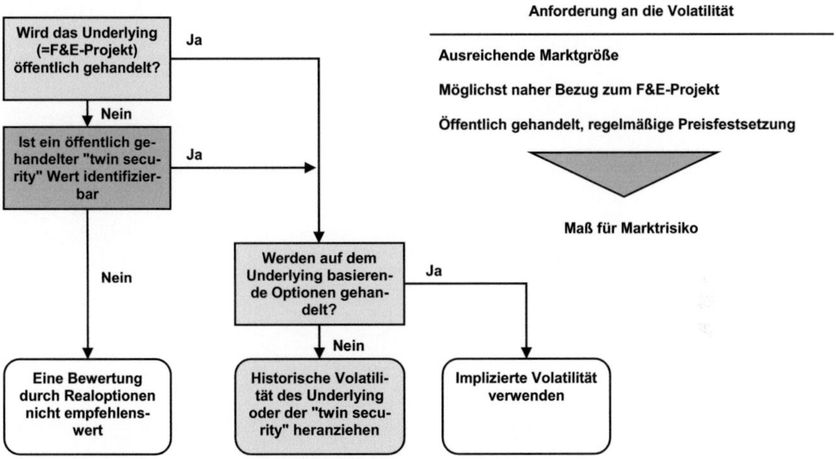

Anhang G: Berechnung und Zusammensetzung Nasdaq Biotech

Biotechnology Index Security Eligibility Criteria and Ranking Review
To be eligible for inclusion in the Index, a security must be listed on The NASDAQ Stock Market and meet the following criteria:

- the issuer of the security must be classified according to the FTSE™ Global Classification System as either biotechnology or pharmaceutical;
- the security U.S. listing must be exclusively on the NASDAQ National Market (unless the security was dually listed on another U.S. market prior to January 1, 2004 and has continuously maintained such listing);
- the security must have a market capitalization of at least $200 million;
- the security must have an average daily trading volume of at least 100,000 shares;
- the security must have "seasoned" on The NASDAQ Stock Market or another recognized market for at least 6 months (generally a company is considered to be seasoned by NASDAQ if it has been listed on a market for at least six months; in the case of spin-offs, the operating history of the spin-off will be considered);
- the security may not be issued by an issuer currently in bankruptcy proceedings; and
- the issuer of the security may not have entered into a definitive agreement or other arrangement which would result in the security no longer being index eligible within the next six months; and
- the issuer of the security may not have annual financial statements with an audit opinion which the auditor or the company have indicated cannot be currently relied upon.

Semi-annual Ranking Review

The Index Securities are evaluated semi-annually. Securities currently within the Index must meet the maintenance criteria of $100 million in market capitalization and 50,000 shares average daily trading volume. Index securities not meeting the maintenance criteria are retained in the Index provided that such security met the maintenance criteria in the previous semi-annual ranking. Securities not meeting the maintenance criteria for two consecutive rankings are removed. Changes will occur after the close of trading on the third Friday in May and November using March and September closing price and volume data and April and October publicly available total share outstanding data.

On November 1, 1993, the NASDAQ Biotechnology Index began with a base of 200.00

Quelle: http://dynamic.nasdaq.com/reference/IndexDescriptions.stm#bio

Anhang H: Marktrisiko ausgedrückt in Volatilitäten

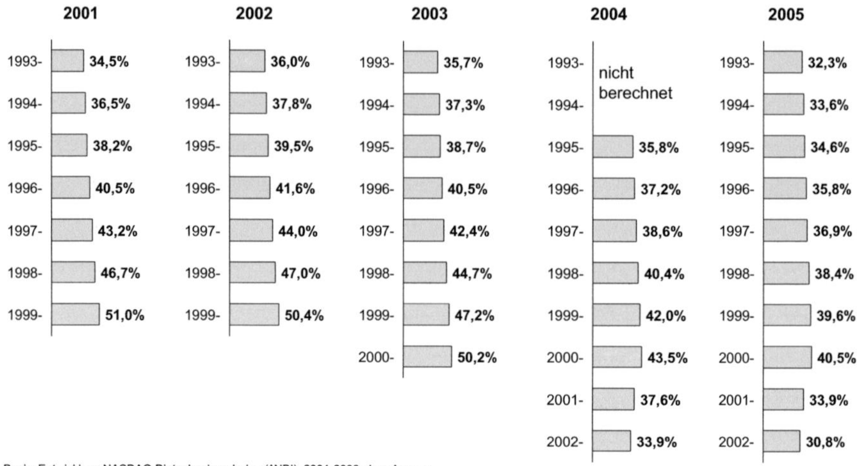

Basis: Entwicklung NASDAQ Biotechnology Index (^NBI), 2001-2003 ohne Amgen
Quelle: Eigene Berechnung

Anhang I: Ermittelte risikolose durchschnittliche Zinssätze

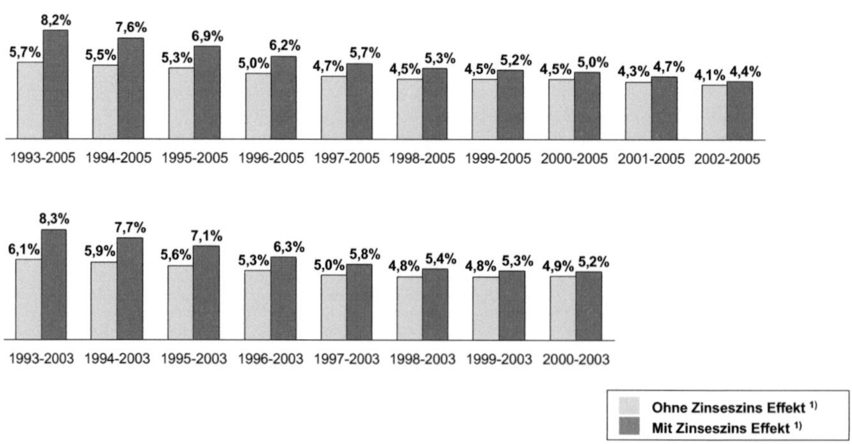

1) Durchschnittl. Kapitalmarktzins im Euro-Raum (BIP-gewichtete Rendite zehnjähriger Staatsanleihen); EURO12 ab Januar 2001
Quelle: Eigene Berechnung

Anhang J: Umrechnungskurse

Kurs = erster Handelstag im Jahr

1,95583	DM entspricht 1 Euro	ab 1999
1,977	DM entspricht 1 Euro	1998
1,933	DM entspricht 1 Euro	1997
1,839	DM entspricht 1 Euro	1996
1,903	DM entspricht 1 Euro	1995
1,937	DM entspricht 1 Euro	1994
1,95	DM entspricht 1 Euro	1993

1,1836	Dollar entsprechen 1 Euro	2006
1,3546	Dollar entsprechen 1 Euro	2005
1,2582	Dollar entsprechen 1 Euro	2004
1,0501	Dollar entsprechen 1 Euro	2003
0,892	Dollar entsprechen 1 Euro	2002
0,9421	Dollar entsprechen 1 Euro	2001
1,008	Dollar entsprechen 1 Euro	2000
1,1674	Dollar entsprechen 1 Euro	1999

Anhang K: Basisdaten zur Berechnung Realoptionen 2003

Name	**Basisjahr - 2003 in TSD Euro**					
	σ	r	T	δ	X (Bar)	S (Bar)
arena pharmaceuticals Inc.	44,74%	5,41%	6	0	-128437	119585
Arquile Inc.	35,65%	8,32%	11	0	-53852	73204
avigen	35,65%	8,32%	11	0	-89002	62368
Biotissue Technologies(1)	47,19%	5,30%	5	0	-18901	431
Caliper Life Science	40,50%	6,32%	8	0	-118006	124662
Co.don	42,44%	5,77%	7	0	-17161	9674
Exact Sciences Corp.	40,50%	6,32%	8	0	-52583	129364
Gene Logic	37,31%	7,71%	10	0	-122923	91207
ImmunoGen Inc.	37,31%	7,71%	10	0	-88832	126177
Introgen Therapeutics Inc.	37,31%	7,71%	10	0	-52279	127041
La Jolla Pharmac.	35,65%	8,32%	11	0	-115609	113732
Macropore Biosurgery Inc	42,44%	5,77%	7	0	-35509	32034
Mologen AG	44,74%	5,41%	6	0	-12206	8448
MorphoSys AG	42,44%	5,77%	7	0	-24836	39492
November AG	42,44%	5,77%	7	0	-20612	30082
Pain Therapeutics	44,74%	5,41%	6	0	-50319	156262
Plasmaselect AG	42,44%	5,77%	7	0	-89209	30474
Vaxgen	40,50%	6,32%	8	0	-104188	111395
	^NBI ohne Amgen	ZinsesZins				

(1) Daten bis 2002, da kein Geschäftsbericht für 2003
Quelle: Eigene Berechnungen

Anhang L: Korrelation von Realoptions- und Unternehmenswert

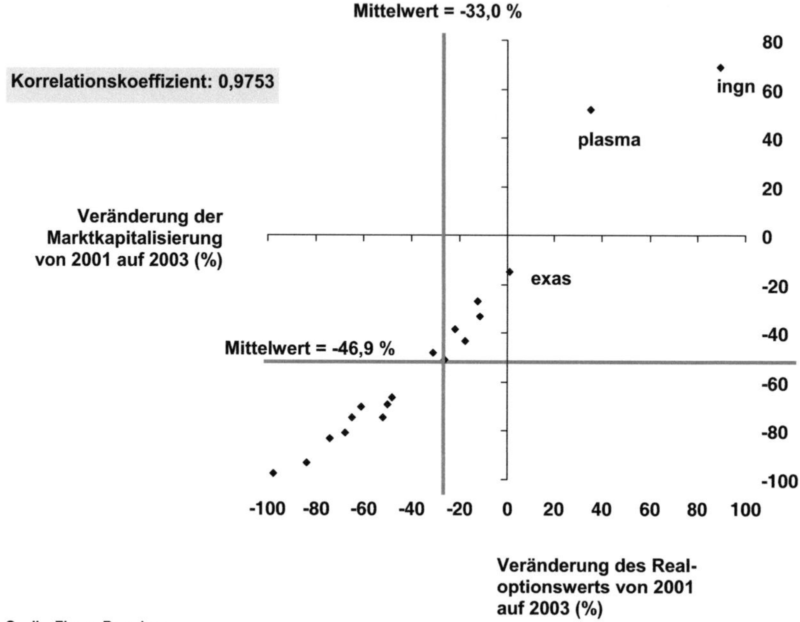

Quelle: Eigene Berechnung

Anhang M: Anteil des NPV-Werts am Realoptionswert

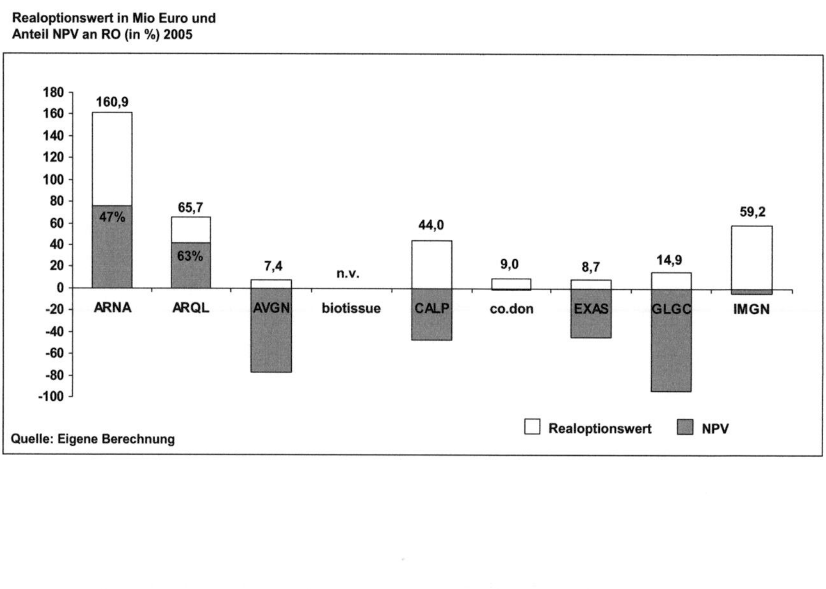

Realoptionswert in Mio Euro und
Anteil NPV an RO (in %) 2005

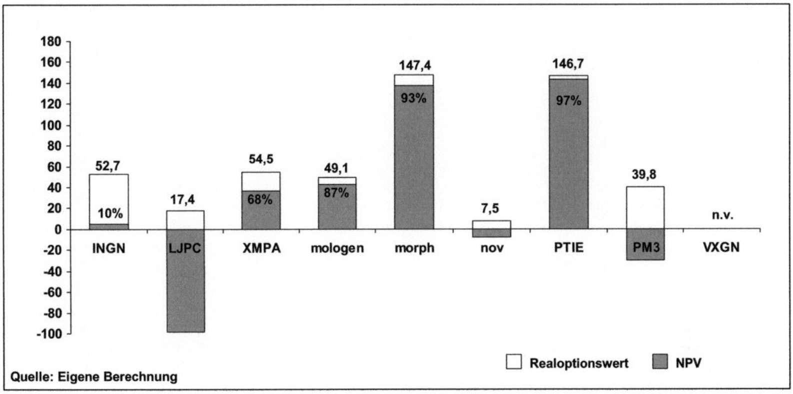

Quelle: Eigene Berechnung

Anhang N: Korrelation von Realoptions- und NPV-Wert

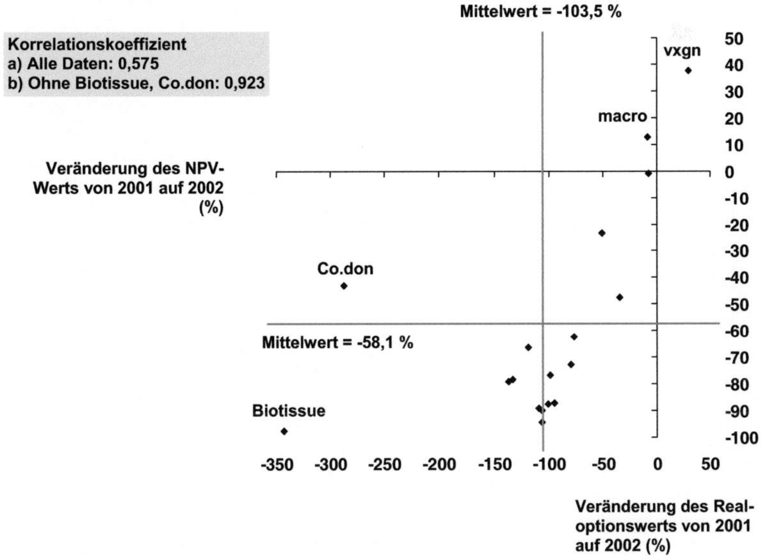

Quelle: Eigene Berechnung

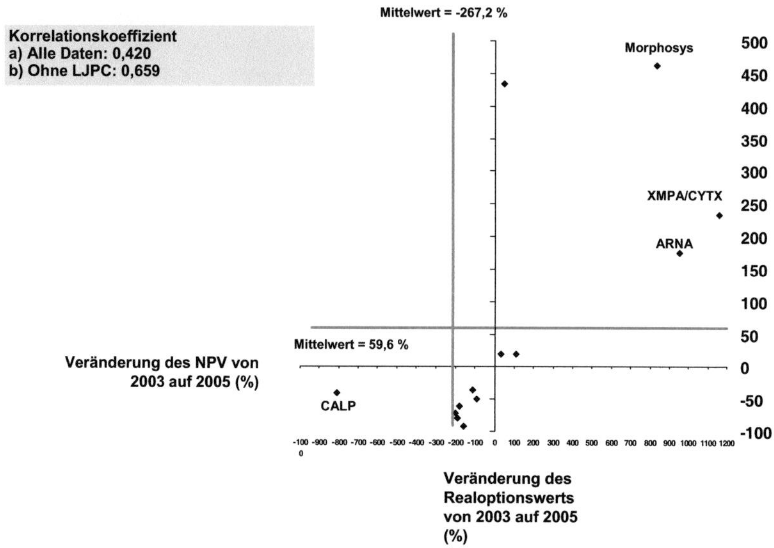

Quelle: Eigene Berechnung, untersuchte Unternehmen ohne Biotissue, Co.don, Mologen und VXGN, NPV-Wert Veränderung von LJPC mit -5.152% (Delta RO=-77,5%) ausserhalb der Skala

Literatur

Achleitner A.K. und Nathusius E. (2004): Venture Valuation – Bewertung von Wachstumsunternehmen, Stuttgart, Schäffer Poeschel Verlag, 2004.

Aggarwal, R. (1993): A brief overview of capital budgeting under uncertainty, in: Aggarwal, R. [Hrsg.]: Capital budgeting under uncertainty, Prentice Hall, Englewood Cliffs, 1993, S.1, 9-43.

Amend, F. (2001): Flexibilität und Hedging: Realoptionen in der Elektrizitätswirtschaft, in: Hommel, U./Scholich, M./Vollrath, R. [Hrsg.]: Realoptionen in der Unternehmenspraxis, Springer, 2001.

Amram, M./Kulatilaka, N. (1999): Real Options. Managing strategic investments in an uncertain world, Harvard Business Review, School Press, Boston, 1999.

Arnold, T./Crack T.F. (2003): Option Pricing in the Real World: A Generalized Binominal Model with Applications to Real Options, Robins School of Business, University of Richmond, Arbeitspapier, 7th Annual Conference on Real Options 2003.

Arnold, T./Shockley, R. (2002): Real Option Analysis and the Assumptions of NPV Rule, Louisiana State University/Kelley School of Business, Indiana University, Arbeitspapier, 6th Annual Conference on Real Options 2002.

Azevedo, A. F./Paxson, D.A. (2007): The Combined Effect of Market, Technical and Technological Uncertainties on New Technology Adoptions, Manchester Business School, Arbeitspapier, 11th Annual Conference on Real Options 2007.

BCG (2001): Positionierung deutscher Biotechnologie-Cluster im internationalen Vergleich, Studie, The Boston Consulting Group, Januar 2001.

Baecker, P.N./Hommel, U./Lehmann, H. (2003): Marktorientierte Investitionsrechnung bei Unsicherheit, Flexibilität und Irreversibilität – Eine Systematik der Bewertungsverfahren, in: Hommel, U./Scholich, M./Baecker, P. [Hrsg.]: Reale Optionen, Springer, 2003.

Ballwieser, W. (1998): Unternehmensbewertungen mit Discounted Cash Flow-Verfahren, in: Die Wirtschaftsprüfung, Jg. 53, Heft 3, S. 81-92.

Ballwieser, W. (2002): Unternehmensbewertung und Optionspreistheorie, Arbeitspapier, Ludwig-Maximilians-Universität, München, 2002.

Bamberg G./Coenenberg A.G. (2002): Betriebswirtschaftliche Entscheidungslehre, 11.Auflage, Verlag Vahlen, 2002.

Barrieu, P./Bellamy, N. (2004): Impact of Market Crises on Real Options, London School of Economics/Université d'Evry Val d'Essonne, Arbeitspapier, 2004.

Baum, H./Coenenberg, A.G./Günther, T. (2004): Strategisches Controlling, 3. Auflage, Stuttgart, 2004.

Bellalah, M. (2002): Extended DCF analysis and real options analysis within Information uncertainty: applications for project valuation and R&D, Arbeitspapier, THEMA, University of Cergy, 2002.

Berg, P./Leinonen, M. et al. (2000): Assessment of Quality and Maturity Level of R&D, in: Eleventh International Working Seminar on Production Economics, Igls, Austria, 2000.

Bernecker, J. (2006): Berwertung von Unternehmen der Informationstechnologie – unter Berücksichtigung von strategischen Handlungsmöglichkeiten, Dissertation, Universität Fridericiana zu Karlsruhe, 2006.

Bieg, H./Kußmaul, H. (2009): Investition, 2. Auflage, 2009.

Black, F./Scholes, M. (1973): The pricing of options and corporate liabilities, in: Journal of Political Economy 81, 1973, S. 637-654.

Blohm, H./Lüder, K. (1995): Investition, 8. Auflage, München, 1995.

Bockemühl, M. (2001): Realoptionstheorie und die Bewertung von Produktinnovationen: Der Einfluss von Wettbewerbseffekten, 1. Auflage, Deutscher Universitätsverlag, Gabler, Wiesbaden, 2001.

Böcking, H.J./Nowak, K. (1998): Der Beitrag der Discounted Cash Flow-Verfahren zur Lösung der Typisierungsproblematik bei Unternehmensbewertungen, in: Der Betrieb, 51. Jg., Nr. 14, S. 685 – 690.

Bonduelle, Y./Schmoldt, I./Scholich, M. (2003): Anwendungsmöglichkeiten der Realoptionsbewertung, in: Hommel, U./Scholich, M./Baecker, P. [Hrsg.]: Reale Optionen, Springer, 2003.

Borison, A. (2003): Real Option Analysis: Where are the Emperor`s clothes, Stanford University, Arbeitspapier, 2003.

Bowman, E.H./Moskowitz, G.T. (2001): Real Option Analysis and Strategic Decision Making, in: Organization Science, 12. Jg., Ausgabe 6, 2001, S. 772-777.

Boyle, P. (1977): Options: A Monte Carlo Approach, in: Journal of Financial Economics, 1977, S. 323-338.

Brätigam, J./Esche, C./Mehler-Bicher, A. (2003): Uncertainty as key value driver of real options, European Business School, Östrich-Winkel/University of Applied Science, Mainz, Arbeitspapier, 7th Annual Conference on Real Options 2003.

Brealey, R.A./Myers, S.C. (1988): Principles of Corporate Finance, New York, 1988.

Breuer, W./Gürtler, M./Schumacher, J. (1999): Die Bewertung betrieblicher Realoptionen, in: Betriebswirtschaftliche Forschung und Praxis, 51. Jg. (1999), Heft 2, S. 213-232.

Briel, K. von (2005): Die Rolle des Controllers in kollektiven Entscheidungsprozessen, Dienstleistungskolloquium am 17.09.2004 an der Technischen Universität Kaiserslautern, in:

Lingnau, V. [Hrsg.]: Beiträge zur Controlling-Forschung, Technische Universität Kaiserslautern, 2005, S. 1-16..

Brigham, E. F. (1975): Hurdle rate for screening capital expenditure proposals, in: Financial Management, 4(3), 1975, S. 17–26.

Brockhoff, K. (1999): Forschung und Entwicklung, 5. Auflage, R. Oldenbourg Verlag, München, 1999.

Bundesministerium für Bildung und Forschung (2007): Die deutsche Biotechnologiebranche 2007 – Daten und Fakten, 2007.

Busby, J. S./Pitts, C. G. (1997): Real Options in practice: an explanatory survey of how finance officers deal with flexibility in capital appraisal, in: Management Accounting Research, 8. Jg. (1997), Nr. 2., S. 169-184.

Busse von Colbe, W./Laßmann, G. (1990): Betriebswirtschaftstheorie, Band 3, Investitionstheorie, 3. Auflage, Springer Verlag, 1990.

CFO Europe (1999): Reaping real rewards, a case review of Real Options put to use, in CFO Europe, July 1999, www.cfoeurope.com/199908e.html, Abruf am 16.02.2002.

Copeland, T./Antikarov, V. (2001): Real Options: A Practioner`s Guide, Texere, 2001.

Copeland, T./Keenan, P.T. (1998a): How much is flexibility worth?, in: McKinsey Quarterly, 1998, Nr. 2, S. 38-49.

Copeland, T./Keenan, P.T. (1998b): Making real options real, in: McKinsey Quarterly, 1998, Nr. 3, S. 128-141.

Copeland, T./Tufano, P. (2004): A Real-World Way to Manage Real Options, in: Harvard Business Review, März 2004, S. 90-99.

Cox, J./Rubinstein, M. (1979): Option Pricing: A simplified Approach, in: Journal of Financial Economics, 1979, Nr. 7, September, S. 229-263.

Cox, J./Rubinstein, M. (1985): Options markets, Prentice-Hall, New Jersey, 1985.

Coy, P. (1999): Exploiting Uncertainty: The "real-options" revolution in decision-making, in: Business Week, 7.Juni 1999, S. 118.

Dahlheim, C./Wieland, A. (2001): Unternehmerische Finanzierungspolitik unter Berücksichtigung von Realoptionen, in: Hommel, U./Scholich, M./Vollrath, R. [Hrsg.]: Realoptionen in der Unternehmenspraxis, Springer, 2001.

Dangl, T./Kopel, M.O. (2003): Die Bedeutung vollständiger Märkte für die Anwendung des Realoptionsansatzes, in: Hommel, U./Scholich, M./Baecker, P. [Hrsg.]: Reale Optionen, Springer, 2003.

Damisch, P.N./Locarek-Junge, H. (2003): Sind Realoptionen im Marktgleichgewicht wertlos?, in: Dresdner Beiträge zur Betriebswirtschaftslehre, Technische Universität Dresden, Heft 73, Dresden, 2003.

Däumler, K.-D. (1991): Grundlagen der Investitions- und Wirtschaftlichkeitsrechnung, 7. Auflage, Herne/Berlin, 1991.

Davenport, F. (2003): Sixth Annual Global Healthcare Conference, Lehman Brothers, März 2003.

Dellmann, K. (1992): Eine Systematisierung der Grundlagen des Controllings, in: Spremann, K./Zur, E. [Hrsg.]: Controlling. Grundlagen – Informationssysteme – Anwendungen, S. 113-140.

Dixit, A.K/Pindyck, R.S. (1994): Investment Under Uncertainty, Princeton Press, Princeton, 1994.

Dixit, A.K/Pindyck, R.S. (1995): The Options Approach to Capital Investment, in: Harvard Business Review, 73. Jg. (1995), Mai-Juni, S. 105-115.

Drukarczyk, J. (2001): Unternehmensbewertung, 3.Auflage, Verlag Vahlen, 2001.

Eggers, O. (1997): Funktionen und Management der Forschung in Unternehmen, Deutscher Universitätsverlag, Wiesbaden 1997.

Ekelund, A. (2005): Valuating biotech project portfolios using crystal ball and real options – case: Natimmune, Proceedings of the 2005 Crystal Ball User Conference, IntelliGlobe Aps, Copenhagen, 2005.

Elton, E.J./Gruber, M.J. (1995): Modern Portfolio Theory and Investment Analysis, 5. Auflage, New York u.a., 1995.

Ernst & Young (2003): Beyond Borders - The Global Biotechnology Report 2003, Beyond borders, Juni 2003.

Ernst & Young (2004): Beyond Borders - The Global Biotechnology Report 2004, Beyond borders, April 2004.

Ernst & Young (2006): Beyond Borders - The Global Biotechnology Report 2006, Beyond borders, April 2006.

Ernst & Young (2007a): Beyond Borders - The Global Perspective 2007, The Global Biotechnology Report 2007, April 2007.

Ernst & Young (2007b): Deutscher Biotechnologie-Report, April 2007.

Feng, S./Ho C.-Y. (2006): The Real Option Approach to Adoption and Discontinuation of Management Accounting Innovations: The Case of Activity-Based Costing, Boston University, Arbeitspapier, 10th Annual Conference on Real Options 2006.

Fink, R. (2001): Reality Check for Real Options, in: CFO Magazine, 13.09.2001.

Fischer, T.R./Hahnenstein, L./Heitzer, B. (1999): Kapitalmarkttheoretische Ansätze zur Berücksichtigung von Handlungsspielräumen in der Unternehmensbewertung, in: Zeitschrift für Betriebswirtschaft, 69. Jg. (1999), Heft 10, S. 1207-1231.

Fleten, S.-E./Näsäkällä, E. (2003): Gas Fired Power Plants: Investment Timing, Operating Flexibility and Abandonment, Norwegian University of Science and Technology, Trondheim/Helsinki University of Technology, Arbeitspapier, 7th Annual Conference on Real Options 2003.

Frank, R. (2003): New estimates of drug development costs, in: Journal of Health Economics, Nr. 22, 2003, S. 325-330.

Franke, G./Hopp, C. (2005): M&A-Transaktionen – Fluch oder Segen der Realoptionstheorie?, Research Paper Series, Thurgauer Wirtschaftsinstitut, Universität zu Konstanz, 2005.

Franklin, C. (2000): Incubating Real Options. Can Option Pricing Theory Help Investors Make Sense of the Business Models and Valuations of Internet Incubators, Submitted in part fulfilment of the degree of M.Sc. in Investment Analysis, University of Stirling, 2000.

Friedl, G. (2003a): Controlling, Stuttgart, 2003.

Friedl, G. (2003b): Bewertung von Investitionen in die Entwicklung neuer Produkte mit Hilfe des Realoptionsansatzes, in: Hommel, U./Scholich, M./Baecker, P. [Hrsg.]: Reale Optionen, Springer, 2003.

Friedl, G./Hilz, C./Pedell, B. (2005): Controlling mit SAP, 4. Auflage, Stuttgart, 2005.

Gerling, P.G. (2007): Controlling und Kognition, EÜL Verlag, Köln, 2007.

Gigerenzer, G. (2001): The adaptive Toolbox, in: Gigerenzer, G./Selten R. [Hrsg.]: Bounded Rationality – The Adaptive Toolbox, Cambridge/London, MIT Press, 2001.

Gigerenzer, G. (2004): Striking a Blow for Sanity in Theories of Rationaliy, in: Augier, M/March, G. [Hrsg.]: Models of a man: Essays in memory of Herbert A. Simon, Cambridge, MIT Press, 2004.

Gigerenzer, G./Selten, R. (2001): Rethinking Rationality, in: Gigerenzer, G./Selten R. [Hrsg.]: Bounded Rationality – The Adaptive Toolbox, Cambridge/London, MIT Press, 2001.

Gintschel, A. (1999): Ein allgemeines Binominalmodell zur Bewertung von Realoptionen, in: Kredit und Kapital, 1999, Heft 1, S. 60-84.

Gopfert, I./Hoppenheit, C. (1991): Controlling in Forschung und Entwicklung, ZfB Ergänzungsheft, Nr. 3, 1991, S. 147-166.

Götze, U./Bloech, J. (2002): Investitionsrechnung – Modelle und Analysen zur Beurteilung von Investitionsvorhaben, 3. Auflage, Springer Verlag, 2002.

Götze, U. (2005): Investitionsrechnung – Modelle und Analysen zur Beurteilung von Investitionsvorhaben, 5. Auflage, Berlin et al., 2005.

Grabowski, H./Vernon, J./DiMasi, J. (2002) : Returns on R&D for 1990s new drug introductions, Department of Economics, Duke University, 2002.

Grob, H.L./Mrzyk, A. (1998): Risiko-Chancen-Analyse in der Investitionsrechnung – Integration von VOFI und Crystal Ball, in: Controlling, Heft 2, 1998, S. 120-129.

Grob, H. L. (2006): Einführung in die Investitionsrechnung, 5. Auflage, München, 2006.

Grünig, R./Heckner, F. (1996): Investition und -planung, Vorlesungsskript, Universität Freiburg i.Ü., 1996

Hahn, D. (1996): PuK, Controllingkonzepte: Planung und Kontrolle, Planungs- und Kontrollsysteme, Planungs- und Kontrollrechnung, 5. Auflage, Wiesbaden, 1996.

Hahn, D./Hungenberg, H. (2001): PuK: Planung und Kontrolle, Planungs- und Kontrollsysteme, Planungs- und Kontrollrechnung, 6. Auflage, Wiesbaden, 2001.

Hamilton, W./Mitchell, G. (1990): What is your R&D worth?, in: The McKinsey Quarterly, 1990, Nr. 3, S. 150-160.

Handelsblatt (1999): Bei Realoptionen hinken europäische Manager der Realität hinterher – Bewertungsmethode setzt sich nur langsam durch, in: Handelsblatt vom 25.11.1999, Nr. 229, S. 49.

Hartmann, M. (2006): Realoptionen als Bewertungsinstrument für frühe Phasen der Forschung und Entwicklung in der Pharmazeutischen Industrie, Dissertation, Technische Universität Berlin, 2006.

Hartmann, M. und Hassan, A. (2006): Application of real options analysis for pharmaceutical R&D project valuation - Empirical results from a survey, in: Research Policy, Nr. 35, S. 343-354.

Henseler, J./Jonen, A./Lingnau V. (2004): Die Rolle des Controllings bei der Ein- und Weiterführung der Balanced Scorecard, in: Lingnau, V. [Hrsg.]: Beiträge zur Controlling-Forschung, Technische Universität Kaiserslautern, 2004.

Hertz, D.B. (1964): Risk Analysis in Capital Investment, in: Harvard Business Review, 1964, S. 95-106.

Hoe, S./Diltz, J.D. (2007): Real Options, Competition, and the Valuation of Pharmaceutical Licensing Agreements, University of Texas at Arlington, Arbeitspapier (Draft), 11th Annual Conference on Real Options 2007.

Hölscher, R./Rücker, U.-Chr. (1996): Investitionscontrolling auf der Basis der Marktzinsmethode, in: Controller Magazin, 6/1996, S. 368-378.

Hoffmann, F. (1972): Merkmale der Führungsorganisation amerikanischer Unternehmen – Auszüge aus den Ergebnissen einer Forschungsreise, Zeitschrift für Organisation, 41. Jg., Heft 3, S. 145-148.

Hoffmeister, W. (2000): Investitionsrechnung und Nutzwertanalyse – Eine entscheidungsorientierte Darstellung mit vielen Beispielen und Übungen, Stuttgart, 2000.

Hoitsch, H.-J./Lingnau, V. (2007): Kosten- und Erlösrechnung: Eine controllingorientierte Einführung, 6. Auflage, Berlin et al., 2007.

Hommel, U. (2001): Realoptionen in der Unternehmenspraxis: Wert schaffen durch Flexibilität, Springer, Berlin, 2001.

Hommel, U./Lehmann, H. (2001): Die Bewertung von Investitionsprojekten mit dem Realoptionsansatz – Ein Methodenüberblick, in: Hommel, U./Scholich, M./Vollrath, R. [Hrsg.]: Realoptionen in der Unternehmenspraxis, Springer, 2001.

Hommel, U./Müller, J. (1999): Realoptionsbasierte Investitionsbewertung, in: Finanz-Betrieb, 1999, Heft 8, S. 177-188.

Hommel, U./Pritsch, G. (1999a): Marktorientierte Bewertung mit dem Realoptionsansatz: Ein Implementierungsleitfaden für die Praxis, in: Finanzmarkt und Portfolio Management, 13. Jg. (1999), Heft 2, S. 121-144.

Hommel, U./Pritsch, G. (1999b): Investitionsbewertung und Unternehmensführung mit dem Realoptionsansatz, in: Achleitner, A.-K./Thoma, G.F. [Hrsg.]: Handbuch Corporate Finance, Köln, 1999.

Horváth, P. (1994): State of the Art des F&E Controllings, Forschungsbericht, Nr. 40, Stuttgart, 1994.

Horváth, P. (2006): Controlling, 10. Auflage, München 2006.

Howell, S. D./Jägle, A. J. (1997): Laboratory Evidence on how Managers Intuitively Value Real Growth Options, in: Journal of Business Finance and Accounting, 24. Jg. (1997), Nr. 7, S. 915-935.

Hubig, L./Lingnau, V. (2008): Hochschulcontrolling - Möglichkeiten und Grenzen der Leistungsmessung mit Hilfe des AHP. In, Seicht, G.: Jahrbuch für Controlling und Rechnungswesen, Wien 2008, S. 389-418.

Huchzermeier, A./Loch, C.H. (1999a): Evaluating R&D Options as Learning Options: Why More Variability is Not Always Better, Arbeitspapier, WHU Koblenz / INSEAD, in: Wildemann, H. (1999): Prozess-Orientiertes Controlling, TCW Verlag München, 1999.

Huchzermeier, A./Loch, C.H. (1999b): Project Management under risk: using the real options approach to evaluate flexibility in R&D, Arbeitspapier INSEAD, 99/15/TM, Fontainebleau 1999.

Huchzermeier, A. (2001): Bewertung von Realoptionen in globalen Produktions- und Logistiknetzwerken, in: Hommel, U./Scholich, M./Vollrath, R. [Hrsg.]: Realoptionen in der Unternehmenspraxis: Wert schaffen durch Flexibilität, Springer, 2001.

Huchzermeier, A./Loch C.H. (2001): Project Management Under Risk: Using the Real Options Approach to Evaluate Flexibility in R&D, in Management Science, 47. Jg. (2001), Januar, S. 85-101.

Hull, J.C. (2000): Options, Futures and Other Derivates, 4.Auflage, Prentice-Hall, Upper Saddle River, NJ, 2000.

Irrek, W. (2002): Controlling als Rationalitätssicherung der Führung. In: krp - kostenrechnungspraxis, Jg. 46 (2002), Heft 1, S. 46-51.

Jacob, W. F./Kwak, Y. H. (2003): In Search of Innovative Techniques to Evaluate Pharmaceutical R&D Projects, in: Technovation, 23. Jg. (2003), Nr. 4, S. 291-296.

Jägle, A.J. (1999): Shareholder Value, Real Options, and Innovation in Technology-Intensive Companies, in: R&D Management, 29. Jg. (1999), Heft 3, S. 271-288.

Jonen, A./Lingnau, V. (2007): Das real existierende Phänomen Controlling und seine Instrumente – Eine kognitionsorientierte Analyse, in: Beiträge zur Controlling-Forschung, Nr. 13, Lehrstuhl für Unternehmensrechnung und Controlling, TU Kaiserslautern, 2007.

Jonen, A./Lingnau, V./Sagawe, C. (2007): Aufbau eines kognitionsorientierten Risikocontrollinginstrumentes – Unterstützung der Risikobewertung mittels des Analytic Hierarchy Process, in: Beiträge zur Controlling-Forschung, Nr. 12, Lehrstuhl für Unternehmensrechnung und Controlling, TU Kaiserslautern, 2007.

Jonsson, T. (2007): Competitiveness of the European biotechnology industry, Arbeitspapier der Europäische Kommission, Bereich Enterprise and Industry DG, 2007.

Kahneman, D./Tversky, A. (1979): Prospect theory: An analysis of decision under risk, in: Econometrica, Nr. 47 (1979), Nr. 2, S. 263-291.

Keefer, D. L./Corner, J.L./Kirkwood, C.W. (2000): Decision Analysis in the Operations Research Literature, 1990-1999, Arbeitspapier, Arizona State University/University of Waikato/Neuseeland, Juli 2000.

Kern, W. (1974): Investitionsrechnung, Stuttgart, 1974.

Kern, W./Schröder, H.-H. (1977): Forschung und Entwicklung in der Unternehmung, Reinbeck , 1977.

Kester, C.W. (1984): Today´s Options for Tomorrow´s Growth, in: Harvard Business Review, 62, 1984, Nr. 2, S. 153-160.

Kieser, A. (1997): List und Tücke in der Vertrauensorganisation, in: Die Betriebswirtschaft, 57. Jg. (1997), S. 597-599.

Kilka, M. (1995): Realoptionen: Optionspreistheoretische Ansätze bei Investitionsentscheidungen unter Unsicherheit, Frankfurt a. M., 1995.

Koch, C. (1999): Optionsbasierte Unternehmensbewertung: Realoptionen im Rahmen von Akquisitionen, Wiesbaden, 1999.

Koch, U. (2001): Finanzielle Bewertung von Lizenzprodukten in der Pharmaindustrie: NPV-Modelle oder Realoptionsansatz?, in: Hommel, U./Scholich, M./Vollrath, R. [Hrsg.]: Realoptionen in der Unternehmenspraxis, Springer, 2001.

Kogut, B./Kulatilaka, N. (2001a): Capabilities as Real Options, in: Organizational Science, 12. Jg. (2001), Heft 6, S. 744-758.

Kogut, B./Kulatilaka, N. (2001b): Strategy, Heuristics, and Real Options, in: The Oxford Handbook of Strategy, 2001.

Kogut, B./Kulatilaka, N. (2003): Comment: Real Option Pricing and Organizations: The Contingent Risks of Extended Theoretical Domains, INSEAD/Boston University, Artikel eingereicht bei Academy of Management Review, 2003.

Koh, W. (2005): Real Extreme R&D Options, Manchester Business School, Arbeitspapier, 9th Annual Conference on Real Options 2005.

Kreps, D.M (1997): Bounded Rationality, in: Newman, P. [Hrsg.]: The New Palgrave Dictionary of Economics and The Law, London, 1997, S. 168-173.

Krolle, S. (2003): Real Options Valuation^{TM}: Synthese von Strategie und Wert – Anwendungsbeispiel für ein Internet Portal, in: Hommel, U./Scholich, M./Baecker, P. [Hrsg.]: Reale Optionen, Springer, 2003.

Kron, R.G./Parvis-Trevisany, N./Schäffer, U. (2004): Zum Erfolg der Implementierung von Controllinginstrumenten, European Business School Working Papers on Managment, Accounting & Control, Nr. 13, Oestrich-Winkel, 2004.

Krumnow, J./Gramlich, L. [Hrsg.] (1999): Gabler-Bank-Lexikon, Wiesbaden, 1999.

Kruschwitz, L. (1995): Investitionsrechnung, 6. Auflage, Berlin, 1995.

Kühn, R./Fuhrer, U./Jenner, T. (2000): Reale Optionen, in: Die Unternehmung, Nr. 1, 2000, S. 43-56.

Küpper, H.-U. (1997): Konzeption des Controlling aus betriebswirtschaftlicher Sicht. In: Scheer, A.-W. [Hrsg.]: Rechnungswesen und EDV. 8. Saarbrücker Arbeitstagung, Heidelberg, 1987, S. 82-116.

Küpper, H.-U. (2005): Controlling: Konzeptionen, Aufgaben und Instrumente, 4. Auflage, Stuttgart, 2005.

Laffont, J.-J. (1989): A Brief Overview of the Economic of Incomplete Markets, in: The Economic Record, Nr. 65 (1989), S. 54-65.

Lautier, D. (2003): Valuation of an oil field using real options and the information provided by term structures of commodity prices, University Paris IX, Arbeitspapier 2003.

Lavoie, B. F. (2004): Real options and the management of R&D investment: An analysis of comparative advantage, market structure, and industry dynamics in biotechnology, Dissertation, Ohio State University, 2004.

Leithner, S./Liebler, H. (2003): Die Bedeutung von Realoptionen im M&A Geschäft, in: Hommel, U./Scholich, M./Baecker, P. [Hrsg.]: Reale Optionen, Springer, 2003.

Leslie, K.J./Michaels, M.P. (1997): The real power of real options, in: The McKinsey Quarterly 1997, Nr. 3, S. 5-22.

Lingnau, V. (1999): Geschichte des Controllings, in: Lingenfelder, M. [Hrsg.]: 100 Jahre Betriebswirtschaftslehre in Deutschland, München, 1999.

Lingnau, V. (2000): Funktion und Aufgaben des Controllings – Ein kognitiv-entscheidungsorientierter Ansatz, Habilitationsschrift, Universität Mannheim, Mannheim, 2000.

Lingnau, V. (2001): Vom homo oeconomicus zum homo organisans – Zur Bedeutung von Herbert A. Simon für die Betriebswirtschaftslehre, in: Zeitschrift für Planung, Jg. 12 (2001), Heft 4, S. 421-438.

Lingnau, V. (2004): Controlling – Ein kognitionsorientierter Ansatz, in: Beiträge zur Controlling-Forschung, Nr. 4, Lehrstuhl für Unternehmensrechnung und Controlling, TU Kaiserslautern, 2004.

Lingnau, V. (2008): Controlling, BWL und Privatwirtschaftslehre: Beiträge zur Controlling-Forschung, Nr. 14, Lehrstuhl für Unternehmensrechnung und Controlling, TU Kaiserslautern, 2008.

Lingnau, V./Schäffer, U. (2009): Was hat Controlling mit Ethik zu tun?, in: Controlling & Management, 53. Jg.(2009), S. 284-287.

Littkemann, J. (1997): Erfolgreiches Innovationscontrolling, in: Zeitschrift für Betriebswirtschaft, 67 (1997), S. 1309-1331.

Loderer C./Jörg P./Pichler K./Roth L./Zgraggen P. (2002): Handbuch der Bewertung, Praktische Methoden und Modell zur Bewertung von Projekten, Unternehmen und Strategien, Frankfurter Allgemeine Zeitung / Neue Zürcher Zeitung, 2002.

Loistl, O.(1994): Kapitalmarkttheorie, München, 3. Auflage, 1994.

Lücke, W. [Hrsg.] (1993): Investitionslexikon, 2. Auflage, München, 1993.

Lüder, K. (1993): Investitionsplanung und –kontrolle, in: Wittmann, W./Kern, W. u.a. [Hrsg.]: Handwörterbuch der Betriebswirtschaftslehre, 5. Auflage, Stuttgart, 1993.

Luehrman, T.A. (1994): Note on Financial Programming Over Long Horizons, HBS note 9-294-087.

Luehrmann, T.A. (1998): Investment opportunities as real options: getting started on the number, Harvard Business Review, 76. Jg. (1998), Juli-August, S. 51-67.

Lun, K./Peske, T. (2002): Anwendung des Tools noch zögerlich: Realoptionen. Wissenschaftsmanagement, 8.Jg. (2002), Nr. 4, S. 34-39.

Luehrmann, T.A. (1998): Strategy as a portfolio of real options, Harvard Business Review, 76. Jg. (1998), September-Oktober, S. 89-99.

Majd, S./Pindyck, R.S. (1987): Time to Build, Option Value, and Investment Decisions, in: Journal of Financial Economics, 18. Jg. (1997), Heft 1, S. 7-27.

Magni, C.A. (2005): Investment decisions, net present value and bounded rationality, University of Modena, MPRA Paper No. 7451, Aug. 2005.

March, J.G./Simon, H.A. (1993): Organizations. 2. Auflage, Cambridge (Mass.)/Oxford, 1993.

Markowitz, H.R. (1967): Portfolio Selection, 3. Auflage, New York u.a., 1967.

Marquard, O. (2003): Zukunft braucht Herkunft – Philosophische Essays, Jubiläumsband der wichtigsten und meist gelesenen Essays, Reclam Verlag, Ditzingen 2003.

Mauboussin, M. (1999): Get real – Using Real Options in Security Analysis, Credit Suisse First Boston Corporation, Equity Research, 23. Juni 1999.

McDonald, R.L. (2000): Real Options and the Rules of Thumb, in: Brennan, M.J./Trigeorgis, L. [Hrsg.]: Project flexibility, agency and competition: new developments in the theory and application of real options, New York, 2000.

McGrath, R.G./MacMillan, I.C. (1995): Discovery-Driven Planning, in: Harvard Business Review, 73. Jg. (1995), Heft 4, Juli-August, S. 44-53.

McGrath, R.G./Nerkar, A. (2004): Real Options Reasoning and a New Look at the Investment Strategies of Pharmaceutical Firms, in: Strategic Management Journal, 25. Jg. (2004), Nr. 1, S. 1-21.

Meise, F. (1998): Realoptionen als Investitionskalkül: Bewertung von Investitionen unter Unsicherheit, München, 1998.

Moxter, A. (1983): Grundsätze ordnungsmäßiger Unternehmensbewertung, 2. Auflage, Wiesbaden, 1983.

Moxter, A. (1980): Die Bedeutung der Grundsätze ordnungsmäßiger Unternehmensbewertung, in: ZfB, 32. Jg. (1980), S. 454.

Müller, J. (2000): Real Options Valuation in Service Industries, Wiesbaden, Deutscher Universitätsverlag, Gabler, Wiesbaden, 2000.

Mun, J. (2002): Using Real Options Software to Value Complex Options, www.decisioneering.com, Abruf am 08.06.2003.

Munier, B./Selten, R. et al (1999): Bounded Rationality Modeling, in: Marketing Letters, 10:3, 1999, S. 233-248.

Myers, S. (1977): Determinants of Coporate Borrowing, in: Journal of Financial Economics, 5.11.1977, S. 147-175.

Newton, D.P./Pearson, A.W. (1994): Application of Option Pricing Theory to R&D, in: R&D Management, 24. Jg. (1994), Heft 1, S. 83-89.

Newton, D./Paxson, D./Widdicks, M. (2004): Real R&D options, in: International Journal of Management Reviews, 2004, Nr. 5/6, S. 113-130.

Nichols, N. (1994): Scientific Management at Merck: An Interview with CFO Judy Lewent, in: Harvard Business Review, 72. Jg. (1994), Januar-Februar, S. 88-99.

Niedermayr, R. (1994): Entwicklungsstand des Controllings: System, Kontext und Effizienz, Wiesbaden, 1994.

Ossadnik, W./Barklage, D./Lengrich, E.v. (2003): Controlling mittelständischer Unternehmen in der Region Osnabrück-Emsland: Empirische Bestandsaufnahme, Evaluierung und Handlungsempfehlungen, Abschlussbericht zum Forschungsprojekt, Universität Osnabrück, 2003.

Parvis-Trevisany, N./Schäffer, U. (2005): Barrieren im Prozess der Implementierung von Controllinginstrumenten, European Business School Working Papers on Managment, Accounting & Control, Nr. 19, Oestrich-Winkel, 2005.

Pereira, P.J./Armada, M.R./Kryzanowski, L. (2002): Real Investment Opportunity Valuation and Timing Using a Finite-Lived American Exchange Option Methodology, Arbeitspapier, 6th Annual Conference on Real Options 2002, Paphos, Cyprus.

Perlitz, M./Peske, T./Schrank, R. (1999): Real Options Valuation: The New Frontier in R&D Project Valuation, in: R&D Management, 29. Jg. (1999), Heft 3, S. 255-269.

Perridon, L./Steiner, S./Rathgeber, A. (2009): Finanzwirtschaft in der Unternehmung, 15. Auflage, 2009.

Pfeifer, W. (1989): Etymologisches Wörterbuch des Deutschen, Berlin, 1989.

Philippe, H. (2005): Real Options: Still Looking for Evidence?, Arbeitspapier, Université Paris-Dauphine, CEREG (CNRS-UMR 7088), 2005.

Poerschke, C. (2006): Zum Umgang mit Handlungsmöglichkeiten des Managements bei der Bewertung von Projekten, Dissertation, Philipps-Universität Marburg, 2006.

Pritsch, G. (1999): Real Options als Controlling-Instrument zur Sicherung der Rationalität in der pharmazeutischen Forschung und Entwicklung, Arbeitspapier, WHU Koblenz, 1999.

Pritsch, G./Weber, J. (2004): Die Bedeutung des Realoptionsansatzes aus Controlling-Sicht, in: Controlling & Management, krp – kostenrechnungspraxis, 48. Jg. (2004), Sonderheft 1, S.72-85.

Ramezani, C. (2003): Real Options, Corporate Performance, and Shareholder Value Creation, Orfalea College of Business, California Polytechnic, Arbeitspapier, 7th Annual Conference on Real Options 2003.

Rams, A. (2001): Die Bewertung von Kraftwerksinvestitionen als Realoption, in: Hommel, U./Scholich, M./Vollrath, R. [Hrsg.]: Realoptionen in der Unternehmenspraxis, Springer, 2001.

Rappaport A. (1998), Creating Shareholder Value: A Guide for Managers and Investors, Free Press, New York. 1998.

Razgaitis, R. (2001): IP Valuation by Real Options Methods, LES Summer Meeting, Kananaskis, 2001.

Reichmann, T./Lange, C. (1985): Aufgaben und Instrumente des Investitions-Controlling, in: Die Betriebswirtschaft, 45. Jg. (1985), Heft 4, S. 454-466.

Reichmann, T. (1996): Management und Controlling: gleiche Ziele – unterschiedliche Wege und Instrumente. In: Zeitschrift für Betriebswirtschaft, 66. Jg. (1996), Heft 6, S. 559-585.

Reichmann, T. (2002): Controlling mit Kennzahlen und Managementberichten. In: Reichmann, T. [Hrsg.]: Controlling – back to basics, Tagungsband, Dortmund, 2002, S. 99-122.

Reichmann, T. (2006): Controlling mit Kennzahlen und Management-Tools, 7. Auflage, München, 2006.

Reinhardt, H.C. (1997): Kapitalmarktorientierte Bewertung industrieller F&E-Projekte, Dissertation, Universität Kiel, Deutscher Universitätsverlag, Wiesbaden, 1997.

Remer, S./Ang, S. H./Baden-Fuller, C. (2001): Dealing with uncertainties in the biotechnology industry: The use of real options reasoning, in: Journal of Commercial Biotechnology, 8. Jg. (2001), Nr. 2, S. 95-105.

Richter, F./Timmreck, C. (2003): M&A-Optionen sind Real(e) Optionen: Wirtschaftlichkeitsanalyse von M&A Transaktionen dargestellt am Beispiel von Vendor Loans, in: Hommel, U./Scholich, M./Baecker, P. [Hrsg.]: Reale Optionen, Springer, 2003.

Roche, H. (2003): The Optimal Value of Waiting to Invest, Instituto Tecnologico Autonomo de Mexico, Arbeitspapier, 7th Annual Conference on Real Options 2003.

Roemer, E. (2004): Real Options and the Theory of the Firm, Arbeitspapier, University of Bradford, 2004.

Rubinstein, M. (1976): The valuation of uncertain income streams, in: Bell Journal of Economics, Herbst 1976, S. 407-425.

Rubio Martin, G./Lamothe Fernández, P. (2006): Real options in biotechnological firms valuation. An empirical analysis of European firms, in: Journal of Technology Management & Innovation, Jg. 1 (2006), Heft 2, S. 27-52.

Ryan, P.A. (2002): Capital Budgeting Practices of the Fortune 1000: How Have Things Changed?, University of Colorado, Arbeitspapier, www.biz.colostate.edu/faculty/patriciar, Abruf am 17.05.2004.

Sammer, J. (2002): Thinking in Real (Options) Time, in: Business Finance, März 2002.
Samuelson, Paul A. (1938): A Note on the Pure Theory of Consumer's Behaviour, Economica, 5, 61-71.

Savva, N.C./Scholtes, S. (2006): Real options in partnerships, Arbeitspapier, Judge Business School, University of Cambridge, 2006.

Schäfer, H./Jakobs, M. (2000): Bewertung von IPOs des Neuen Marktes – empirische Analyse angewandter Bewertungskonzepte, Arbeitspapiere zu Finanzmärkten und Finanzdienstleistungen, Universität Siegen, Fachbereich Wirtschaftswissenschaften, Heft 2, 2000.

Schäfer, H./Schässburger, B. (2001): Bewertung eines Biotech-Start-ups mit dem Realoptionsansatz, in: Hommel, U./Scholich, M./Vollrath, R. [Hrsg.]: Realoptionen in der Unternehmenspraxis, Springer, 2001.

Schäffer, U./Steiners, D. (2003): Zum Begriff des Controllinginstruments, European Business School Working Papers on Managment, Accounting & Control, Nr. 6, Oestrich-Winkel, 2003

Schäffer, U./Weber, J. (2003): Thesen zum Controlling (II), CCM-Forschungspapier, WHU Otto Beisheim Graduate School of Management, Nr. 8, Vallendar/Rhein, 2003.

Scherm, E./Pietsch, G. (2004): Theorie und Konzeptionen in der Controllingforschung, in: Scherm, E./Pietsch, G. [Hrsg.]: Controlling - Theorien und Konzeptionen, München, S. 3-19, 2004.

Schierenbeck, H./Hölscher, R. (1998): BankAssurance – Institutionelle Grundlagen der Bank- und Versicherungsbetriebslehre, 4. Auflage, Schäfer-Poeschel Verlag, Stuttgart, 1998.

Schierenbeck, H./Wöhle, C. (2008): Grundzüge der Betriebswirtschaftslehre, 17. Auflage, 2008.

Schneider, D. (1992): Investition, Finanzierung und Besteuerung, 7. Auflage, 1992.

Schröder, H. (1996): Konzepte und Instrumente eines Innovations-Controllings, in: Die Betriebswirtschaft, 56. Jg. (1996), Heft 4, S. 489-507.

Schulmerich, M. (2003): Einsatz und Pricing von Realoptionen – Einführung in grundlegende Bewertungsansätze, in: Hommel, U./Scholich, M./Baecker, P. [Hrsg.]: Reale Optionen, Springer, 2003.

Schultheiß, R. (2001): Anwendungsorientierte Grundlagenforschung und produktorientierte Anwendungsforschung als Spekulationsgeschäft – ein Anwendungsfall für die Optionspreistheorie, Dissertation, Universität Stuttgart, 2001.

Schwartz (2002): Patents and R&D as Real Options, Arbeitspapier, 6th Annual Conference on Real Options 2002, Paphos, Cyprus.

Schweitzer, M./Friedl, B. (1992): Beitrag zu einer umfassenden Controlling-Konzeption, in: Spremann, K./Zur, E. [Hrsg.]: Controlling, Wiesbaden, 1992, S. 141-167.

Selten, R. (1999): What is Bounded Rationality?, Arbeitspapier für die Dahlem Konferenz 1999, SFB Discussion Paper B-454, Laboratorium für experimentelle Wirtschaftsforschung, Universität Bonn, 1999.

Selten, R. (2001): What is Bounded Rationality?, in: Selten, R./Gigerenzer, G. [Hrsg.]: Bounded Rationality, The Adaptive Toolbox, MIT Press, Cambridge, MA, 2001. S. 13-36.

Sick, G. (2002): Will Real Options Ever Get the Respect They Deserve?, Keynote address, 6th Annual Conference on Real Options 2002, Paphos, Cyprus.

Simon, H. (1979): Rational decision making in business organizations. American Economic Review, 69, 493-513.

Simon, H.A. (1980): Grenzen der Rationalität in Entscheidungsprozessen, in: Journal für Betriebswirtschaft 30, Heft 1, S. 2-17.

Simon, H.A. (1990): Invariants of human behavior, in: Annual Review of Psychology, 41 Jg. (1990), S. 1-19.

Simon, H.A. (1997): Administrative behavior: A study of decision-making processes in administrative organizations, 4. Auflage, New York et al., 1997.

Slater, S.F./Reddy, V.K./Zwirlein, T.J. (1998): Evaluating Strategic Investments - Complementing Discounted Cash Flow Analysis with Options Analysis, in: Industrial Marketing Management, Nr. 27, 1998, S. 447-458.

Smit, H./van Vliet, P. (2002): Growth Options and the Value-Size Puzzle, Erasmus University Rotterdam, Arbeitspapier, 6th Annual Conference on Real Options 2002.

Spinler, S./Huchzermeier, A. (2004): Realoptionen: Eine marktbasierte Bewertungsmethodik für dynamische Investitionsentscheidungen unter Unsicherheit, in: Controlling & Management, krp – kostenrechnungspraxis, 48. Jg. (2004), Sonderheft 1, S. 66-71.

Spradlin, C.T./ Kutoloski, D.M. (1999): Action-Oriented Portfolio Management, 1999.

Stewart, J. (2002): Policy Brief – Biotechnology valuations for the 21st century, Milken Institute, April 2002, www.milkeninstitute.org , 13.05.2003.

Stickel, E. (2001): Einsatz der Optionspreistheorie zur Bewertung von Softwareentwicklungsprojekten, in: Hommel, U./Scholich, M./Vollrath, R. [Hrsg.]: Realoptionen in der Unternehmenspraxis, Springer, 2001.

Stoffel, K. (1995): Controllership im internationalen Vergleich, Wiesbaden, 1995.

Stuber, R. (2001): Strategische Investitionsprogrammplanung in divisionalisierten Unternehmen – Vorschlag eines heuristischen Verfahrens, Dissertation, Univesität Freiburg i.Ü., 2001.

Sureth,C./Niemann, R. (2003): Limits of integrating taxation in real option theory, Arbeitspapier, Universität Bielefeld/Universität Tübingen, 7th Annual Conference on Real Options 2003.

Summers, L.H. (1987): Investment Incentives and the Discounting of Depreciation Allowances, in: Feldstein, M. [Hrsg.]: The Effects of Taxation on Capital Accumulation, Chicago, 1987.

Teach, E. (2003): Will real options take root? Why companies have been slow to adopt the valuation technique, in: CFO, The Magazine for Senior Financial Executives, 01.07.2003.

Thaler, R. (1987a): Seasonal Movements in Security Prices I: The January Effect, in: Journal of Economic Perspective, 1987, S. 197-201.

Thaler, R. (1987b): Seasonal Movements in Security Prices
II: Weekends, Holidays, Turn of the Month and Intra-day Effects, in: Journal of Economic Perspectives, 1987, S. 169-177.

Titman, S./Tompaidis, S. (2001): Market Imperfections, Investment Optionality and Default Spreads, Arbeitspapier, 6th Annual Conference on Real Options Paphos, Cyprus, 2002.

Tiwana, A./Wang, J./Keil, M./Ahluwalia, P. (2007): The Bounded Rationality Bias in Managerial Valuation of Real Options: Theory and Evidence from IT Projects, in: Decision Sciences, Jg. 38 (2007), Ausgabe 1.

Todd, P. (2001): Fast and frugal heuristics for environmentally bounded minds, in: Gigerenzer,G./Selten, R. [Hrsg.]: Bounded rationality: The adaptive toolbox, S. 51–70, Cambridge/London, MIT Press, 2001.

Trigeorgis, L. (2000): Real Options – Managerial Flexibility and Strategy in Resource Allocation, Cambridge, MIT Press, 2000.

Tversky, A./Kahneman, D. (1974): Judgment under uncertainty: Heuristics and biases, in: Science, 185 (4157), 1974, S. 1124-1131.

Van Putten, R./MacMillan, I. (2004): Making real options really work, in: Harvard Business Review, 82 (12), S. 134-141, 2004.

Varian, Hal R. (2006): Intermediate Microeconomics: A modern approach, 7. Auflage, Norton, 2006.

Villiger, R./Bogdan, B. (2005): Getting real about valuations in biotech, in: Nature Biotechnology, Jg. 23 (2005), S. 423-428.

Viscovich, M./Krogsgaard, C. (2006): Valuation of a new drug candidate using decision tree analysis exemplified by NB S101 of Osteologix A/S, Arbeitspapier, Copenhagen Business School, 2006.

Vollrath, R. (2003): Die Berücksichtigung von Handlungsflexibilität bei Investitionsentscheidungen – Eine empirische Untersuchung, in: Hommel, U./Scholich, M./Baecker, P. [Hrsg.]: Reale Optionen, Springer, 2003.

Wall, F. (2002): Das Instrumentarium zur Koordination als Abgrenzungsmerkmal des Controlling?, in: Weber, J./Hirsch, B. [Hrsg.]: Controlling als akademische Disziplin: Eine Bestandsaufnahme, Wiesbaden, 2002, S. 67-90.

Warschkow, K. (1993): Organisation und Budgetierung zentraler F&E-Bereiche, Stuttgart, 1993.

Weber, M. (1968): Schriften zur theoretischen Soziologie zur Soziologie der Politik und Verfassung, 1968.

Weber, M./Winckelmann, J. (1980): Wirtschaft und Gesellschaft: Grundriss der verstehenden Soziologie, 5. Auflage, 1980.

Weber, J./Schäffer, U. (1999): Sicherstellung der Rationalität von Führung als Aufgabe des Controlling?, in: Die Betriebswirtschaft, Jg. 59 (1999), Heft 6, S. 731-747.

Weber, J./Schäffer, U./Langenbach, W. (1999): Gedanken zur Rationalitätskonzeption des Controlling, in: Weber, J. [Hrsg.]: WHU-Forschungspapier, Nr. 70, Vallendar, 1999.

Weber, J. (1995): Einführung in das Controlling, 6. Auflage, Stuttgart 1995

Weber, J. (2004): Einführung in das Controlling, 10. Auflage, Stuttgart 2004.

Weber, J. (2007): Theorie und Praxis im Controlling: Koexistenz oder Interaktion, in: Controlling & Management, 51. Jg. (2007), S. 334-339.

Weber, J. (2010): Theorie und Praxis im Controlling: Was unterschiedet erfolgreiche von nicht erfolgreichen Controllern?, in: Controlling & Management, 54. Jg. (2010), S. 91-95.

Weeds, H. (2002): Real Options and Game Theory: When should Real Options Valuation be applied?, Arbeitspapier, 6th Annual Conference on Real Options Paphos, Cyprus, 2002.

Welge, M.K. (1988): Unternehmensführung. Band 3: Controlling, Poeschel, Stuttgart 1988.

Wieland, A./Dahlheim, C. (2003): Unternehmerische Finanzierungspolitik unter Berücksichtigung von Realoptionen, in: Hommel, U./Scholich, M./Baecker, P. [Hrsg.]: Reale Optionen, Springer, 2003.

Winter, P. (2008): Definition von Anforderungskriterien an Controlling-Konzeptionen und Thesen für die konzeptionelle Controlling-Forschung, MPRA Paper No. 10503, 2008.

Wild, J. (1982): Grundlagen der Unternehmensplanung, 4. Auflage, Opladen,1982.

Wilson, R.M./Chua, W.F. (1993): Managerial Accounting. Method and Meaning, 2. Auf-lage, London, 1993.

Witt, P. (2003): Die Bedeutung des Realoptionsansatzes für Gründungsunternehmen, in: Hommel, U./Scholich, M./Baecker, P. [Hrsg.]: Reale Optionen, Springer, 2003.

Wittmann, W. (1993): Information, in: Grochla, E. [Hrsg.]: Handwörterbuch der Organisation, 2. Auflage, Stuttgart, 1993.

Lebenslauf

Name	Jürgen Achim Kantowski
Adresse	Eichenstr. 4, 96120 Bischberg
Geburtsdatum	23.11.1974
Geburtsort	Frankfurt/Main
1991-1994	Gymnasiale Oberstufe, Friedrich-Dessauer-Gymnasium, Frankfurt
1994	Abitur, Friedrich-Dessauer-Gymnasium, Frankfurt
1994 - 1995	Wehrdienst
1995 - 2001	Studium Betriebswirtschaftslehre an der Universität Mannheim (Schwerpunkte: Controlling, Wirtschaftsprüfung)
1995 - 1999	Studium der Japanologie an der Universität Heidelberg (Universitätskooperation im Rahmen des Studiengangs Betriebswirtschaftslehre)
1998 - 1999	Forschungsstudent an der Hitotsubashi-Universität, Tokio (Vollstipendiat, DAAD)
1999	Abschlussprüfung Japanologie, Universität Heidelberg (Magisterteilfach)
2001	Abschluss Diplom-Kaufmann, Universität Mannheim
2001 - 2004	Strategieberater, The Boston Consulting Group, Frankfurt
2004 - 2008	Strategieberater, Siemens Management Consulting, München (Schwerpunkte: Erneuerbare Energien, Informations- und Kommunikationstechnologie)
2009 - 2010	CFO, Yaskawa Siemens Numerical Controls Corp, Tokio (Strategische Neuausrichtung, vollständige Übernahme, Integration in Siemens Landesgesellschaft)
Seit 2010	CFO/Kaufmännischer Geschäftsführer, Weiss Spindeltechnologie GmbH, Schweinfurt (Mittelständisches Unternehmen der Werkzeugmaschinenbranche, Siemens Tochtergesellschaft)